# ATLAS OF A

Power, Politics, and the Planetary Costs of Artificial Intelligenc

Kate Crawford

# 人工智慧最後的祕密

權力、政治、人類的代價，
科技產業和國家機器
如何聯手打造AI神話？

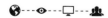

凱特·克勞馥——著
呂奕欣——譯

這是本非以技術層面談論人工智慧主題的著作。本書分梳各種資訊系統在被設計與運用中所隱含的社會性及政治性的籌劃與代價，包括隱蔽在遠端及雲端概念中但真實存在的巨大環境成本和勞動成本——俾使讀者一窺人工智慧所帶來的正義問題。人工智慧的發展與應用不會有所止步，但修正對人工智慧的迷思並擴大非技術面的探討確實是必要的。

——**李忠謀** 國立臺灣師範大學副校長暨資訊工程學系教授

石油精煉縮短了世界的距離，同時也改變了地球的溫度；核能可以點亮黑夜，也點亮了廣島。科技發展推進了人類社會的繁榮發展，但幾乎所有的科技同時也伴隨著負面的代價。從工業革命開始，隨著經濟發展的高歌猛進，資產階級向全世界輸出便宜的物資，也輸出了軍隊和東印度公司，殖民者之間的爭奪演變成世界大戰，但我們的科技仍持續在進步，生活品質持續在提升。

作者提醒人工智慧的發展並不是沒有代價的，就像所有的科技一樣，有好的一面、同時有不好的一面。重視科技的代價並沒有辦法讓進展回溯，但謙卑的重視這些問題，才能讓科技更健康的發展。

——**郭榮彥** Lawsnote 創辦人、律師

AI科技的發展造成了「人類主體」轉向「資料主體」的倫理陷阱，本書提出種種跡證讓我們不得不從科技創新的樂觀期待中警醒並且思考面對。作者以地圖集的方法向我們「展示了一個對世界的特殊觀點，有受認可的科學——尺度與比例、經度與緯度——以及形式感和一致性」。這無疑是長期從事科技藝術工作如我面對跨領域最具啟發的方式。

——**黃文浩**　在地實驗創立者

克勞馥憑藉十多年的研究，揭示了人工智慧系統是如何根植於社會、文化、政治與經濟世界，她從人工智慧與正義的觀點大膽呼籲更加公正與永續的未來。無論你是人工智慧從業者，還是關心人工智慧進入生活的一般讀者，這都是一本鞭辟入裡、發人省思的精采之作。

——**謝宗震**　詠鋐智能股份有限公司創辦人暨執行長

獻給艾略特（Elliott）與瑪格麗特（Margaret）

# 目次

# 人工智慧
# 最後的祕密

# 序言

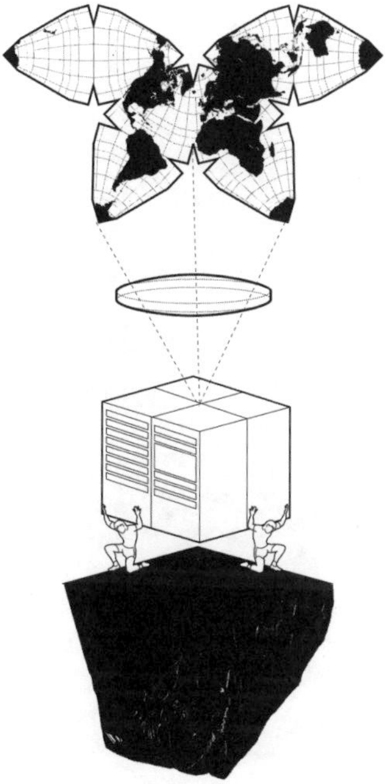

## 世界上最聰明的馬

十九世紀末，一匹名為「漢斯」（Hans）的馬風靡整個歐洲。說「聰明漢斯」是個奇蹟絕不為過：牠會算數學、告知時間、辨識日曆上的日期、分辨不同音符，還會拼出文字和句子。民眾蜂擁而至，觀看這匹德國種馬敲著蹄回答複雜問題，持續給出正確答案。「二加三等於幾？」漢斯會以馬蹄在地上勤奮敲五下。「今天星期幾？」牠會用馬蹄在特製字母板上指出每一個字母，拼出正確答案。漢斯甚至能掌握更繁複的問題，例如「我想到一個數字。那個數字減九會剩三。這數字是什麼？」。到了一九〇四年，「聰明漢斯」已舉世聞名。《紐約時報》讚譽牠是：「柏林的神奇馬匹；除了不會說話，幾乎什麼都難不倒。」[1]

漢斯的訓練者是退休數學教師馮．奧斯頓（Wilhelm von Osten），他向來醉心於研究動物的智慧。馮．奧斯頓曾試著教貓和熊的幼獸基數，卻以失敗告終，直到開始教自己的馬才成功。他剛開始教漢斯時是握住這匹馬的腿，讓牠看個數字，之後依照數字，在馬蹄上敲正確次數。不久之後，漢斯就會精準敲出簡單的總和作為回應。接下來，馮．奧斯頓在黑板上寫出字母，這樣漢斯便可為黑板上的每個字母敲出一個數字。經過兩年的訓練後，馮．奧斯頓很訝異這匹馬非常能理解需要進階智慧才能掌握的概念。於是他帶漢斯到路上，證明動物也會推理。漢斯就這樣在美好年代掀起旋風。

馮・奧斯頓與「聰明漢斯」

但是許多人仍不願置信，德國的教育局還組成調查委員會，檢驗馮・奧斯頓的科學主張。漢斯委員會（Hans Commission）由心理學家暨哲學家斯圖姆夫（Carl Stumpf）和助理芬斯特（Oskar Pfungst）率領，團隊成員包括一位馬戲團經理、一位退休教師、一位動物學家、一位獸醫和一位騎兵隊長。然而，他們問了漢斯各式各樣的問題之後，無論漢斯的訓練師是否在場，這匹馬仍保持回答正確的紀錄，委員會找不到任何證據，指控欺騙。正如芬斯特後來所寫的，漢斯在「成千上萬的觀看者、愛馬人、一流的技術訓練師面前表演，在為期數月的觀察過程中，沒有人發現提問者與馬匹之間有任何規律的訊號」。[2]

委員會發現，漢斯得到的教學法較像「小學教小朋友」的作法，而不是動物訓練，因此「值得科學檢驗」。[3]不過斯圖姆夫和芬斯特仍感到懷疑。有一項發現最令他們疑惑：如果提問者不知道答案，或是站在很遠的地方，那麼漢斯很少給出正確答案。這讓斯圖姆夫和芬斯特思考，是否有任何無意間發出的訊號，給了漢斯答案。

正如芬斯特在他一九一一年的著作中所描述的，他們的直覺是正確的：提問者的姿勢、呼吸和臉部表情，會在漢斯來到正確答案時出現幽微變化，促使漢斯停在正確答案處。[4]芬斯特後來以人類受試者測試這項假設，確認了這個結果。這項發現最吸引他的是，提問者通常沒察覺到自己給了馬匹線索。芬斯特寫道：「聰明漢斯」之謎的答案，就在提問者無意間給出的指示。[5]這匹馬受了訓練，會給出主人想看的答案，但觀眾覺得這樣不是他們想像中的非凡智慧。

從許多角度來看，「聰明漢斯」的故事很吸引人：欲望、錯覺和行為之間的關係、商業視角、我們如何把非人類擬人化、偏誤如何浮現，以及智慧的政治。漢斯啟發了心理學詞彙，表示一種特定類型的概念陷阱——「聰明漢斯效應」（Clever Hans Effect）或「觀察者期望效應」（observer-expectancy effect），來描述這種實驗者無意間提供的線索對受試者所造成的影響。漢斯與馮．奧斯頓之間的關係，指出偏誤進入系統的複雜機制，以及人類與其研究的現象之間關係多麼錯綜複雜。漢斯的故事如今可應用到機器學習，警示提醒你無法總是確知模型會從得到的數據中學到什麼。[6]即使一套系統在訓練時表現得相當搶眼，但如果給予系統世上的新數據，系統也可能交出相當差勁的預測。

這就開啟本書的中心問題：智慧是如何「製造」出來的，以及可能造成什麼陷阱？乍看之下，「聰明漢斯」的故事是說一個人如何訓練一匹馬依循線索、模仿人類認知，從而建構出智慧。但在另一個層面上，我們看到智慧產製的實務牽涉得相當廣泛。這項努力需要多重體制的驗證，包括學術界、學校、科學、公眾和軍隊。之後馮．奧斯頓與他的優秀馬匹出現了市場——情感和經濟上的投資，驅動了旅遊、報紙報導和演說。官僚當局集結起來，衡量和測試這匹馬的能力。財務、文化和科學方面的關注集結起來，在漢斯的智慧建構中發揮作用，也和牠是否真的那麼了不起產生利害關係。

我們可以看出兩套截然不同的迷思在運作。第一個迷思是把非人系統（無論是計算機或馬匹）當人類心智的類似物。這個觀點假設，只要有充分的訓練或足夠的資源，即可從頭開始打造出與人類類似的智慧，不必處理人類是以哪些基本方式在更廣的生態系統中具體化、產生關係及位於其中。第二個迷思是，智慧是獨立存在的東西，彷彿是自然的，與社會、文化、歷史和政治力量不同。事實上，幾個世紀以來，智慧的概念已經造成極度的傷害，並被用來讓從奴隸制到優生學的統治關係正當化。[7]

這些迷思在人工智慧領域尤其強烈，人類智慧可讓機器制式化和複製的信念，自二十世紀中葉以來一直是不證自明的。正如漢斯的智力被認為與人類智力類似，像小學生一樣受到細心培養，人工智慧系統也一再被描述為簡單，卻和人類類似的智力形式。一九五〇年，圖靈（Alan Turing）預測：「到本世紀末，字詞運用和受過一般教育的見解將發生巨大改變，因此一個人就算說出的是機器思維，也無須擔心遭到反駁。」[8]數學家馮紐曼（John von Neumann）在一九五八年聲稱，人類神經系統是「未經驗證的數字形態」。[9]麻省理工學院教授明斯基（Marvin Minsky）曾回答機器能否思考的問題，他說：「機器當然能思考；我們可以思考，因此我們是『肉身機器』。」[10]不過，並非人人都這樣想。維森鮑姆（Joseph Weizenbaum）是早期的人工智慧發明者，創造出第一個聊天機器人程式「伊莉莎」（ELIZA）。他認為，把人類只當成資訊處理系統的想法是太簡化的智慧觀，會驅動「異常的偉大幻想」，以為人工智慧科學家能創造出「像孩子那樣學習」的機器。[11]

這一直是人工智慧歷史上最核心的爭議之一。一九六一年，麻省理工學院舉辦了一個劃時代的系列演講「未來的管理與計算機」（Management and the Computer of the Future）。參與的計算機科學家陣容相當耀眼，包括葛麗絲・霍普（Grace Hopper）、利克萊德（J. C. R. Licklider）、明斯基、紐厄爾（Allen Newell）、司馬賀（Herbert Simon）和維納（Norbert Wiener），眾人討論著數位運算的快速進展。在結論中，約翰・麥卡錫（John McCarthy）大膽主張，認為人類與機器任務有差異只是錯覺。有些複雜的人類任務只是需要多花點時間，機器就能形式化並解決。[12]

但哲學教授德雷福斯（Hubert Dreyfus）卻反駁，認為這批集結的工程師「甚至未考量大腦處理資訊的方式可能與計算機截然不同」。[13]他在後來的著作《計算機無法做的事》（*What Computers Can't Do*）中指出，人類的智慧和專業很大程度上仰賴諸多無意識與潛意識的過程，而計算機則要求所有過程和資料都是明確且形式化的。[14]因此，對計算機來說，智慧中不那麼形式化的層面，必須被抽象化、刪除或取近似值，這也導致計算機在面對各種情境時，無法像人類那樣處理資訊。

自一九六〇年代以來，人工智慧已發生了許多變化，包括從符號系統轉變成近期紅翻天的機器學習技巧浪潮。從許多方面來看，早期關於人工智慧可做些什麼的爭論已被遺忘，懷疑論點也煙消雲散。二〇〇〇年代中葉以來，人工智慧已迅速擴張為學術領域，也發展成產業。如今少數幾家強大的科技公司，在全球範圍內部署人工智慧系統，他們的系統再次被譽為堪比人類智慧，甚至有過之而無不及。

然而，「聰明漢斯」的故事也提醒我們，我們對於智慧的認知或體認多狹隘。訓練者教導漢斯模仿的任務範圍很小：加法、減法和拼字。這反映出對馬或人能做什麼的有限看法。漢斯已展現跨物種溝通、公開表演和相當有耐性等卓越成就，但這些不被承認為智慧。正如作家暨工程師鄔曼（Ellen Ullman）所言，這種認為心智就像計算機一樣且反之亦然的看法，已經「影響數十年來的計算機和認知科學思維」，形成這個領域的原罪。[15]這是以笛卡兒二元論的意識形態來看待人工智慧：把人工智慧狹隘地理解為脫離現實的智慧，與實體世界沒有任何關聯。

## 什麼是人工智慧？既非人工的，也不是智慧的

讓我們提個看似簡單的問題：什麼是人工智慧？如果在街上問人這個問題，他們可能會提到

Apple的Siri、亞馬遜雲端服務、特斯拉電動車或Google的搜尋演算法。如果詢問深度學習的專家，他們可能會給你技術性的回答，說明神經網路如何被組織成幾十層，接收經標記的資料、分配權重和閾值，並以目前尚無法完全解釋的方式來分類資料。[16]一九七八年，米契教授（Professor Donald Michie）討論專家系統時，將人工智慧描述為知識精煉，其中「可產生的編碼可靠性和能力，遠超過未經協助的人類專家歷來的最高水準，且人類專家甚至可能永遠無法達到」。[17]史都華・羅素（Stuart Russell）和諾維格（Peter Norvig）寫下這個主題最受歡迎的教科書之一，他們主張，人工智慧是嘗試了解和建立智慧實體。「智慧主要是關於理性行為，」他們聲稱：「理想狀態下，智慧型代理會在某種情況下盡可能採取最佳行動。」[18]

定義人工智慧的每一種方式都在發揮作用，設定出框架來理解、衡量、評價和治理人工智慧。如果消費品牌把人工智慧定義為企業的基礎設施，那麼行銷和廣告已預先決定了其定義的範圍。若認為人工智慧系統比任何人類專家更可靠或更理性，可「盡可能採取最佳行動」，這表示我們應該信賴人工智慧在健康、教育和刑事司法上做出的高風險決定。當特定的演算技巧成為唯一焦點時，意味著唯有科技持續進步是重要的，無須考量那些方法的運算成本，以及對面臨壓力的行星的深遠影響。

相較之下，在本書中，我認為人工智慧既非**人工的**，也不是**智慧的**。相反地，人工智慧是具象的，也是實體的，由自然資源、燃料、人類勞動、基礎設施、物流、歷史和分類構成。人工智慧系統並非自主、理性，或能無所不察，必須以大型資料集或預定義的規則和獎勵，進行廣泛且密集運算的訓練。事實上，我們所知道的人工智慧完全仰賴一套更廣泛的政治和社會結構。要建立大規模的人工智慧需要資本，而確保資本能讓人工智慧系統最佳化的作法，最終都是為了服務既有的優勢利益而設計。從這個意義上來說，人工智慧是權力的注記。

在本書中，我們會探討在最廣義上人工智慧如何製造，以及形塑人工智慧的經濟、政治、文化和歷史力量。一旦我們把人工智慧聯繫到這些更廣泛的結構和社會系統中，就能跳脫人工智慧是純技術領域的觀念。從根本上來說，人工智慧是科技與社會的實踐、體制與基礎設施、政治與文化。運算推理與具體工作是密切相關的：人工智慧系統既反映也產生社會關係，以及對世界的理解。

值得注意的是，「人工智慧」一詞在計算機科學界可能讓人不快。這個詞在過去幾十年來曾火紅也曾落伍，行銷圈比研究者更常使用。在技術文獻中較常使用「機器學習」一詞。然而，到了申請資金的季節，通常會採用人工智慧這個命名，這時創投業者帶著支票本前來，或者研究者在尋找媒體鎂光燈，希望有人注意到新的科學成果。因此，這個詞有人使用，也有人拒絕，意義不斷變化。以我的目的而言，我會使用「人工智慧」來談論龐大產業的形成，包括政治、勞力、文化和資本。當我提及「機器學習」時，指的是一系列技術作法（事實上，這些方法也包括社會和基礎設施，只是鮮少談及）。

但這領域**為何**如此專注於技術層面，出於重要原因——演算法的突破、產品漸進改善，以及便利性提高。在科技、資本與治理交匯處的權力結構能成形，就是這種狹隘且抽象的分析造成的。要了解人工智慧為何基本上是政治的，我們需要超越神經網路和統計型樣識別，而是詢問最佳化了**什麼**、**為誰**最佳化、**誰**來做決定。之後，我們能追溯那些選擇的涵義。

## 把人工智慧視為一部地圖集

地圖集為何能幫助我們了解人工智慧是如何產生的？地圖集是特殊的書籍類型，集結著截然不同的部分，包含各種不同解析度的地圖，從衛星拍攝的地球視圖到群島的放大細部都包括在內。當你打開一本地圖集，或許會尋找關於某特定地點的特定資訊——或者你漫無目的，順著好奇心，尋找預期之外的路徑和新觀點。正如科學史學家達絲頓（Lorraine Daston）所指出的，所有科學地圖集都在設法訓練我們的眼睛，要觀察者把注意力集中於特定顯著的細節和重要特徵。[19]地圖集向你展示了一個對世界的特殊觀點，有受認可的科學——尺度與比例、經度與緯度——以及形式感和一致性。

然而，地圖集既是一種科學集錦，也是創造性的行為，有主觀、政治和美學的干預。法國哲學家迪迪—于貝曼（Georges Didi-Huberman）認為，地圖集蘊含於視覺的美學典範，以及知識的認知典範。若把兩者納入，就能撼動科學和藝術是完全不相干的觀念。[20]相對地，地圖集提供我們重新閱讀世界的可能性，將迥異的部分以不同方式連起來，並「重新編輯和再度拼湊在一起，不認為我們只是概述或徹底研究」。[21]

關於製圖法能帶來助益的描述，我最欣賞的說法或許來自物理學家暨科技評論家娥蘇拉・富蘭克林（Ursula Franklin）：「地圖代表著有目標的努力：它們是要發揮用途來協助旅行者，彌合已知與尚屬未知之間的鴻溝；它們是集體知識和洞察力的證明。」[22]

在最好的情況下，地圖提供我們開放路徑的梗概——共享的認知方式——可以混合與結合這些路徑，建立新的相互連結。但也有地圖繪製的是統治的力量，在那些國族地圖中，領土是沿著權力的斷層線劃分：從跨越有爭議的空間劃定邊界來直接干預，到揭示帝國的殖民路線。藉由援引地圖集，我建議我們需要新的方式來理解人工智慧的帝國。我們需要一套人工智慧的理論，敘述驅動它與主宰它的國家和企業、採掘礦物時在地球上留下印記的過程、如何大規模擷取資料，以及為了維持人工智慧系統，卻導致極度不平等和日益剝削的勞動行為。這些都是人工智慧中持續演變的權力構造。用地形學的方法來思考，提供了不一樣的觀點和尺度，超越人工智慧或最新機器學習模型的抽象承諾。這麼做的目標是藉由行走在許多不同的運算地景、觀察它們如何連結，從而在更廣泛的脈絡下了解人工智慧。[23]

在此，地圖集還有另一項重要關聯。人工智慧領域顯然試圖以運算上清晰易變的形式，擷取地球的樣貌。這與其說是隱喻，不如說直接表達了產業的野心。人工智慧產業正在製作和規範化其專有地圖，這樣就能以中心化的上帝視角，觀察人類行動、交流和勞動。一些人工智慧科學家表示他們渴望擷取世界，並取代其他知識形式。人工智慧教授李飛飛描述她的 ImageNet 計畫旨在「繪製出整個世界的物件」。[24]羅素和諾維格在他們的教科書中將人工智慧描述為「與任何智性任務相關；這是一個真正的普世領域」。[25]布萊索（Woody Bledsoe）是人工智慧的創始者之一，也是臉部辨識的早期實驗者，他直言不諱地說：「長遠來看，人工智慧是**唯一的**科學。」[26]這份渴望並非創建一本世界地圖集，而是要成為地圖集**本身**——主導觀看的方式。這種殖民衝動讓人工智慧領域的權力集中：它決定如何衡量和定義世界，同時否認這在本質上是一種政治性的活動。

本書並未主張具有普世通用的特性，而是部分的描述。透過帶領你了解我的調查，希望讓你看看我的觀點是如何形成的。我們會遇到已眾所熟知和沒沒無聞的運算地景：礦坑、耗能資料中心裡長長的走廊、顱骨檔案庫、影像資料庫，以及日光燈照亮的遞送倉庫。納入這些地點不僅是為了說明人工智慧的實體結構和意識形態，也是要如媒體學者瑪特恩（Shannon Mattern）所言：「闡明繪製地圖時無可避免的主觀和政治層面，並且提供霸權和權威——通常是自然化和具體化——方法的替代方案。」[27]

要了解系統，並讓系統負起責任，這樣的模型長久以來一直建立在對透明度的理想上。正如我和媒體學者安南尼（Mike Ananny）所寫的，要能看見一個系統，有時就等同於能知道系統如何運作，以及如何治理這個系統。[28]但這種傾向有嚴重的侷限性。以人工智慧的例子來說，沒有單一的黑盒子要打開，沒有祕密要揭露，而是有錯綜複雜的權力系統。因此，完全透明成了不可能的目標。相反地，我們能藉由理解人工智慧的實體架構、脈絡環境和占優勢的政治，並追溯它們之間如何連結，進而更了解人工智慧在世界上的角色。

我在本書中的思考受到科學和科技研究、法律、政治哲學的學科訓練影響，也受到近十年來在學術界及人工智慧研究實驗室的業界經驗啟發。這些年來，許多慷慨的同事和社群改變了我看待世界的方式：繪製地圖向來是集體活動，這次也不例外。[29]我很感謝創造出新方法來理解社會技術系統的學者，包括鮑克（Geoffrey Bowker）、布萊頓（Benjamin Bratton）、全喜卿（Wendy Chun）、達絲頓、蓋利森（Peter Galison）、哈金（Ian Hacking）、霍爾（Stuart Hall）、麥肯齊（Donald MacKenzie）、姆邊貝（Achille Mbembé）、阿隆德拉·尼爾森（Alondra Nelson）、絲塔（Susan Leigh Star）、薩琪曼（Lucy Suchman），以及其他多位學者。本書受益於諸多親自對談，以及閱讀研究科技政治的作者的近期作品，包括安德列維奇（Mark Andrejevic）、班潔敏（Ruha Benjamin）、布魯薩德（Meredith Broussard）、西蒙妮·布朗（Simone Browne）、茱莉·柯恩（Julie Cohen）、科絲坦薩—查克（Sasha Costanza-Chock）、厄班克絲（Virginia Eubanks）、葛拉斯彼（Tarleton Gillespie）、希克絲（Mar Hicks）、胡彤暉（Tung-Hui Hu）、許煜（Yuk Hui）、諾波（Safiya Umoja Noble）、艾斯特拉·泰勒（Astra Taylor）。

和任何一本書一樣，這本書是從一種特定的生活經驗中誕生的，不免有些限制。我過去十年在美國生活和工作，焦點偏向以西方權力為中心的人工智慧產業。但我的目標不是創建一個完整的全球地圖集——這個想法本身就引發了占領和殖民控制。相反地，任何作者的觀點都會是片面的，依據當地的觀察和詮釋，就像環境地理學家薩薇爾（Samantha Saville）所稱的「謙卑地理學」，亦即承認自己有特定觀點，而非聲稱客觀或精通。[30]

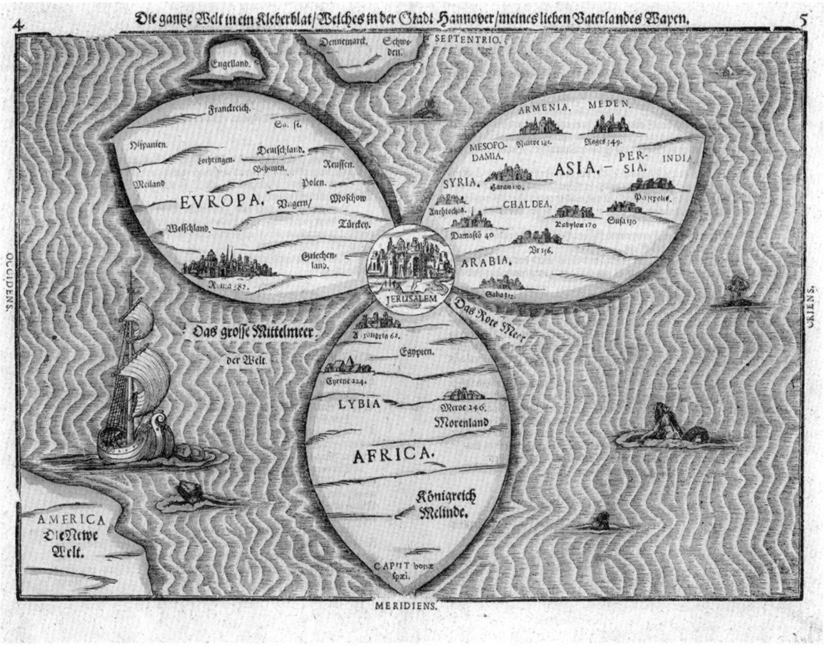


本廷（Heinrich Bünting）的世界地圖，名為「本廷三葉草地圖」（The Bünting Clover Leaf Map），象徵基督教的三位一體，世界的中心是耶路撒冷。取自 *Itinerarium Sacrae Scripturae*（Magdeburg, 1581）

正如製作地圖集的方法很多，人工智慧在世界上的使用方式也有很多可能的未來。人工智慧的擴展範圍越來越大似乎勢所難免，但這是可爭論且不完整的。人工智慧領域的根本願景不是自主形成，而是由一組特定的信念和觀點建構而成。當代人工智慧地圖集的主要設計者是一小群同質性很高的人，他們分布於少數幾個城市，在當今世上最富有的產業工作。就像中世紀歐洲的世界地圖（mappae mundi）一樣，繪製的既是座標，也是宗教和古典概念，人工智慧產業製作的地圖是政治干預，而不是中立反映出這個世界。這本書是要對抗殖民式地圖邏輯的精神，並納入不同的故事、地點和知識基礎，讓我們更了解人工智慧在世界上的角色。

## 運算地形學

二十一世紀的此刻，人工智慧是如何概念化和建構的？人工智慧日趨盛行時會帶來什麼風險，而這些系統映現和解釋這個世界的方式包含哪些政治因素？將人工智慧和相關演算法系統納入社會體制，例如教育、醫療照護、金融、政府運作、工作場所互動和雇用、通訊系統和司法體系等的決策系統時，會引發何種社會和實質性的後果？這本書不是談程式碼和演算法的故事，也不是關於電腦視覺、自然語言處理或強化學習的最新思考。相關書籍已經很多。本書也不是針對單一社群的民族誌敘述，以及人工智慧對其工作、居住或醫療經驗的影響——雖然我們當然需要對這些主題更多加思考。

相對地，本書以更廣的視角，把人工智慧視為**採掘業**〔譯注：extraction 除了採掘，亦指提取，本書視上下文交互使用兩種譯法〕。建立當代人工智慧系統，得靠著剝削地球能源、礦產資源、廉價勞工和大規模資料。要觀察這些運作，我們將踏上旅程，前往揭示人工智慧構成要素的地方。

在第一章，我們從內華達州的鋰礦開始，這樣的礦場很多，採掘的礦產是為當代運算提供動力所必需的。人工智慧的採掘政治中，最名符其實的部分就是採礦。科技業對稀土礦物、石油和煤炭的需求龐大，但是真正的採掘成本從來不是由產業本身負擔。在軟體面，要建構自然語言處理和電腦視覺模型需要消耗大量能源，而爭相推出更快更高效的模型，也促成了貪婪的運算方法，擴大人工智慧的碳足跡。從馬來西亞為製作第一批跨大西洋海底電纜生產乳膠的樹木被使用殆盡，到內蒙古殘留著有毒物的巨大人工湖，我們追蹤了行星運算網路的環境和人為誕生地，並了解它們如何持續改造這個星球。

第二章則說明，人工智慧是如何靠著人類勞動構成的。我們會看見業主花小錢辦大事，數位零工只拿微薄薪資，不斷敲擊按鍵處理微任務，讓資料系統似乎變得比實際上更聰明。[31]我們的旅程將進入亞馬遜倉庫，在這個龐大的物流帝國中，員工必須與演算法的節奏保持同步。我們也會前往芝加哥，看看屠宰場勞工在肢解線的情況，他們把動物屍體肢解，準備提供給消費者。我們將聽見工人抗議人工智慧系統日益為老闆提供監視和掌控。

勞動也是關於時間的故事。將人類的動作與機器人和生產線機械的重複動作協調，向來牽涉到在時間和空間裡控制身體。[32]從馬表發明到 Google 的 TrueTime，時間協調過程是工作場所管理的核心。人工智慧科技益發強調細膩和精準的時間管理機制，也創造出這樣的條件。協調時間需要越來越詳細的資訊，說明人們在做什麼，以及怎麼做、何時做。

第三章著重於資料的角色。所有可公開取得的數位資料——包括私人資料或可能造成傷害的資料——都可以被收集用於訓練生成人工智慧模型的資料集。龐大的資料集裡滿是人們的自拍、手勢、駕車者、寶寶哭泣、一九九〇年代以來的新聞群組對話，這些資料全都用來改善臉部辨識、語言預測和偵測物件功能的演算法表現。當不再把這些資料集合視為人們的個人資料，只視之為**基礎設施**，一張影像或一段影片的特定意義或脈絡就被認為無關緊要了。除了隱私和持續性的監視資本主義等嚴重問題之外，目前人工智慧運用資料的實際作法，也引發深刻的倫理、方法學和知識論的疑慮。[33]

所有這些資料究竟是如何使用的？在第四章，我們探究人工智慧系統的分類作法，也就是社會學家塞蒂娜（Karin Knorr Cetina）所稱的「知識機器」。[34]我們看到當代系統如何運用標記來預測人的身分，通常這會用到二元化性別、同質化種族分類，以及漏洞百出的性格評估和信用價值評估。一個符號將代表一個系統，一個代理將代表真正的實體，一個玩具模型將被用來替代複雜無比的人類主體性。藉由檢視分類是如何成形的，我們看見技術架構（schema）如何強化階層，放大了不平等。機器學習為我們提供了一種規範推理（normative reasoning）的機制，這機制占有優勢時，會形成強而有力的治理合理性。

接下來，我們前往巴布亞紐幾內亞的山區小鎮，探索情感辨識的歷史，這觀念指出臉部表情是揭示一個人內在情緒狀態的關鍵。第五章思考的是心理學家保羅．艾克曼（Paul Ekman）的主張：我們可直接從臉上讀到的情緒狀態中，有一些是普世共通的。科技公司正將這個概念有效運用於情感辨識系統，作為預計價值可能超過一百七十億美元的產業的一部分。[35]但圍繞情緒偵測議題的科學爭議相當大，它頂多是個不完整的系統，最糟的情況則會產生誤導。雖然這些工具是來自不穩定的假設，卻快速應用於雇用、教育和警政系統。

在第六章，我們會探討人工智慧系統如何成為國家發揮權力的工具。人工智慧過去和現在的軍事運用，已形塑出今日我們所見的監視、資料提取和風險評估實務作法。科技業與軍方的深度互動現正受到控制，以求符合更強大的民族主義議題。與此同時，情報界使用的法外工具如今已更廣泛分布，從軍事領域進入商業科技界，應用於教室、警局、工作場所和就業服務處。形塑了人工智慧系統的軍事邏輯，如今是地方內政工作的一部分，而它們進一步扭曲了國家與主體之間的關係。

結論章節評估的是，人工智慧如何作為一種結合基礎設施、資本和勞力的權力結構，發揮作用。從助推優步（Uber）駕駛、追蹤無證移民，到公共住宅房客必須應付家中的臉部辨識系統，其中的人工智慧系統都是依資本、警務和軍事化的邏輯建立，而這種組合進一步擴大既有的權力不對稱。這些觀看方式仰賴抽象和提取的雙重動作：脫離它們據以成形的實體條件而抽象化，同時從那些最無力抵抗的人那裡提取更多資訊和資源。

不過，我們可以挑戰這些邏輯，就像可以拒絕制度永不停歇的壓迫。隨著地球情況的改變，我們也該一起聽到資料保護、勞工權益、氣候正義和種族平等的呼聲。當這些彼此相連、追求正義的運動讓我們知道如何理解人工智慧，不一樣的行星政治概念才會成為可能。

## 採掘、權力與政治

人工智慧是一種想法、一種基礎設施、一種產業、一種權力運用的形式，也是一種觀看的方式；人工智慧是高度組織化的資本體現，這些資本以龐大的採掘和物流系統為後盾，供應鏈環繞整個地球。所有這些事物都是人工智慧的一部分——這四個字映現著期望、意識形態、欲望和恐懼的複雜集合。

人工智慧看起來像是一種幽靈般的力量——作為無實體的運算——但這些系統絕非抽象的。它們是正在重塑地球的實體基礎設施，同時改變了我們觀看和理解世界的方式。

對我們來說，重要的是與人工智慧的諸多層面奮戰，包括它的可塑性、混亂程度、空間和時間的觸及範圍。人工智慧這個詞拉拉雜雜，可以重新配置，也意味著它可以用多種方式使用：它可以指從亞馬遜 Echo 等消費性裝置到無名的後端處理系統、從狹隘的技術研究報告到世界產業龍頭的一切事物。但這也有好處。「人工智慧」一詞的廣度讓我們能夠不受拘束地思考所有這些元素，以及這些元素如何深度交織層疊：從情報政治到大規模收集資料，從科技業的產業集中度到地緣政治的軍事力量，從孤立隔絕的環境到持續的歧視形式。

我們的任務是要對這個領域保持敏感度，觀察「人工智慧」一詞的意義轉變和可塑性——就像一個容器會放進各式各樣的東西，然後移除——因為這也是故事的一部分。

簡言之，人工智慧現在是形塑知識、交流和權力的參與者。這些重構發生在知識層次、正義法則、社會組織、政治表達、文化、對人體的理解、主體性和身分：我們是什麼，我們可以成為什麼。但我們還可以更深度思考。在重新映現和干預世界的過程中，人工智慧以其他方式成為政治——儘管很少人體認到這一點。這些政治是由人工智慧大家族驅動，它們由五六間主宰全球大規模運算的公司組成。

許多社會體制現在受到這些工具和方法影響，這些工具和方法形塑了它們重視的事物和決策方式，同時產生一系列複雜的下游效應。技術官僚的權力長期以來都被強化，但如今這個過程已加速。部分原因是，在經濟緊縮和外包的時代，產業資本集中，包括曾經扮演制約市場力量角色的社會福利體系和機構經費減少了。正因如此，我們必須把人工智慧視為一種政治、經濟、文化和科學的力量，與之抗衡。正如尼爾森、杜翠玲（Thuy Linh Tu，音譯）和漢絲（Alicia Headlam Hines）所言：「圍繞著科技的競賽，總是與爭奪更大的經濟流動性、政治操縱和社群建立有關。」[36]

我們正處於緊要關頭，必須提出關於人工智慧如何產生和應用的尖銳問題。我們得問：什麼是人工智慧？它宣揚的是何種形式的政治？它是為了誰的利益服務，而誰承擔最大的傷害風險？人工智慧的使用應該在哪裡受到限制？這些問題不會有簡單的答案。但這也不是無法解決的局面或不歸路——反烏托邦的思維形式會使我們無法採取行動，阻礙我們急需的干預。[37]正如娥蘇拉·富蘭克林所寫的：「科技的可行性就像民主一樣，最終仰賴正義的實踐和強行限制權力。」[38]

本書主張，要處理人工智慧和行星運算的基本問題，需要把權力與正義的議題連結起來：從知識論到勞工權利、從資源採掘到資料保護、從種族不平等到氣候變遷。要做到這一點，我們必須擴大理解人工智慧帝國正在發生的事，了解什麼是利害攸關的，並對接下來的作法做出更好的集體決策。

---

**注釋**

1. Heyn, "*Berlin*'s Wonderful Horse."
2. Pfungst, *Clever Hans*.
3. "'Clever Hans' Again."
4. Pfungst, *Clever Hans*.
5. Pfungst.
6. Lapuschkin et al., "Unmasking Clever Hans Predictors."
7. 參見哲學家普盧姆伍德（Val Plumwood）關於聰明—愚蠢、情緒—理性和主—從的二元論研究。Plumwood, "Politics of Reason."
8. Turing, "Computing Machinery and Intelligence."
9. Von Neumann, *The Computer and the Brain*, 44. 這個方法受到強烈批評，參見 Dreyfus, *What Computers Can't Do*。
10. 參見 Weizenbaum, "On the Impact of the Computer on Society," 612。明斯基過世後，捲入與遭定罪的戀童癖和強暴

犯艾普斯汀（Jeffrey Epstein）有關的嚴重指控。他是與艾普斯汀往來的幾位科學家之一，造訪艾普斯汀位於島上的隱居處，未成年女孩在此被迫與艾普斯汀的小圈子成員發生性關係。正如學者布魯薩德（Meredith Broussard）觀察到的，這是更廣泛的排外文化的一部分，在人工智慧的圈子很氾濫：「像明斯基和其同夥如此富創造力的人，他們也鞏固了科技變成億萬富翁男孩俱樂部的文化。數學、物理和其他『硬』科學從來沒對女性和有色人種友善過；科技照樣行事。」參見 Broussard, *Artificial Unintelligence*, 174。

11. Weizenbaum, *Computer Power and Human Reason*, 202–3.
12. Greenberger, *Management and the Computer of the Future*, 315.
13. Dreyfus, *Alchemy and Artificial Intelligence*.
14. Dreyfus, *What Computers Can't Do*.
15. *Ullman, Life in Code*, 136–37.
16. 參見眾多範例之一，Poggio et al., "Why and When Can Deep—but Not Shallow—Networks Avoid the Curse of Dimensionality"。
17. 引自 Gill, *Artificial Intelligence for Society*, 3。
18. Russell and Norvig, *Artificial Intelligence*, 30.
19. Daston, "Cloud Physiognomy."
20. Didi-Huberman, *Atlas*, 5.
21. Didi-Huberman, 11.
22. Franklin and Swenarchuk, *Ursula Franklin Reader*, Prelude.
23. 關於資料殖民化作法的說明，參見 "Colonized by Data"; and Mbembé, *Critique of Black Reason*。
24. 李飛飛的引文出自 Gershgorn, "Data That Transformed AI Research"。

25. Russell and Norvig, *Artificial Intelligence*, 1.

26. 布萊索的引文出自 McCorduck, *Machines Who Think*, 136。

27. Mattern, *Code and Clay, Data and Dirt*, xxxiv–xxxv.

28. Ananny and Crawford, "Seeing without Knowing."

29. 任何名單都不足以完整說明啟發與影響本書的所有人和社群。特別感謝微軟研究院的微軟人工智慧公平、責任、透明與倫理小組（Fairness, Accountability, Transparency and Ethics，FATE）和社群媒體集團（Social Media Collective），紐約大學 AI Now 研究院，巴黎高等師範學院人工智慧基金會工作團隊，以及柏林羅伯特博世學院里夏德・馮・魏查克訪問學人（Richard von Weizsäcker Visiting Fellows at the Robert Bosch Academy）。

30. Saville, "Towards Humble Geographies."

31. 關於群眾外包工作者的更多資訊，參見 Gray and Suri, *Ghost Work*，以及 Roberts, *Behind the Screen*。

32. Canales, *Tenth of a Second*.

33. Zuboff, *Age of Surveillance Capitalism*.

34. Cetina, *Epistemic Cultures*, 3.

35. "Emotion Detection and Recognition (EDR) Market Size."

36. Nelson, Tu, and Hines, "Introduction," 5.

37. Danowski and de Castro, *Ends of the World*.

38. Franklin, *Real World of Technology*, 5.

第一章

# 地球

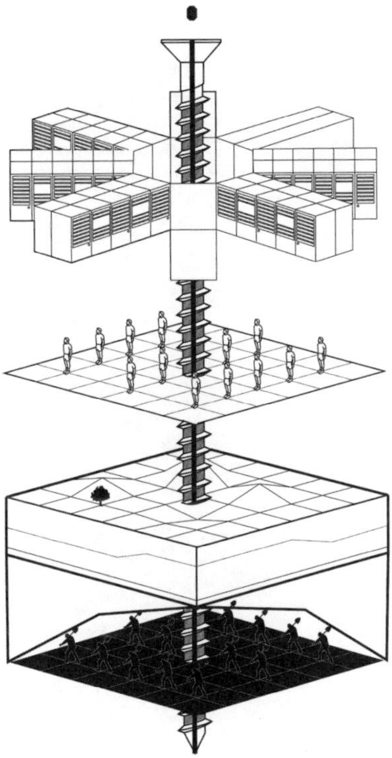

波音七五七飛機在聖荷西上空往右傾斜，準備降落在舊金山國際機場。飛機對齊跑道時，左機翼往下，於是我能鳥瞰整個科技業最具象徵意義的地點：下方是矽谷的大帝國。Apple總部是巨大的黑色圓圈，像個未加蓋的相機鏡頭在陽光下閃耀發光。然後是Google總部，緊鄰著美國航太總署（NASA）莫菲特聯邦機場（Moffett Federal Airfield）。這裡曾是美國海軍在二戰和韓戰期間的重要基地，後來Google租用六十年，高階主管將私人飛機停在這裡。排列在Google附近的是洛克希德．馬丁（Lockheed Martin）的大型生產棚，這家航太暨軍火製造公司在那裡建造了數百枚軌道衛星，用於俯視地球上的活動。接下來在鄧巴頓大橋（Dumbarton Bridge）旁有幾棟矮墩墩的建物，那是臉書所在地，周圍有廣大的停車場，附近就是雷文斯伍沼澤（Ravenswood Slough）飄著硫磺味的鹽湖。從這個制高點觀看帕拉奧圖（Palo Alto），只會看到平凡無奇的郊區死巷和不太高的工業建築天際線，看不出這裡真正掌握的財富、權力和影響。只有些許線索透露出這裡在全球經濟和運算基礎設施中的中心地位。

我來到這裡了解關於人工智慧的知識，以及人工智慧是由什麼製造而成。為了明白這一點，我也得離開矽谷。

我從機場跳上廂型車，往東行駛，穿越聖馬提歐—海沃大橋（San Mateo–Hayward Bridge），經過勞倫斯利佛摩國家實驗室（Lawrence Livermore National Laboratory），愛德華．泰勒（Edward Teller）在二戰後的幾年裡就在這裡指導氫彈研究。沒多久，就看見內華達山脈的山麓在中央谷地（Central Valley）的史塔克頓市（Stockton）和曼提加市（Manteca）後方聳立。道路由此開始蜿蜒而上，穿過索諾拉隘口（Sonora Pass）高聳的花崗岩懸崖，沿著山岳東側往下，朝著山谷前進，綠油油的草地上有金英花點綴。松林消失，眼前成了莫諾湖（Mono Lake）的鹼性水域，以及盆地與山脈區（Basin and Range）乾枯的沙漠地形。為了加油，我開車到內華達州霍索恩市（Hawthorne），這裡是世界上最大的軍火庫，美軍把軍火存放在數十個灰塵覆蓋、於谷中整齊排列的金字塔形建築中。沿著內華達二六五號州際公路，我看見遠處有一座孤零零的全（多）向導航太康台（VORTAC），這座看似巨大保齡球瓶的無線電塔是GPS年代之前的設計，它只有一項功能：朝著所有經過的飛機廣播「我在這裡」，偏僻地形中的一處固定參考點。

我的目的地是內華達州克雷頓谷（Clayton Valley）的非建制社區（unincorporated community）銀峰（Silver Peak），這裡約有一百二十五人居住，取決於你如何計算。這是內華達州最古老的採礦小鎮之一。由於金礦和銀礦幾乎開採耗盡，一九一七年後已近乎荒廢。幾棟淘金熱時期的建築依然屹立著，在沙漠驕陽下飽受摧殘。這座城鎮或許很小，廢棄車輛比人還多，卻蘊藏著高度稀有之物。銀峰位於巨大的地下鋰湖邊緣，地表下珍貴的鋰鹵水會打出來，抽到開放的燦綠池子蒸發。如果池塘能捕捉到光線而發出微光，就能從好幾公里外看見這些池塘。靠近之後，又是另一番景象：模樣怪異的黑管子從地面伸出，在鹽結殼的地表上蜿蜒曲折，於淺溝鑽進鑽出，運送含鹽的混合液到乾燥區。

在這裡，內華達州一個偏遠的礦囊，就是製造人工智慧材料的地方。

銀峰鋰礦場。Kate Crawford 攝

## 為人工智慧採礦

克雷頓谷與矽谷的關係，很類似十九世紀金礦區與早期舊金山的關係。採礦的歷史就像後來留下的毀滅一樣，通常會因為科技進步的故事帶來的策略性健忘症而被忽略。正如歷史地理學家布瑞欽（Gray Brechin）所指出的，舊金山的建設是靠著十九世紀從加州和內華達州土地上挖出的金銀獲利。這座城市是由採礦創造的。[1]這裡的土地是一八四八年美墨戰爭結束時，根據《瓜達盧佩—伊達爾戈條約》（Treaty of Guadalupe Hidalgo）取得，當時殖民者已經很清楚，這些地方有價值很高的金礦區。布瑞欽說道，這是古老諺語的典型範例：「商業跟隨旗幟，但旗幟跟隨鐵

鎬。」[2]在美國大幅擴張領土時，成千上萬的人被迫離開家園。美國帝國擴張之後，礦工移入，土地礦層裸露，後來水道遭汙染，周圍的森林破壞殆盡。

自古以來，採礦業不必考慮真正的成本，包括環境破壞、礦工生病死亡，以及社群流離失所的損失，因此這門生意只有獲利。一五五五年，德國學者暨礦物學之父阿格里科拉（Georgius Agricola）說：「眾所皆知，採礦帶來的危害比採礦所生產的金屬價值更大。」[3]換言之，採礦者會去開採並獲利，只因為成本必是由他人承擔，無論那些人是活著或尚未出世。為貴金屬定價很容易，但荒野、潔淨溪流、可呼吸的空氣、當地社區健康的確切價值是什麼？從來沒有人估計這個價值，於是出現了簡單的計算方法：盡快把所有東西採掘出來就對了。這是另一個時代的「快速行動、打破陳規」（move fast and break things，臉書宗旨），結果造成中央谷地奄奄一息，正如一八六九年一名旅客所言：「就算龍捲風、洪水、地震和火山加起來，也很難比淘金工作帶來更大的浩劫，讓毀滅和破壞擴散更廣……加州採礦業完全不重視權利。這是至高無上的利益。」[4]

隨著舊金山從礦產賺得巨額財富，居民卻很容易遺忘這一切從何而來。礦場距離致富的城市很遙遠，這種偏遠使得城市居民對為他們帶來財富的山河和勞工處境仍一無所知。不過礦場留下的小小線索隨處可見，例如城市的新建築使用來自中央谷地深處的相同運輸和維生技術。用來載運礦工深入礦井的滑車系統經過改造，變成由下往上，把人送到城市高樓樓頂的電梯。[5]布瑞欽指出，我們應該把舊金山的摩天大樓視為礦區地景的翻轉。從地下礦坑採掘的礦產出售之後，就打造一層層空中樓層；採掘得越深，高樓越往天空延伸。

舊金山再度致富。曾經為這裡帶來財富的是金礦，如今則是開採白色鋰晶體等物質。這就是礦產市場所稱的「灰金」。[6]科技業已經成為至高無上的新利益，Apple、微軟、亞馬遜、臉書和Google是全球市值最高的五大巨頭，都在舊金山設立辦公室。若行經市場南區（SoMa）的新創業者倉庫，這裡原本是礦工搭帳篷的地方，現在可看見豪華汽車、創投公司出資的連鎖咖啡館，以及車窗貼膜的豪華巴士行駛在私人道路上，將員工載到位於山景城（Mountain View）或門洛帕克（Menlo Park）的辦公室。[7]但僅幾步之遙就是地威臣街（Division Street），這是介於市場南區與教會區之間的一條多線道幹道，成排的帳篷又回歸此處，為無處可去的人提供遮蔽。伴隨科技榮景出現的，是舊金山成為美國無家街友比例最高的城市之一。[8]聯合國特別調查員在適足住房權的議題上，稱這現象為「不可接受的」侵犯人權行為，成千上萬的無家可歸者沒能得到水、衛生設施和醫療服務的基本需求，但人數創下新高的億萬富翁就住附近，形成強烈對比。[9]採掘資源的龐大利益，只由少數人掌握。

在本章，我們會行經內華達州、聖荷西、舊金山，以及印尼、馬來西亞、中國、蒙古：從沙漠到海洋。我們也會橫跨歷史時期，從今天剛果的衝突和人工黑湖，到維多利亞時代對白色乳膠的熱情。我們的觀察尺度會改變，從岩石到城市，從樹木到超大型企業，從跨洋航線到原子彈，拉近距離檢視。但在這個行星超級系統中，我們會看見採掘的邏輯是持續消耗礦物、水和化石燃料，且靠著戰爭暴力、汙染、滅絕和耗竭支撐著。大規模運算的影響可在大氣、海洋、地殼、地球深時（deep time）裡發現，也對世界各地弱勢人口造成殘酷的影響。為了理解全貌，需要以全景觀點，檢視行星規模的運算採掘。

## 運算的地景

一個夏日午後，我開車穿越沙漠谷地，看看最新的採礦榮景的運作。我讓手機引導我前往鋰鹽湖周邊，手機從儀表板上以白色ＵＳＢ纜線綁好、勉強湊合的固定處回答我。銀峰廣大乾涸的湖床形成於數百萬年前的晚第三紀，湖泊周圍環繞著的結殼層狀結構往上推，深入包含深色石灰岩、綠色石英岩、灰色和紅色板岩的山脊線。[10]這個地區在二戰期間曾開採鉀鹽等戰略礦物，之後發現了鋰。這種柔軟的銀色金屬在接下來五十年裡僅少量開採，直到成為科技業使用的高價值材料，開採量才增加。

二〇一四年，化工業者雅保公司（Albemarle Corporation）以六十二億美元收購鋰礦開採公司洛克伍德控股（Rockwood Holdings, Inc.）。這裡是美國唯一一處在開採的鋰礦，引來馬斯克（Elon Musk）和其他許多科技大亨對銀峰的高度興趣，原因在於：可充電電池。鋰是生產充電式電池的關鍵元素。舉例來說，智慧型手機的電池通常含有約八點五公克的鋰，而每一輛特斯拉Model S電動車則需要大約六十二點六公斤的鋰供電池組使用。[11]這類電池從來不是打算給像汽車一樣耗電的機械使用，但鋰電池是目前大眾市場上唯一的選擇。[12]所有這些電池的壽命都有限，一旦衰退，只能當成垃圾丟棄。

特斯拉內華達超級工廠（Tesla Gigafactory）位於銀峰以北約三百二十公里處，是世界上最大的鋰電池工廠。特斯拉是全球最大的鋰電池消費者，每年從Panasonic和三星（Samsung）採購大量鋰電池，重新包裝於汽車和家用充電器中。根據估計，特斯拉每年使用超過兩萬八千噸氫氧化鋰，占全球總消費量的一半。[13]事實上，更準確地說，特斯拉與其說是汽車公司，不如說是電池公司。[14]鎳、銅、鋰等重要礦物面臨短缺會對公司帶來風險，使得銀峰的鋰鹽湖更令人覬覦。[15]若能掌控這處礦場，就表示能掌控美國的國內需求。

正如許多人所指出的，電動車遠非解決二氧化碳排放量的完美方案。[16]電池供應鏈的採礦、冶煉、出口、組裝和運輸對環境造成重大的負面影響，接下來又因為電池衰退而影響社群。少數家庭利用太陽能系統自行發電，但從絕大部分情況來看，為電動車充電需要從電網取得電力，而美國目前來自再生能源的電力占比不到五分之一。[17]截至目前為止，這一切都阻擋不了眾多車廠與特斯拉競爭的決心，造成電池市場越來越大的壓力，並且導致原本已稀少的必需礦物存量加速消耗。

全球運算和商業很仰賴電池。「人工智慧」一詞會讓人想起演算法、數據、雲端架構的概念，但如果少了建構運算核心元件的礦物和資源，上述概念都無法發揮功能。充電式鋰離子電池是行動裝置、筆電、家庭數位助理和資料中心備援電力不可或缺的，也支撐著網際網路和所有在網路上運作的商業平台，從銀行、零售到股市交易。現代生活許多層面已轉到「雲端」，卻鮮少考量這些材料的成本。我們的工作和個人生活、病史、休閒時間、娛樂、政治利益，所有這一切都在網路化運算架構的世界裡發生，我們從在一隻手上拿著的裝置善用它，而鋰就是這些裝置的核心。

在人工智慧領域，採礦既可依字面意義理解，也是比喻性的修辭。資料探勘的新採掘主義（new extractivism）也包含並推動了傳統採礦的舊採掘主義。為人工智慧系統提供動力所需的堆疊（stack），遠遠超出了資料建模、硬體、伺服器和網路構成的多層技術堆疊。人工智慧供應鏈的完整堆疊涉及資本、勞工和地球資源，而且對每一種的需求量都很巨大。[18]雲端是人工智慧產業的骨幹，而那是由岩石、鋰鹵水和原油構成。

在《媒體地質學》（*A Geology of Media*）這本著作中，理論家帕瑞卡（Jussi Parikka）表示，我們不應該從麥克魯漢（Marshall McLuhan）的觀點來思考媒體——在他的眼中，媒體是人類感官的延伸——而是該從地球的延伸來思考。[19]運算媒體如今參與地質（和氣候學）的過程，從地球的材料轉變到基礎設施和裝置，並以石油和天然氣儲備為這些新系統提供動力。若以地質過程的觀點來思考媒體和科技，我們就會發現驅動目前科技的不可再生資源正快速枯竭。在一套人工智慧系統所延伸的網路中，從網路路由器、電池到資料中心，每一項物件都是使用需要數十億年才能在地球內部形成的元素建構。

從深時觀點來看，我們正榨取地球漫長的地質歷程，服務當代科技時間的一瞬間，做出亞馬遜 Echo 和 iPhone 這類通常只能使用幾年的裝置。美國消費者技術協會（Consumer Technology

Association）指出，智慧型手機的平均使用年限只有四點七年。[20]這個汰舊週期讓人購買更多裝置，提高企業利潤，增加運用非永續性採掘作法的誘因。經過緩慢的開發過程之後，這些礦物、元素和材料經歷非常快速的開採、加工、混合、冶煉和物流運輸的時期，在轉變過程中跨越了數千英里。原始礦物從土地上移除，丟棄廢渣和尾礦之後，被製成可以使用和丟棄的裝置，最後埋到迦納或巴基斯坦等地的電子垃圾掩埋場。人工智慧系統從誕生到死亡的生命週期有許多碎形供應鏈：人工和自然資源的剝削林林總總，還有企業和地緣政治權力的大規模集中。而在整條供應鏈上，持續且大規模的能源消耗讓這個週期得以不斷運行。

舊金山科技業的作法，呼應著當年這座城市賴以建立的採掘主義。[21]人工智慧龐大的生態系統仰賴多種採掘方式：從收集我們日常活動和表情所產生的資料到耗盡自然資源，乃至剝削全球各地的勞工，以建立和維護這個龐大的行星網路。人工智慧從我們和地球上採掘的東西，遠比眾所周知的更多。舊金山灣區是人工智慧神話的中心節點，但我們必須到與美國距離遙遠之處，才能看到提供動力讓科技業運行的人類和環境破壞的層層遺害。

## 礦物層次

內華達州的鋰礦只是從地殼中採掘材料來打造人工智慧的地方之一。還有許多這樣的地點，包括玻利維亞西南部的鹽湖（Salar）——世界上鋰最豐富的地區，因此持續存在政治緊張局勢——以及剛果中部、蒙古、印尼和西澳沙漠區。從更廣泛的工業採掘地理範圍來看，這些地方都是人工智慧的發源地。少了來自這些地方的礦物，當代的運算根本無法運作。不過，這些材料越來越短缺。

二〇二〇年，美國地質調查局（U.S. Geological Survey）的科學家公布一份篩選清單，列出二十三種對製造商來說有高度「供應風險」的礦物，這意味著如果無法取得這些礦物，整個產業會陷入停擺，包括科技業。[22]關鍵的礦物包括用於 iPhone 揚聲器和電動車馬達的稀土元素鏑、釹；士兵和無人機的紅外線軍事設備使用的鍺；可提高鋰離子電池性能的鈷。

稀土元素有十七種：鑭、鈰、鐠、釹、鉕、釤、銪、釓、鋱、鏑、鈥、鉺、銩、鐿、鎦、鈧、釔。這些稀土元素經過處理，嵌入筆電和智慧型手機，讓那些裝置更輕薄短小。這些元素可以在彩色顯示器、揚聲器、相機鏡頭、充電電池、硬碟和其他元件中找到，也是通信系統的關鍵元素，行動通信塔的光纖電纜和訊號放大器、衛星和 GPS 科技都會用到。但是從地下採掘這些礦物，通常隨之引發地方和地緣政治的暴力。採礦向來是殘酷的事業。正如美國歷史學家暨科學哲學家芒福德（Lewis Mumford）所寫的：「採礦業是為戰爭提供力量的關鍵產業，並增加了戰爭基金原始資本儲備的金屬含量；另一方面，它促進了武器工業化，並在這兩種過程中增加金融家的財富。」[23]要了解人工智慧這項事業，我們必須考量採礦帶來的戰爭、饑荒和死亡。

近來美國透過立法，對這十七種稀土元素中的幾項進行監管，但這只是暗示著與開採有關的災難性後果。二〇一〇年的《多德—弗蘭克法案》（Dodd-Frank Act）著重於改革二〇〇八年金融危機後的金融業。這項法案包括一項關於所謂**衝突礦產**（conflict minerals）的具體條款，也就是在衝突地區開採自然資源，然後銷售以提供衝突資金。若公司使用來自剛果民主共和國周邊區域的金、錫、鎢、鉭，現在必須追蹤報告這些礦物的來源，以及銷售款項是否用來資助該地區的武裝民兵。[24]就像「衝突鑽石」（通稱「血鑽石」）一樣，「衝突礦產」一詞掩飾了採礦業深刻的苦難和大量出現的殺戮。採礦利潤為長達數十年的剛果地區衝突軍事行動提供了資金，助長了數千人死亡和數百萬人流離失所。[25]此外，礦場的工作條件往往堪稱現代蓄奴。[26]

英特爾（Intel）花了四年多的時間不斷努力，才對自己的供應鏈逐漸形成基本的洞察。[27]英特爾的供應鏈很複雜，有超過一萬六千家供應商，分布在上百個國家，提供直接材料給公司，供生產過程、工具、工廠機器，以及物流和包裝服務使用。[28]此外，英特爾和Apple受到批評，因為他們只稽核冶煉廠——而不是實際礦場——就判定是使用無衝突礦產。這些科技龍頭評估的是剛果以外的冶煉廠，而稽核多是由當地人進行。因此，就連科技業的無衝突聲明如今也受到質疑。[29]

總部位於荷蘭的科技公司飛利浦（Philips）亦聲稱，它正努力讓供應鏈是「無衝突」的。和英特爾一樣，飛利浦有數以萬計供應商，每家供應商都為該公司的製造過程提供零件。[30]這些供應商本身與下游的數千家零組件製造商連結在一起，而零組件廠商又會從數十家冶煉廠採購處理過的材料。冶煉廠是反過來向數量不明的交易商購買材料，這些交易商直接跟合法和非法的採礦作業打交道，採購各式各樣最終成為電腦元件的礦物。[31]

根據電腦製造商戴爾（Dell）的看法，要生產無衝突電子元件，金屬和礦物供應鏈的複雜度形成幾乎無法克服的挑戰。這些元件透過供應鏈中數量如此龐大的實體洗白，以致於要追蹤其來源難如登天——至少最終產品製造商是這樣聲稱的，如此一來，他們透過任何剝削性手法來推升獲利時，就有某種程度的合理推諉。[32]

就像十九世紀為舊金山服務的礦場一樣，科技業的採掘是把真正的成本放在看不到的地方來完成的。忽視供應鏈已融入了資本主義當中，無論是透過第三方承包商和供應商來保護自己，到對消費者行銷和廣告商品的方式都是如此。這不僅是合理推諉，它已成為行之有年的惡意行為：左手不知右手在做什麼，需要越來越雕琢華麗的複雜作法來拉開距離。

雖然靠著採礦來為戰爭提供資金是採掘造成的傷害中最極端的例子之一，但大多數礦物並非直接來自戰區。然而，這不表示採礦並未導致人民苦難和環境傷害。把焦點放在衝突礦產固然重要，但也轉移了對採礦顯而易見危害的關注。如果我們造訪為計算機系統開採礦物的主要地點，就會發現不為人知的故事，包括河流充滿酸漂白劑、迫使人離開熟悉的地景，以及曾經對當地生態至關重要的動植物物種走向滅絕。

## 黑色湖泊與白色乳膠

包頭是內蒙古最大的城市，這裡有一座人工湖，裡面充滿有毒的黑泥。它散發出硫磺惡臭，一望無際，直徑超過八點八公里。這座烏黑的湖泊含有超過一億八千萬噸選礦（ore processing）產生的廢粉[33]，來自附近白雲鄂博礦區的廢物徑流。根據估計，這座礦區含有全球近七成的稀土礦產儲量，是地球上最大的稀土元素礦床。[34]

世界上百分之九十五的稀土礦產由中國供應。如作家莫恩（Tim Maughan）所言，中國能成為市場龍頭與其說是地質因素，不如說是中國願意承擔採掘對環境造成的傷害。[35]雖然釹和鈰等稀土礦物相對常見，但要讓這些礦物能使用，必須運用會造成危害的過程，將它們溶解在大量的硫酸和硝酸中。這些酸液造成有毒廢水蓄積，填滿包頭的死水湖。環境研究學者赫德（Myra Hird）稱這種地方充滿「我們想遺忘的廢棄物」，包頭只是其中一地。[36]

迄今為止，稀土元素在電子、光學和磁性方面有獨一無二的用途，任何其他金屬都無法匹敵，但可用礦物與有毒廢棄物的比例卻很極端。自然資源策略專家大衛・亞伯拉罕（David Abraham）談到在中國江西開採鏑和鋱的情況，它們用於各種高科技裝置。他寫道：「開採出來的黏土中僅百分之零點二含有珍貴的稀土元素。這表示，開採稀土元素時，百分之九十九點八去除的泥土被當成廢棄物丟棄，這些稱為『尾礦』的土被傾倒回山丘和溪流」，產生銨等新汙染物。[37]為了提煉一噸稀土元素，「中國稀土學會估計，這過程會產生七萬五千公升酸性水，以及一噸的放射性殘留物」。[38]

在包頭以南約四千八百公里處，是印尼蘇門答臘海岸附近的小島邦加島（Bangka）和勿里洞島（Belitung）。邦加島和勿里洞島生產的錫占印尼的百分之九十，用於半導體。印尼是僅次於中國的世界第二大產錫國，印尼國有錫業集團公司（PT Timah）直接供應三星等公司，也供應晟楠、昇貿等焊錫材料廠，這些廠商之後再供應產品給索尼（Sony）、LG、富士康——這些都是Apple、特斯拉和亞馬遜的供應商。[39]

在這些小島上，未得到正式雇用的灰市礦工坐在臨時湊合成的浮式碼頭上，用竹篙刮海床，然後潛入水下，用類似真空管的巨型管子深吸氣，吸取海底的錫。礦工把找到的錫賣給仲介者，而這些仲介者也從在經授權的礦場工作的礦工那裡收集礦石，把兩種來源的錫混合起來，出售給錫業集團公司之類的企業。[40]由於完全不受監管，這過程在沒有任何正式工人或環境保護的情況下展開。正如調查記者何黛爾（Kate Hodal）的報導，「錫礦採掘是有利可圖卻具毀滅性的交易，破壞了這座島的景觀、夷平農場和森林，殺死了魚群和珊瑚礁，對觀光業棕櫚樹成蔭的美麗海灘帶來不利的影響。從空中鳥瞰最能看出損害程度，蓊鬱的森林被大片光禿禿的橘色土地包圍。在沒有礦場聳立的地方，布滿坑坑巴巴的墳墓，許多是葬著幾世紀以來挖掘錫礦時死去的礦工遺體。」[41]這樣的礦場隨處可見：在後院、在森林、在路邊、在海灘。這是一片廢墟的地景。

我們通常的生活習慣是把焦點放在眼前的世界，也就是每天所見、所聞、所觸摸到的世界。我們穩定立足於此，在這裡有自己的社群、知悉的角落，也有關注的重點。但如果要探查完整的人工智慧供應鏈，需要在全球範圍內尋找模式，敏銳地看出歷史和具體的危害是因地而異，同時又因多種採掘力量而深刻地聯繫在一起。

我們可以看到這些模式跨越空間和時間，跨大西洋電信纜線就是一例。這是在大陸間傳輸資

馬來橡膠樹

料不可或缺的基礎設施，也是全球通信和資本的象徵。它們也是殖民主義的實體產物，有殖民式的採掘、衝突和環境破壞模式。十九世紀末，一種特殊的東南亞馬來橡膠樹（*Palaquium gutta*）成為電纜榮景的中心。這些樹主要生長在馬來西亞，可以生產一種乳白色的天然乳膠，稱為馬來乳膠（gutta-percha）。一八四八年，英國科學家法拉第（Michael Faraday）在《哲學雜誌》（*Philosophical Magazine*）上發表了將這種材料當作電絕緣體的研究，因此馬來乳膠很快成為工程界的當紅炸子雞。工程師把馬來乳膠視為解決方案，讓電報電纜絕緣，承受海底嚴峻多變的環境。銅絞線需要四層這種柔軟有機的樹汁，防止海水侵入，能夠承載電流。

隨著全球海底電報業務蓬勃發展，馬來橡膠樹的樹幹需求隨之飆升。歷史學家塔利（John Tully）描述了當地的馬來人、華人和達雅族（Dayak）工人只得到很微薄的報酬，從事伐木和費時收集乳膠的危險工作。[42]乳膠經過加工，透過新加坡的交易市場出售到英國市場，之後轉變成其他東西，包括環繞全球的長長海底電纜護套。正如媒體學者絲塔羅歇爾斯基（Nicole Starosielski）所寫的：「軍事策略家將電纜視為與殖民地通信最有效且最安全的模式，而且也意味著對殖民地的控制。」[43]海底電纜的路線今日依然標示著早期帝國中心和邊陲的殖民網路。[44]

一株成熟的馬來橡膠樹可產出約三百一十二公克乳膠。但在一八五七年，第一條跨大西洋電纜約長兩千九百公里，重達兩千噸，需要約兩百五十噸馬來乳膠，光是生產一噸馬來乳膠就需要大約九十萬根樹幹。馬來西亞和新加坡的叢林遭大量砍伐，到了一八八〇年代初，馬來橡膠樹已消失殆盡。英國無路可退，為了努力挽救供應鏈，在一八八三年通過禁令，終止採收乳膠，但這種樹幾乎滅絕了。[45]

維多利亞時代馬來橡膠引發的環境災難，在全球資訊社會萌芽之際，顯示出科技與材料、環境與勞動實踐之間的關係如何緊密交織。[46]正如維多利亞時代的人為了他們製作早期電纜的粗率舉動引發生態災難，當代的採礦和全球供應鏈也進一步危及我們這個年代脆弱的生態平衡。

在行星運算的史前時期，存在著黑暗的諷刺。目前大規模的人工智慧系統驅動著環境、數據和人類的採掘，但從維多利亞時代開始，演算法運算的出現是因為渴望管控戰事、人口和氣候變遷。歷史學家德萊爾（Theodora Dryer）描述了數理統計學創建者暨英國科學家皮爾森（Karl

Pearson）如何開發新的資料架構（包括標準差、相關性和迴歸技巧），來設法解決規畫和管理所面臨的不確定性。他的方法進而與種族科學深深層疊，因為皮爾森和他的良師、統計學家暨優生學奠基者高爾頓爵士（Sir Francis Galton）認為，統計可能是「可採取的第一步，調查對任何種族特徵的選汰過程可能有何影響」。[47]

正如德萊爾所寫的：「至一九三〇年代末，這些資料架構──迴歸技巧、標準差和相關性──將成為在世界舞台上解釋社會和國家資訊的主要工具。兩次世界大戰之間的『數理統計運動』追蹤全球貿易的節點和路線，成為一項龐大的事業。」[48]這項事業在二戰後持續擴張，新的運算系統用於旱季天氣預報等領域，協助大規模的工業式農耕提升產量。[49]從這個角度來看，演算法計算、計算統計學和人工智慧在二十世紀的發展是處理社會和環境挑戰，但日後卻用在強化工業採掘和剝削，進一步耗損環境資源。

## 潔淨科技的迷思

礦物是人工智慧的骨幹，但人工智慧的命脈仍是電能。鮮少有人以碳足跡、化石燃料和汙染的角度思考高等運算；「雲端」的隱喻暗示著，那是在自然、綠色的產業中飄浮的細緻物體。[50]伺服器藏在看似平凡無奇的資料中心，它們的汙染性質遠不如燃煤發電廠滾滾吐出煙霧的煙囪那麼明顯。科技業大力宣傳其環境政策、永續方案，以及運用人工智慧來解決氣候相關問題的計畫。這都是精心為永續的科技產業打造出的公共形象，彷彿這產業不會有碳排放。事實上，亞馬遜網路服務或微軟 Azure 雲端服務的運算基礎設施需要大量能源才能運作，而在這些平台上運行的人工智慧系統碳足跡越來越多。[51]

正如胡彤暉在《雲端史前時代》（*A Prehistory of the Cloud*）中所寫的：「雲端是資源密集型的採掘科技，把水和電轉化成運算能力，造成相當大的環境傷害，然後把這傷害移轉到看不見的地方。」[52]如何處理這種能源密集型基礎設施已成為一項主要的問題。當然，科技業已經付出很大的努力提高資料中心的能源效率，多利用可再生能源，但世界上運算基礎設施的碳足跡已和航空業鼎盛時期不相上下，且增加速度越來越快。[53]不同研究者提出不同的估計，例如貝爾克希爾（Lotfi Belkhir）和艾爾梅利吉（Ahmed Elmeligi）估計，到了二〇四〇年，科技業會占全球溫室氣體排放量的百分之十四，而瑞典的一個團隊則預測，到二〇三〇年，光是資料中心的電力需求就會提高約十五倍。[54]

透過仔細審視建構人工智慧模型所需的運算能力，可看出為了大幅提升速度和準確度，讓地球付出高昂的代價。訓練人工智慧模型的需求處理和耗能是有待研究的新興領域，該領域的一篇早期論文在二〇一九年來自麻州大學阿默斯特分校（University of Massachusetts Amherst）的人工智慧研究者絲楚貝爾（Emma Strubell）和其團隊。他們的研究焦點是嘗試了解自然語言處理模型的碳足跡，於是透過運行人工智慧模型幾十萬個小時的運算時間，提出可能估值。[55]初始數據相當驚人。絲楚貝爾的團隊發現，僅是運行一個自然語言處理模型就會產生超過六十六萬磅的二氧化碳排放量，相當於五輛燃油汽車總生命週期的排放量（包括它們的製造），或是從紐約搭機往返北京一百二十五趟。[56]

更糟糕的是，研究者指出，這個模型頂多只是基線的樂觀估值。它並未反映出真正的商業規模，例如 Apple 和亞馬遜等公司在運作時會抓取整個網際網路的資料集，饋送到自家的自然語言處理模型，讓 Siri 和 Alexa 等人工智慧系統聽起來更人性化。但科技業人工智慧模型的確切能源消耗量尚屬未知之數；這項訊息是受到高度保護的企業機密。在這裡，資料經濟的前提也是保持對環境視而不見。

在人工智慧領域，把運算週期最大化以提高性能是標準作法，符合數大便是美的信念。正如 DeepMind 的薩頓（Rich Sutton）所描述的：「借助運算的方法終究是最有效的，而且差別很大。」[57]在人工智慧訓練過程中，使用蠻力測試法的運算技巧，或有系統地收集更多資料、用更多運算週期直到達到更好的結果，已導致能源消耗遽增。人工智慧研究組織 OpenAI 估計，自二〇一二年以來，用於訓練單一個人工智慧模型的計算量每年以十倍成長。這是因為開發者「不斷尋找使用更多晶片來平行運算的方法，並願意為此付出經濟成本」。[58]僅以經濟成本來思考會窄化視角，忽視快速運行運算週期以創造更高的效率時，所付出的更廣泛的當地和環境的代價。「運算最大化」的趨勢，對生態造成深遠的影響。

資料中心是世界上最大的電力消費者之一。[59]為這種多級機器提供電力，需要用到燃煤、燃氣、核能或可再生能源發電的電網。關於大規模運算能源消耗越來越大的警訊，有些公司提出了回應。Apple 和 Google 聲稱是自己碳中和（這表示他們購買碳信用額度來排碳），而微軟承諾在二〇三〇年達到負碳排。但這些公司內部的員工已經推動全面減少排放量，而不是出於對環境的罪惡感，花錢放縱。[60]此外，微軟、Google 和亞馬遜都允許化石燃料公司使用他們的人工智慧平台、工程勞動力和基礎設施，幫助這些公司定位並開採地下的燃料，於是最該為人為因素造成的氣候變遷負責的產業又得寸進尺。

在美國以外，排放二氧化碳的雲端服務越來越多。中國的資料中心產業有百分之七十三的電力來自煤炭，二〇一八年排放約九千九百萬噸二氧化碳。[61]中國資料中心基礎設施的用電量預計到二〇二三年將增加三分之二。[62]綠色和平組織對中國前幾大科技公司巨量的能源需求提出警示，指出「阿里巴巴、騰訊和萬國數據等中國科技領導業者，必須大幅提高潔淨能源的採購，並揭露能源使用資料」。[63]但燃煤發電的長久影響無處不在，超越國界。資源採掘和其後果是行星級的，遠超過民族國家該處理的問題。

水訴說了運算真正成本的另一則故事。美國用水的歷史充滿了戰爭和祕密交易，且和運算一樣，水的交易是保密、不為人知的。美國最大的資料中心之一位於猶他州布拉夫代爾（Bluffdale），隸屬於美國國家安全局。我無法直接造訪二〇一三年底啟用的情報體系綜合性國家計算機安全計劃數據中心（Intelligence Community Comprehensive National Cybersecurity Initiative Data Center），但我從鄰近的郊區往山路上開，在長滿山艾樹的山丘上發現一條死路，從那裡可以更靠近觀看這處占地三萬三千七百多坪的設施。這處地點似乎象徵著新一代的政府資料擷取力，曾出現在《第四公民》（*Citizenfour*）等影片和數以千計關於國安局的新聞報導中。但就我親眼所見，它看起來不起眼且平凡無奇，一個巨大的儲存容器與政府辦公大樓的結合。

搶水大戰早在資料中心正式啟用前就已展開，畢竟這是位於飽受乾旱之苦的猶他州。[64]當地記者想確認每天一百七十萬加侖的耗水估值是否準確，但國安局起初拒絕分享使用資料，塗黑或編輯了公開資料的所有細節，並聲稱其用水是國家安全問題。反監視運動人士製作手冊，鼓吹要終止監視活動的水和能源實體支援。他們運用策略，想透過法律來控管用水，促成設施關閉。[65]不過，布拉夫代爾已和國安局達成一項多年的協議，以遠低於平均的價格售水，以換得該機構可能為這個區域帶來的經濟成長。[66]水的地緣政治現在與資料中心、運算和權力的機制及政治深深結合，在各種意義上皆是如此。從俯瞰國安局資料儲存庫的乾旱山丘，就能明白所有關於水的爭論和困惑其來有自：這是一個受限制的地景，用於冷卻伺服器的水，正從仰賴它維生的社群和棲地被帶走。

就像採礦業的骯髒工作遠離獲利最多的公司和城市居民，絕大多數資料中心也離主要人口樞紐很遠，可能在沙漠區或半工業遠郊。這導致我們感覺雲端是看不見且抽離的，但事實上它是實體的，對環境和氣候的影響遠未得到充分的認識和證明。雲端來自地球，為了維持它的成長，需要不斷擴展的資源及層層疊疊的物流和運輸，且全數不停運作。

## 物流層次

截至目前為止，我們已經思考了人工智慧的實體層面，從稀土元素到能源。藉由將我們的分析基礎放在人工智慧的特定實體性，例如事物、地方和人，更能看出這些部分在更廣大的權力系統中如何運作。在世界各地運送礦物、燃料、硬體、工人和消費性人工智慧裝置的全球物流機械就是例子。[67]亞馬遜這樣的公司展現出令人眼花繚亂的物流和生產奇觀，但如果少了某種標準化金屬物體的開發和廣為使用，不可能成真——貨櫃。就像海底電纜一樣，貨櫃將全球通信、運輸和資本的產業聯繫在一起，這項實體運作就是數學家所稱的「最優運輸」——在這個例子中，就是世界貿易路線上的空間和資源最佳化。

標準化貨櫃（本身就是使用從基本地球元素碳和鐵鍛造成的鋼製成的）促成現代航運業的蓬勃發展，讓人得以把全球想像成一座巨大的工廠，並把這工廠塑造出來。貨櫃是價值的單一單元——就像一塊樂高積木——可運送成千上萬英里路，之後抵達最終目的地，成為一個更大遞送系統的模組化零件。二〇一七年，海運貿易的貨櫃船運量達到近兩億五千萬噸淨載重噸位，主要由航運公司龍頭主宰，包括丹麥快桅（Maersk）、瑞士地中海航運（Mediterranean Shipping Company）和法國達飛海運集團（CMA CGM Group），每一家都有數百艘貨櫃船。[68]對於這些商業風險投資事業來說，貨櫃運輸是在全球工廠的血脈中航行相對便宜的方式，但它掩蓋了更大得多的外部成本。正如流行文化和媒體多半忽視人工智慧基礎設施的實體現實和成本，它們鮮少論及航運業。作家蘿絲・喬治（Rose George）稱這種情況為「海盲」（sea blindness）。[69]

近年來，貨船每年產生的二氧化碳排放量占全球的百分之三點一，比德國全年的總排放量還多。[70]為了讓內部成本降至最少，多數貨櫃航運公司大量使用低級燃料，導致排放到空氣中的硫和其他有毒物質增加。根據估計，一艘貨櫃船排放的汙染物和五千萬輛汽車一樣多，每年有六萬人的死因與貨櫃運輸業的汙染直接相關。[71]

就連向來喜歡為業者護航的世界航運理事會（World Shipping Council）也承認，每年有數千個貨櫃丟失，沉入海底或漂流他方。[72]有些貨櫃裝載的有毒物質滲漏到海中；還有貨櫃掉了成千上萬隻黃色橡皮小鴨，數十年來被沖上世界各地的海岸。[73]一般來說，工人在海上待上近六個月，通常輪班時間很長，無法與外界聯絡。

同樣地，全球物流最嚴重的代價由地球大氣層、海洋生態系統和廉價勞工承擔。建構運算基礎設施或提供它們動力所需的能源都需要材料，取得這些材料的代價很持久，歷程也很漫長，但企業對人工智慧的想像皆未提到這些情況。關於雲端運算快速成長的描述是對環境友善，但弔詭的是，採掘資源的疆域不斷擴張。只有計入這些隱藏成本，納入這些更廣範圍的參與者和系統，我們才能理解提高自動化的轉變代表何種意義。這需要對抗科技想像常見運作的特性，它們完全不受世俗事物的羈絆。就像搜尋「人工智慧」的圖，會出現幾十張大腦發光的圖片，周圍空間還有藍色的二進位碼漂浮，強烈抗拒著與科技實體層面有所牽連。然而，我們要從地球、採掘和工業力量的歷史開始，然後思考這些模式如何在勞工和資料的系統中反覆出現。

## 人工智慧即巨機器

一九六〇年代晚期，科技史學家暨哲學家芒福德提出**巨機器**（megamachine）的概念，說明所有系統無論多龐大，皆由許多個別的人類行動者的工作所構成。[74]芒福德認為，曼哈頓計畫（Manhattan Project）就是最典型的現代巨機器，其錯綜複雜的事物不僅不向大眾公開，甚至不讓在美國各處分散的掩護區裡成千上萬為它工作的人知道。共有十三萬名工作者依照軍方指示，完全保密，研發在一九四五年會襲擊廣島和長崎奪走二十三萬七千條人命（保守估計）的武器。原子彈是靠著一個複雜神祕的供應鏈、後勤和人力製造出來的。

人工智慧是另一種巨機器，一套仰賴著遍布全球卻保持不透明的工業基礎設施、供應鏈和人力所造就的科技方法。我們已經看到人工智慧遠不只是資料庫和演算法、機器學習模型和線性代數。人工智慧是會蛻變的：仰賴製造、運輸和體力勞動；資料中心和在大陸之間沿著線路分布的海底電纜；個人裝置和其原始組件；通過空氣傳輸訊號；透過抓取網際網路而產生的資料集；以及持續的運算週期。這些都必須付出代價。

我們已經探討過城市與礦場之間、公司與供應鏈之間的關係，以及連接它們的採掘地形學。生產、製造與物流根本上是彼此連結的，這特性提醒我們驅動人工智慧的礦場無處不在：不僅位於彼此分離的地點，而且分散遍布地球的地理環境，也就是地理學家拉班（Mazen Labban）所稱的「行星礦藏」（planetary mine）。[75]這並非否認許多特定地點正進行著科技驅動的採礦活動。

相反地，拉班觀察到，行星礦藏擴展並重組採掘活動，使之呈現新的安排，把礦場實務延伸到世界各地的新空間和互動當中。

在人為氣候變遷的影響早已開始的這個歷史時刻，尋找新方法來了解人工智慧系統深層的物質和人性根源至關重要。然而知易行難，部分原因在於許多構成人工智慧系統鏈的產業隱藏其業務持續的成本。此外，建構人工智慧系統所需的規模太複雜，智慧財產權法律太模糊，並且深陷物流和科技的複雜度的泥沼，讓我們無法完全釐清真相。不過，我們的目標並非試圖讓這些複雜的聚合體變透明：不是試圖看到**內部**的模樣，而是將**跨**多個系統連結，以了解它們如何相互關聯。[76]因此，我們會循著人工智慧環境成本和勞動成本的故事前進，把故事和與日常生活緊密結合的採掘及分類實務聯繫起來。藉由共同思考這些議題，我們可以努力實現更大的正義。

我又去了一趟銀峰。抵達小鎮之前，我把廂型車停在路邊，看一個歷盡風霜的路標。這是內華達歷史地標一百七十四號（Nevada Historical Marker 174），紀念名為布萊爾（Blair）的小鎮創建和毀滅。一九〇六年，匹茲堡銀峰金礦公司（Pittsburgh Silver Peak Gold Mining Company）收購這個地區的礦場。土地投機者預期這裡將有一片榮景，買下銀峰附近所有可得的地皮和水權，將這一帶價格炒到破紀錄的人為高點。因此，礦業公司勘查了北邊幾英里處，宣布要在那個地方建立一個新的城鎮：布萊爾。他們建造有一百個搗礦杵的氰化物搗礦場來浸析礦物，是該州最大的一座，並鋪設銀峰鐵路，從布萊爾聯軌站（Blair Junction）連接到托諾帕與金礦（Tonopah and Goldfield）主線。簡言之，這座小鎮蓬勃發展。儘管工作條件惡劣，仍有數百人從各地來找

布萊爾鎮的廢墟。Kate Crawford 攝

工作。但隨著採礦活動頻繁，氰化物開始毒害土地，金銀礦層開始減少並乾涸。到了一九一八年，布萊爾幾乎空蕩蕩。十二年間，一切就結束了。當地地圖上標示出這些廢墟——步行只需四十五分鐘。

那是沙漠中炙熱的一天，唯一的聲音是金屬回音般的蟬鳴，以及偶爾出現的客機轟隆聲。我決定到山丘上。抵達長長的土路之頂後，我來到一群石造建築處時，實在燠熱難耐。我躲進一處曾經是金礦工住家的倒塌殘骸內。那裡沒剩多少東西：一些破陶器、玻璃瓶碎片、幾個生鏽的錫器。時光倒流回布萊爾熱鬧的歲月，附近有好幾間生意興隆的酒館，還有一間兩層樓的旅店迎接訪客，如今徒留一堆破損的地基。

透過原本是窗戶的地方望出去，視野

一直延伸到谷地。我驚訝地領悟到，銀峰很快也將淪為鬼城。目前積極開採鋰礦，以回應高需求，但沒有人知道能持續多久。最樂觀的估計是四十年，但很可能更快就會結束。之後，克雷頓谷下的鋰池會被抽乾——這採掘活動是為了終將送進掩埋場的電池。而銀峰將回到往日生活，成為空蕩安靜的地方，在現已乾涸的古老鹽湖邊。

---

**注釋**

1. Brechin, *Imperial San Francisco*.
2. Brechin, 29.
3. 阿格里科拉的引文出自 Brechin, 25。
4. 引自 Brechin, 50。
5. Brechin, 69.
6. 參見如 Davies and Young, *Tales from the Dark Side of the City*，以及“Grey Goldmine”。
7. 關於舊金山街道高度變化的更多資訊，參見 Bloomfield, “History of the California Historical Society’s New Mission Street Neighborhood”。
8. “Street Homelessness.” 亦參見“Counterpoints: An Atlas of Displacement and Resistance”。
9. Gee, “San Francisco or Mumbai?”

10. 亨利・透納（H. W. Turner）在一九〇九年七月發表了銀峰地區的詳細地質調查。在這篇優美的文章中，透納讚美這裡的地質多樣性，描述這裡有「乳白色和粉紅色的凝灰岩斜坡，還有鮮豔磚紅色的小丘」。Turner, “Contribution to the Geology of the Silver Peak Quadrangle, Nevada,” 228.

11. Lambert, “Breakdown of Raw Materials in Tesla’s Batteries and Possible Breaknecks.”

12. Bullis, “Lithium-Ion Battery.”

13. “Chinese Lithium Giant Agrees to Three-Year Pact to Supply Tesla.”

14. Wald, “Tesla Is a Battery Business.”

15. Scheyder, “Tesla Expects Global Shortage.”

16. Wade, “Tesla’s Electric Cars Aren’t as Green.”

17. Business Council for Sustainable Energy, “2019 Sustainable Energy in America Factbook.” U.S. Energy Information Administration, “What Is U.S. Electricity Generation by Energy Source?”

18. Whittaker et al., *AI Now Report 2018*.

19. Parikka, *Geology of Media*, vii—viii; McLuhan, Understanding Media.

20. Ely, “Life Expectancy of Electronics.”

21. 麥札德拉（Sandro Mezzadra）和尼爾森（Brett Neilson）使用「採掘主義」一詞，來指當代資本主義不同形式的採掘作業之間的關聯，而我們看到這種關聯在人工智慧產業的背景下一再出現。Mezzadra and Neilson, “Multiple Frontiers of Extraction.”

22. Nassar et al., “Evaluating the Mineral Commodity Supply Risk of the US Manufacturing Sector.”

23. Mumford, *Technics and Civilization*, 74.

24. 參見如 Ayogu and Lewis, “Conflict Minerals”。

25. Burke, "Congo Violence Fuels Fears of Return to 90s Bloodbath."
26. "Congo's Bloody Coltan."
27. "Congo's Bloody Coltan."
28. "Transforming Intel's Supply Chain with Real-Time Analytics."
29. 參見如一封來自七十名簽署者的公開信，批評所謂無衝突聲明流程的侷限性："An Open Letter"。
30. "Responsible Minerals Policy and Due Diligence."
31. 在《權力的要素》（*The Elements of Power*）一書中，大衛．亞伯拉罕（David Abraham）描述全球電子供應鏈中稀有金屬交易商的隱形網絡：「將稀有金屬從礦場送到你的筆電的網絡，是經過一個由交易商、加工商和元件製造商組成的隱晦網絡傳播。交易商是中間人，做的不只是買賣稀有金屬：他們協助監管資訊，也是隱藏的鏈結，有助於導引金屬工廠與我們筆電元件之間的網絡方向。」(89)
32. "Responsible Minerals Sourcing."
33. Liu, "Chinese Mining Dump."
34. "Bayan Obo Deposit."
35. Maughan, "Dystopian Lake Filled by the World's Tech Lust."
36. Hird, "Waste, Landfills, and an Environmental Ethics of Vulnerability," 105.
37. Abraham, *Elements of Power*, 175.
38. Abraham, 176.
39. Simpson, "Deadly Tin Inside Your Smartphone."
40. Hodal, "Death Metal."
41. Hodal.

42. Tully, "Victorian Ecological Disaster."
43. Starosielski, *Undersea Network*, 34.
44. 參見 Couldry and Mejías, *Costs of Connection*, 46。
45. Couldry and Mejías, 574.
46. 關於海底電纜的精采歷史敘述，參見 Starosielski, *Undersea Network*。
47. Dryer, "Designing Certainty," 45.
48. Dryer, 46.
49. Dryer, 266–68.
50. 現在有越來越多人注意到這個問題，包括 AI Now 的研究人員。參見 Dobbe and Whittaker, "AI and Climate Change"。
51. 參見這個領域的早期學術成就之一，Ensmenger, "Computation, Materiality, and the Global Environment"。
52. Hu, *Prehistory of the Cloud*, 146.
53. Jones, "How to Stop Data Centres from Gobbling Up the World's Electricity." 透過提高能源效率的作法來緩解這些問題已取得一些進展，但仍存在重大的長期挑戰。Masanet et al., "Recalibrating Global Data Center Energy- Use Estimates."
54. Belkhir and Elmeligi, "Assessing ICT Global Emissions Footprint"; Andrae and Edler, "On Global Electricity Usage."
55. Strubell, Ganesh, and McCallum, "Energy and Policy Considerations for Deep Learning in NLP."
56. Strubell, Ganesh, and McCallum.
57. Sutton, "Bitter Lesson."
58. "AI and Compute."

59. Cook et al., *Clicking Clean*.
60. Ghaffary, "More Than 1,000 Google Employees Signed a Letter." 亦參見 "Apple Commits to Be 100 Percent Carbon Neutral"; Harrabin, "Google Says Its Carbon Footprint Is Now Zero"; Smith, "Microsoft Will Be Carbon Negative by 2030"。
61. "Powering the Cloud."
62. "Powering the Cloud."
63. "Powering the Cloud."
64. Hogan, "Data Flows and Water Woes."
65. "Off Now."
66. Carlisle, "Shutting Off NSA's Water Gains Support."
67. 物質性是複雜的概念，在科技與社會研究、人類學和媒體研究等領域有大量文獻處理這個概念。就某種意義上來說，物質性指的是列芙魯夫（Leah Lievrouw）所描述的「物體與人造物的物理特徵和存在，使其在特定條件下對某些目的有用和可用」。列芙魯夫的引文出自 Gillespie, Boczkowski, and Foot, *Media Technologies*, 25。但正如庫爾（Diana Coole）和佛羅絲特（Samantha Frost）所言：「物質性絕不『只是』某種物質：一種使物質成為具活動力的、自我創造的、富成效的、沒有效果的超量、力量、生命力、相關性或差異。」Coole and Frost, *New Materialisms*, 9.
68. United Nations Conference on Trade and Development, *Review of Maritime Transport*, 2017.
69. George, *Ninety Percent of Everything*, 4.
70. Schlanger, "If Shipping Were a Country."
71. Vidal, "Health Risks of Shipping Pollution."
72. "Containers Lost at Sea—2017 Update."

73. Adams, "Lost at Sea."

74. Mumford, *Myth of the Machine*.

75. Labban, "Deterritorializing Extraction." 關於這個概念的進一步探索，參見 Arboleda, *Planetary Mine*。

76. Ananny and Crawford, "Seeing without Knowing."

第二章

# 勞工

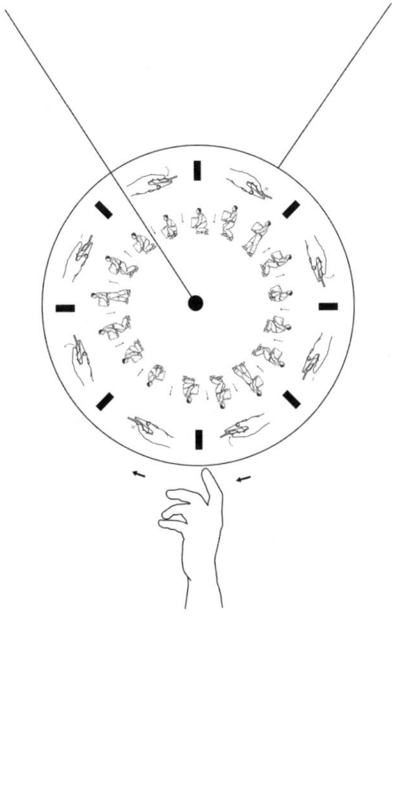

當我進入亞馬遜位於紐澤西州羅賓斯維爾鎮（Robbinsville）廣闊的履行中心（fulfillment center），最先映入眼簾的是個斗大的標誌，上面寫著「打卡機」（Time Clock）。這個標誌從占地三千三百七十多坪的混凝土空間中，諸多鮮黃色支架突出。這是亞馬遜小型物件的主要配送倉庫，也是美國東北部的中央配送節點。它呈現出當代物流和標準化令人目眩的奇景，其設計是為了加速包裹遞送。入口通道有幾十個打卡機標誌，每隔固定距離就會出現。每一秒的工作都被監控和記錄。工人——稱為「夥伴」（associate）——一進到倉庫就要掃描自己。日光燈照亮的茶水間裡沒什麼人，但也設有打卡機——更多標誌凸顯出進出各個空間的所有掃描都是被追蹤的。正如倉庫裡的包裹會經過掃描，工人也受到監控，以求盡可能提高效率：每次輪班只能休息十五分鐘，另有三十分鐘無薪的用餐休息時間。每次輪班長達十小時。

這是較新的履行中心之一，特點在於有機器人來移動托盤上裝滿產品的沉重擱架單元。這些亮橘色的機器人叫「奇娃」（Kiva），會在混凝土地板上平穩滑行，宛如活生生的水蟲，依循程式設定好的邏輯懶洋洋旋轉，然後鎖定一條路線，到下一個等待托盤的工人那裡。接著，機器人往前移動，背著堆積如塔、重達一千三百六十公斤的購買物品。這支貼地機器人大軍移來移去，展現出一種毫不費力的高效率：它們搬運、旋轉、前進、重複。它們發出低沉的呼呼嗡嗡聲，但幾乎完全被作為工廠動脈、快速移動的傳送帶震耳欲聾的聲音淹沒。在這個空間裡，約二十三公里長的輸送帶運轉不歇。這讓轟鳴時時存在。

當機器人在無遮蔽的菱形格網後方表演著動作協調的運算芭蕾，工廠裡的工人可沒那麼心平

紐澤西州羅賓斯維爾鎮亞馬遜履行中心的工人和打卡機標誌。AP Photo/Julio Cortez

氣和。要達到「揀貨速率」所造成的焦慮，也就是工人必須在分配的時間內選擇和包裝的物品數量，顯然帶來不良影響。我造訪時遇到的許多工人都戴著某種支撐繃帶，有護膝、肘部繃帶、護腕。我觀察到許多人似乎有傷，而帶我穿行過工廠的亞馬遜員工指著每隔固定距離設置的自動販賣機，裡頭「備有非處方止痛藥，供任何需要的人使用」。

機器人技術已成為亞馬遜物流寶庫的關鍵部分，雖然機器似乎保養得很好，相對應的人體卻好像成了次要考量。他們來到那裡完成機器人無法做到的特定、高精度的任務：在最短的時間內揀起並目視確認人們想送到家中的所有物件，那些東西奇形怪狀，從手機殼到洗碗精都有。人類是不可或缺的結締組織，把訂購的物品裝入貨櫃和卡車，送到消費者手上。然而，他們並不是亞馬遜機器中最有價值或最受信賴的組成部分。一天結束時，所有夥伴都必須通過一排金屬探測器才能離開。他們告訴我，這是有效的防盜措施。

在網際網路的各個層次裡，最常見的衡量單位之一是網路封包——從一個目的地發送並傳送到另一個目的地的基本資料單位。在亞馬遜，用來衡量的基本單位是棕色紙箱，那是眾所熟悉的該公司貨物容器，上面印有一個模擬人類微笑的彎曲箭頭。每個網路封包都有一個時間戳，稱為**存活時間**（time to live），資料必須在存活時間到期之前抵達目的地。在亞馬遜，紙箱也有顧客出貨需求所驅動的**存活時間**。如果箱子遲到了，會影響亞馬遜的品牌，最後也會損及獲利。因此，機器學習演算法受到極大的關注，演算法針對瓦楞紙箱和寄件袋的最佳尺寸、重量和強度的資料進行調整。這個演算法稱為「矩陣」（matrix），顯然沒有任何諷刺意味。[1]每當有人報告物品損壞，這份報告就會成為數據點，說明未來該使用哪種箱子。下次寄送這種產品時，矩陣會自動指派新的箱子種類，不用人工輸入。這樣可以防止破損，以節省時間，增加獲利。然而，工人被迫不斷適應，使他們更難將知識付諸行動或習慣工作。

時間控制向來是亞馬遜物流帝國一貫的主題，工人的身體依照運算邏輯的節奏來行動。亞馬遜是美國第二大民營雇主，許多公司奮力效尤。很多大企業砸下重金投資自動化系統，想從人數更少的員工身上榨取更多勞力。效率、監控和自動化的邏輯，當今都一致轉向以運算的方法來管理勞工。亞馬遜倉庫混合著人機配送，是了解致力於自動化效能所做出的權衡取捨的重要地點。我們可以從這個地方開始思考勞工、資本和時間如何在人工智慧系統中交織在一起的問題。

在本章，我不會爭論人類是否會被機器人取代，而是將焦點放在越來越多的監視、演算法評估和時間調變會如何改變工作體驗。換言之，我不會問機器人是否會取代人類，而是更關注人類如何越來越被當成機器人對待，以及這對勞工的角色有何意義。許多形式的工作以「人工智慧」一詞來包裹，隱藏通常是人類在進行機械式任務的事實，以強化機器可以完成工作的印象。然而，大規模運算是深深根植於人體的剝削在運作的。

如果想了解在人工智慧背景下的未來工作情景，需要先了解工作者過去和現在的經驗。要從工人身上最大程度榨取價值的方法形形色色，從改造亨利・福特（Henry Ford）工廠使用的傳統技巧，到用以提高追蹤、輕推和評估的粒度（granularity）〔譯注：材料或系統被劃分為碎片後的碎片大小，用以描述較大的實體被細分的程度〕的一系列機器學習輔助工具。本章會描繪過去和現在的勞動地理學，塞繆爾・邊沁（Samuel Bentham）的「視察所」（inspection house）、巴貝奇（Charles Babbage）的時間管理理論，以及弗雷德里克・溫斯洛・泰勒（Frederick Winslow Taylor）的人體微觀管理（micromanagement）都包括在內。在這過程中，我們將看到人工智慧如何建立在非常耗費人力的群眾外包（crowdwork）（還有其他事物）、時間私有化，以及似乎永無止境地拿取、舉起和辛苦把箱子排列整齊的基礎上。從機械化工廠的譜系出現了一種模式，重視提高一致性、標準化和協同工作能力——對產品、流程和人類都是如此。

## 人工智慧出現之前的工作場所

工作場所自動化雖然經常聽起來像未來的事，但在當代工作中早已由來已久。生產組裝線很重視生產單位的一致性和標準化，無獨有偶，這現象也出現在服務業，從零售商店到餐廳都不例外。一九八〇年代之後，祕書工作的自動化程度越來越高，如今已有高度女性化的人工智慧助理來仿效，例如 Siri、Cortana 和 Alexa。[2]所謂的知識工作者，也就是那些被認為較不受自動化驅動力威脅的白領員工，發現自己在工作場所越來越受到監視，受流程自動化波及，也受到工作與休閒時間界線崩壞的影響（儘管如女權主義工作理論家費德里琪〔Silvia Federici〕和葛蕾格〔Melissa Gregg〕所指出的，女性鮮少體驗到兩者的明顯區別）。[3]各行各業都必須大幅自我調整，才能讓運用軟體的系統詮釋和理解。[4]

人工智慧系統和流程自動化在擴展時，說詞常是我們生活在一個受惠於人類與人工智慧合作的時代。然而，這項合作並未經過公平協商。合作條款是以明顯的權力不對稱為基礎——我們能選擇**不**與演算法系統合作嗎？當一家公司導入新的人工智慧平台，員工少有不參與的權利。與其說是合作，不如說是強迫參與，員工被期望重新學習技能、追上進度，毫不質疑地接受每一項新技術的發展。

人工智慧入侵工作場所，並不代表既有的工作形式出現劇烈變化。更適切的理解應是，早在一八九〇年代和二十世紀初已確立的工業勞動剝削舊時代作法，如今再度回歸。當時工廠勞工已被比擬成機器，工作任務越來越細分為需要最少技能但最大勞力的較小動作。的確，目前勞力自動化的擴張，延續著工業資本主義固有的更廣泛的歷史動態。從最早的工廠出現之後，工人就面對越來越強大的工具、機器和電子系統。這些工具、機器和電子系統在改變勞工管理方式方面發揮作用，同時把更多價值轉嫁給雇主，堪稱舊瓶新酒。關鍵的差異在於，現在雇主會觀察、評估、調整工作週期和身體資料的私密部分，甚至連最細微的微移動也不放過——這是過去他們無法碰觸的。

工作場所的人工智慧有不少史前史，其中一項是工業革命將一般的生產活動廣泛自動化。十八世紀政治經濟學家亞當．斯密（Adam Smith）在《國富論》（*Wealth of Nations*）中首度指出，製造工作的劃分和細分，是改善生產力和提高機械化兩者的基礎。[5]他觀察到，藉由辨識和分析任何給定物品在製造過程中所涉及的各個步驟，就可能把這些步驟再分成越來越小的步驟，因此原本全由專業工匠製作的東西，現在可以由一個技能較低的工人團隊完成，這些工人配備專門用於特定工作的工具。這麼一來，工廠的產量可以顯著擴大，勞動成本卻不會相應增加。

機械化的發展固然重要，但唯有與源自化石燃料的日益豐富的能源結合，才能推動工業社會的產能大幅提高。生產增加之後，在工作場所面對機械的勞工，作用發生重大轉變。工廠機械最初的設想是協助工人進行日常活動，作為節省勞力的設備，但很快成為生產活動的中心，形塑著工作速度和特徵。由煤和石油提供動力的蒸汽機可以持續驅動機械運作，影響工廠的工作步調。工作不再是主要仰賴人類勞動的產物，反而越來越像機器，工人做出調整以因應機器需求及其特定的節奏和步調。早在一八四八年，馬克思就以亞當・斯密的論點為基礎，指出自動化將勞工從成品的生產過程中抽取出來，讓工人成為「機器的附屬物」。[6]

工人的身體已與機器徹底充分地整合，使得早期的實業家可以把他們的員工視為一種原料，像其他任何資源一樣進行管理和控制。工廠主人運用自己在當地的政治影響力和財力，試圖指導和限制工人在工廠城鎮裡如何移動，有時甚至阻止工人移居到世界上機械化程度較低的地區。[7]

這也意味著增加對時間的掌控。歷史學家湯普森（E. P. Thompson）影響深遠的文章探討了工業革命如何要求工作更加同步，以及更嚴格的時間紀律。[8]轉變到工業資本主義的過程，伴隨著新的勞動分工、監督、時鐘、罰款和時間表——這些科技也影響人們體驗時間的方式。文化也是一種強而有力的工具。十八世紀和十九世紀，出現小冊子和文章宣揚努力工作，強調紀律的重要性，並提倡早起和盡可能長時間勤奮工作的美德。[9]時間的運用從道德和經濟兩者的角度來看待：如同貨幣一般，時間可以好好地利用或揮霍。但隨著工坊和工廠實施更嚴格的時間紀律，越來越多工人開始反擊——爭取的就是時間本身。到了一八〇〇年代，勞工運動強烈主張減少工作日，當時一天工時可長達十六小時。時間本身成為主要的抗爭場域。

早期工廠為了維持工人的效率和紀律，需要新的監視和控制系統。工業製造早期就有這樣的發明，也就是視察所。這是一種圓形配置，監督者在位於建築中心一個高起平台的辦公室裡工作，工廠所有工人都在監督者的視線範圍內。圓形視察所是一七八〇年代由英國海軍工程師塞繆爾・邊沁在俄羅斯發明的，他受雇於波坦金王公（Prince Potemkin）。這樣的空間安排讓專業監督者可以密切注意那些未受訓練的屬下（多半是波坦金借給邊沁的俄羅斯農民），看看是否有工作習慣不良的跡象。這也讓塞繆爾本人可密切注意監督者，觀察他們是否有違紀的跡象。監督者多半是從英國招募來的造船師傅，他們愛喝酒，經常為了芝麻小事鬧翻，令塞繆爾相當惱怒。「日復一日，我的早晨多耗在軍官之間的爭吵。」塞繆爾抱怨道。[10]雖然他越來越洩氣，但開始重新設計，最大程度提高密切關注他們的能力，以及對系統整體的關注。功利主義哲學家傑瑞米・邊沁（Jeremy Bentham）是塞繆爾的兄長，傑瑞米在一次造訪過程中，從視察所得到靈感，發明著名的圓形監獄（panopticon）。這項設計成了監獄的典範，中央設有一個瞭望台，警衛可以從那裡監督牢房裡的囚犯。[11]

自傅柯（Michel Foucault）的《規訓與懲罰》（*Discipline and Punish*）以來，監獄經常被視為今日監視社會的起源，而傑瑞米・邊沁被認為是其意識形態的始祖。事實上，圓形監獄的起源是弟弟塞繆爾在早期製造設施的背景下提出的。[12]早在圓形監獄成為監獄的概念之前，就開始作為一種工作場所的機制。

塞繆爾・邊沁打造的視察所大半已從我們的集體記憶中淡去，但背後的故事仍是我們共有的詞彙。視察所是塞繆爾的雇主波坦金王公所採取的協調策略之一。波坦金王公為了得到凱薩琳大帝宮廷的青睞，想展現他有能力讓俄羅斯鄉村現代化，讓農民變成現代製造業的勞動力。視察所在達官貴人和金主來訪時作為一種展示物，就像所謂的「波坦金村莊」一樣，只是裝飾的門面，用來分散觀察者對窮鄉僻壤景觀的注意力，小心翼翼地隱藏起來。

這只是其中一條系譜。還有其他許多勞動的歷史塑造出這些觀察和控制的作法。美洲殖民地種植園利用強迫勞動來維持糖等經濟作物，蓄奴者也仰賴持續監視的系統。正如米爾佐夫（Nicholas Mirzoeff）在《觀看的權利》（*The Right to Look*）中所描述的，種植園經濟的核心角色是監督者，他們負責監視殖民地奴隸種植園的生產流程，他們的監督意味著在極端暴力的系統中，讓奴隸的工作井然有序。[13]正如一名種植園主人在一八一四年所描述的，監督者的角色是「絕不讓奴隸有停下來的時刻；他一直監視糖的製造，片刻不離糖廠」。[14]這種監督制度也需要以食物和衣服來賄賂一些奴隸，以獲得他們協助，擴大監視網絡，這樣監督者在忙其他事情時，仍能維持奴隸的工作紀律和速度。[15]

現在現代工作場所的監督角色多委派給監控技術。管理階層運用許多各種不同的科技來監視員工，包括以應用程式追蹤他們的移動，分析社群媒體的動態消息，比較回覆電子郵件和預約會議的模式，推動他們提出讓工作更快速更有效率的建議來幫助他們。員工數據（根據狹隘的可量化參數）被用來預測誰最可能成功、誰可能偏離公司目標、誰可能組織其他員工。有些公司運用機器學習技術，有些則使用更簡單的演算法系統。隨著工作場所的人工智慧盛行，許多較基本的監控和追蹤系統正拓展出新的預測能力，成為更加侵入性的機制，用來管理員工、控制資產和榨取價值。

## 波坦金人工智慧與「土耳其機器人」

人工智慧較不容易看出的事實之一是，它需要動用多少報酬過低的工人來建立、維護和測試人工智慧系統。這種看不見的勞力有多種形式——供應鏈的工作、隨需求而定的群眾外包，以及傳統的服務業工作。在人工智慧生產線上，所有階段都有剝削性的工作，從採掘資源和運送以建立人工智慧系統核心基礎設施的採礦業，到每件微任務支付微薄報酬的分散式人力軟體端皆是如此。葛雷（Mary Gray）和蘇利（Siddharth Suri）稱這種隱藏的勞動為「幽靈工作」（ghost work）。[16]伊拉妮（Lilly Irani）稱之為「以人類為動力的自動化」。[17]這些學者已經讓大家注意到群眾外包工作者或微工作者的工作經驗，他們執行成為人工智慧系統基礎的重複性數位工作，例如標記數千小時的訓練資料，以及檢視可疑或有害的內容。人工智慧看起來這麼奇妙，是仰賴工人做重複性的工作——他們讓系統能運作，卻鮮少得到肯定。[18]

雖然這種勞工是維持人工智慧系統所必需，但報酬通常很低。聯合國國際勞工組織（International Labour Organization）一項研究調查了七十五個國家的三千五百名群眾外包工作者，他們經常在熱門任務平台上提供勞務，包括「亞馬遜土耳其機器人」（Amazon Mechanical Turk）、Figure Eight、Microworkers和Clickworker。這項報告發現，儘管多數受訪者受過高等教育，通常具有科學和技術專長，但為數眾多的人收入低於當地最低工資。[19]同樣地，負責內容仲裁工作的人——待刪除的評估暴力影片、仇恨言論，以及線上殘忍行為形式——報酬也很低。正如莎拉・羅伯茲（Sarah Roberts）和葛拉斯彼等媒體學者所指出的，這種工作會留下長久的心理創傷。[20]

但少了這種工作，人工智慧系統將無法運作。研究人工智慧技術的圈子就是靠廉價的群眾外包勞工，來完成許多機器做不到的工作。二〇〇八年至二〇一六年間，出現「群眾外包」一詞的科學文章，從不到千篇增加到兩萬多篇——這是其來有自的，因為「土耳其機器人」在二〇〇五年推出。但在同一期間，仰賴通常遠低於最低工資的人力會引發哪些倫理問題，卻沒有多少人討論。[21]

業界會這樣忽視世界各地的低薪人力，背後當然有強烈的動機。他們做的所有工作——從為電腦視覺系統標記圖像到測試演算法是否產生正確的結果——都讓人工智慧系統調整過程更快、更便宜，特別是與付費請學生完成這些工作（就像早期的傳統）相比。因此，這個議題往往受到忽視，而正如一個研究群眾外包的團隊所觀察到的，使用這些平台的客戶，「預期他們不需要進行監督，工作就能完成，而且可以廉價又『無摩擦』（即沒有阻礙）地完成，彷彿這平台不是人類工作者的介面，而是一台巨大的計算機，沒有生活開銷」。[22]換言之，客戶認為人類員工和機器差不了多少，因為如果肯定他們的工作，給予公平報酬，會讓人工智慧顯得更昂貴，不那麼「有效率」。

甚至有公司直接要求員工假扮成人工智慧系統。數位個人助理新創業者 x.ai 聲稱，該公司的人工智慧代理「艾米」（Amy）可以「神奇地安排會議」，處理許多單調的日常任務。不過，彭博社記者胡薇特（Ellen Huet）曾進行詳細調查，揭露那根本不是人工智慧。「艾米」是經過一個團隊小心檢查和重寫的，該團隊是長時間輪班的約聘人員。臉書的個人助理 M 也差不多，是靠著人類定期干預，由一群有償的工作者檢視和編輯每一條訊息。[23]

偽造人工智慧是很辛苦的工作。x.ai 的工作者有時得輪班十四個小時來標注電郵，以維持這項服務是每天二十四小時自動化運作的假象。如果電子郵件佇列未結束，他們三更半夜也不能下班。「我下班時已感覺麻木，沒有任何情緒。」一名員工告訴胡薇特。[24]

我們可以把這視為一種波坦金人工智慧——只是用來展示給投資者和輕信的媒體看的門面，告訴他們自動化系統看起來會是什麼樣子，但實際上在後台依賴人工。[25]說得寬容一點，這些門面是說明系統完全實現後能做些什麼，或是用以說明概念的「最簡可行產品」（minimum viable product）。如果沒那麼客氣，就會認為波坦金人工智慧系統是科技供應商所做的一種欺騙，他們渴望在有利可圖的科技領域占一席之地。但在創造出不必仰賴幕後大量人工的大規模人工智慧之前，這就是人工智慧運作的核心邏輯。

作家艾斯特拉．泰勒把過度吹捧實際上並未自動化的高科技系統，描述為「假自動化」（fauxtomation）。[26]自動化系統看似完成以前由人類執行的工作，但事實上該系統只是在後台協調人類工作。泰勒引用速食店的自助點餐機和超市自助結帳系統為例，在這些地方，自動化系統似乎已經取代了員工的勞力，但其實只是把資料輸入的勞動從領薪員工轉移到顧客身上。與此同時，許多線上系統看起來提供自動化決策，例如移除重複條目或刪除令人反感的內容，實際上是由在家工作的人運作，處理沒完沒了的單調工作。[27]就像波坦金經過裝飾的村莊和模範工坊，許多看似有價值的自動化系統能運作，是結合報酬過低的數位零工和承擔無償工作讓系統運作的消費者。與此同時，公司試圖讓投資者和大眾相信，智慧機器在做這項工作。

這種招數有何危險？人工智慧真正的人工成本一直被低估和粉飾，但驅動這種表現的力量，不僅僅只是行銷花招。這是剝削和去技能化傳統的一部分，人們必須做更多乏味的重複工作，回填給自動化系統，結果可能比原來更無效率或更不可靠。但這種作法可以擴大規模——帶來減少成本、增加利潤的表象，同時讓人看不出到底需要仰賴多少工資只足以餬口的遠端工作者，並把維護或檢查錯誤的額外工作丟給消費者。

假自動化不是直接取代人工；相反地，這是在空間和時間上重新安排人工並把它分散。這麼一來，它就讓勞動與價值之間更加脫節，從而發揮意識形態的作用。工作者與工作成果分離，也和其他做相同工作的人脫節，因此更容易被雇主剝削。世界各地群眾外包工作者的報酬率極低，就能明顯看出這一點。[28]他們和其他類型的假自動化勞工都面臨非常現實的情況：他們的勞力可以與跟他們競爭為平台工作的其他無數工人的任一個互換。在任何時候，另一個群眾外包工作者或可能是自動化程度更高的系統都可能取代他們。

一七七〇年，匈牙利發明家馮．肯佩倫（Wolfgang von Kempelen）打造了一個精心製作的機器棋手。他用木頭和發條做了一個櫃子，櫃子後面坐著一個真人大小的機器人，這個機器人可以與人類下棋，並且獲勝。這令人驚奇的奇妙機械先在奧地利瑪麗亞．特蕾莎女皇（Empress

Maria Theresa）的宮廷展示，然後展示給來訪的達官貴人，大家都完全相信這是聰明的自動機。這栩栩如生的機器包著頭巾、穿闊腿褲和毛邊長袍，給人一種「東方巫師」的印象。[29]當時維也納的菁英會喝土耳其咖啡，讓僕人穿土耳其服裝[30]，機器人種族化的外觀傳達出不同的異國情調。它後來被稱為「土耳其機器人」（Mechanical Turk）。但下棋自動機是精心打造的錯覺：櫃子裡藏著一名棋藝高超的人類棋手，從內部操作機器，讓人完全看不見。

過了約兩百五十年，這個騙局依舊存在。亞馬遜選擇將旗下應用微收費的群眾外包平台命名為「亞馬遜土耳其機器人」，儘管這讓人聯想到種族主義和騙局。在亞馬遜的平台上仍看不見真正的工人，於是營造出錯覺，彷彿人工智慧系統是自主的，而且聰明得出奇。[31]亞馬遜最初打造「土耳其機器人」的動機，源於該公司自己的人工智慧系統不足以充分偵測出零售網站中重複的產品頁面。解決這個問題時，該公司進行了許多昂貴卻徒勞無功的嘗試，於是專案工程師招募了人類，填補其精簡化系統中的缺口。[32]現在「土耳其機器人」把業務與一群看不見的匿名工人聯繫起來，這些人彼此競價，以爭取機會處理一系列微任務。「土耳其機器人」是大規模分布的工場，人類藉由檢查和修正演算法流程，來模仿和改進人工智慧系統。這就是亞馬遜執行長貝佐斯（Jeff Bezos）厚顏無恥稱之為「**人造的**人工智慧」（*artificial* artificial intelligence）的東西。[33]

波坦金人工智慧的例子隨處可見。有些可直接看到：當我們在街上看到一輛當前的自駕車，也會看見人類操作者坐在駕駛座，準備在一出現問題跡象時立刻控制車輛。其他就不那麼明顯，例如和網站上的聊天介面互動。我們只和表面互動，那些表面掩蓋了內部的運作，用以隱藏在每一次互動中機器與人工的各種組合。我們不知道自己收到的回應是來自系統本身，或是某個拿了報酬代表系統回應的人類操作者。

我們是否正在接觸人工智慧系統這件事越來越不確定，而且這種感覺是相互的。我們很多人都碰過一種弔詭的情況：表面上，為了證明看網站的是真實的人類身分，我們需要讓 Google 的 reCAPTCHA 相信我們是真人。於是我們乖乖挑選出含有街道號碼、汽車或房屋的方格。我們是在免費幫 Google 訓練圖像辨識演算法。我們再一次看見，人工智慧負擔得起且有效率的迷思是靠著層層剝削而來，包括榨取大量無償勞工以微調世界上最富有公司的人工智慧系統。

當代形式的人工智慧既非人工的，也不是智慧的。對於艱苦做著體力勞動的礦工、組裝線上重複性工作的工廠勞工、在認知血汗工廠機械化勞動的外包程式設計師、「土耳其機器人」低薪的群眾外包勞工，以及做了非實體工作的無償日常使用者，我們可以——也應該——為他們發聲。我們可從這些地方看出，行星運算在貫穿整條採掘供應鏈上多麼仰賴對人工的剝削。

## 肢解線與工作場所自動化的願景：巴貝奇、福特和泰勒

眾所周知，巴貝奇發明了第一台機械式計算機。他在一八二〇年代提出**差分機**（difference engine）的想法，這是一種機械式計算機，用來生成數學和天文表格，僅需手工計算的一小部分時間就能完成。到了一八三〇年代，他為**分析機**（analytical engine）提出可行的概念設計，這是

一種可程式化的通用機械式計算機，配有打孔卡系統，可提供指令給計算機。[34]

巴貝奇對自由社會理論也有濃厚的興趣，撰寫了大量關於勞動本質的文章——結合他對計算和勞力自動化的興趣。他延續亞當．斯密的觀念，指出分工可精簡工廠的工作並提高效率。然而，他進一步主張，可以把實業公司理解為類似計算系統。就像計算機一樣，它包含多個執行特定任務的專門化單元，所有這些單元相互協調以形成給定的工作體系，但成品的勞動內容在整個過程中大半是不可見的。

在巴貝奇更富推測性的文章中，他設想了完美的工作流程，這個流程運用的系統可以視覺化為數據表，並由計步器和報時計時器來監控。[35]他認為，透過計算、監視和勞動紀律的結合，可望執行更高度的效率和品質控制。[36]這是奇特的預言式願景。一直到相當近期，隨著工作場所採用人工智慧，巴貝奇對於計算和工人自動化這兩個不尋常的雙重目標，才得以大規模實現。

巴貝奇的經濟思想衍生於亞當．斯密，但有一項很重要的差異。對亞當．斯密來說，一個物品的經濟價值與生產它所需的勞動成本是相關的。然而，在巴貝奇的詮釋中，工廠的價值來自於對製造過程的設計所做的投資，而不是來自員工的勞動力。真正的創新是物流流程，工人只是執行界定給他們的任務，並依照指示操作機器。

對巴貝奇而言，勞工在價值生產鏈中的角色多半是負面的：工人可能因為紀律不佳、受傷、曠職或抵抗行為，無法及時執行他們所操作的精密機器所規定的任務。正如歷史學家夏佛（Simon Schaffer）所指出的，「在巴貝奇眼中，工廠看起來像完美的發動機，而計算機器就像完美的計算機。勞工可能是麻煩的來源——可能讓表格出錯或工廠倒閉——無法視為價值的根源。」[37]工廠被認為是理性的計算機器，只有一項缺點：脆弱且不值得信賴的人類勞動力。

巴貝奇的理論當然深受一種金融自由主義的影響，導致他把勞工視為一個需要納入自動化來解決的問題。這幾乎沒有考慮到這種自動化的人力成本，或者如何利用自動化來改善工廠員工的工作生活。相反地，巴貝奇的理想化機器主要旨在讓工廠主人和投資者獲得最多的財務收益。在類似脈絡下，今天工作場所人工智慧的擁護者提出一種生產願景，也就是優先考慮效率、削減成本、提高利潤，而不是取代重複的苦差事來幫助員工。正如艾斯特拉．泰勒所言：「科技宣揚者所追求的效率，強調標準化、簡化和速度，而不是多元化、複雜度和相互依賴。」[38]我們對此應該不會太驚訝：這是營利性公司標準商業模式的必然結果，其中最大的責任是對股東價值負責。在這套系統中，公司必須盡可能設法得到價值，而後果就由我們承擔。與此同時，二〇〇五年至二〇一五年間，美國出現的所有新工作當中有百分之九十四是「替代工作」——非全職、非受薪聘雇的工作。[39]隨著公司從自動化程度提高當中獲益，一般而言，人們的工時拉長、工作更多、薪資減少、職位不穩定。

## 肉品市場

最早實施巴貝奇設想的機械化生產線的產業之一，就是一八七〇年代的芝加哥肉品包裝業。

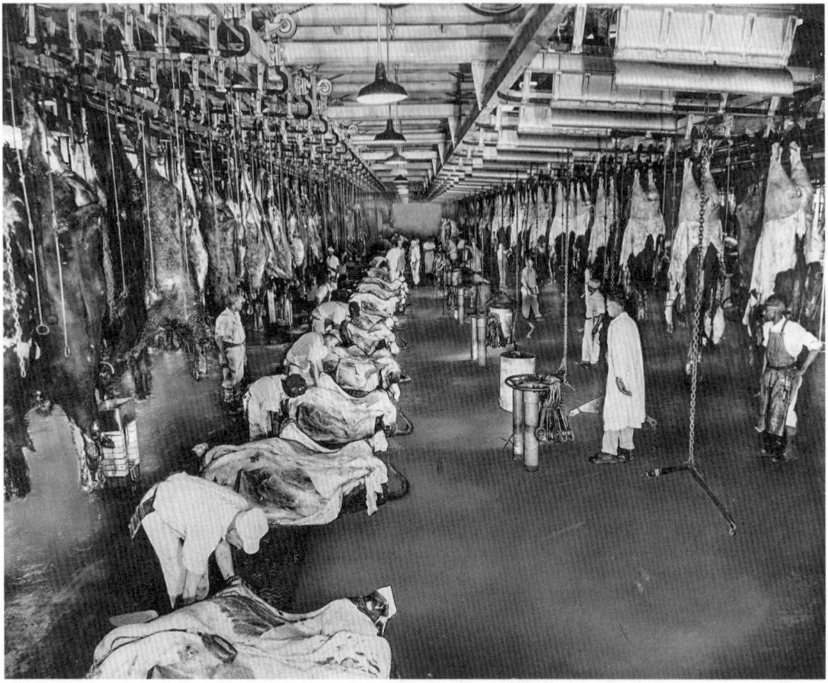

雅莫牛肉（Armour Beef）的整理車間，一九五二年。Courtesy Chicago Historical Society

火車把牲畜送到圍場門口；這些動物被運送到鄰近的工廠屠宰；屠體藉由機械化的高架軌道系統運送到各個屠宰和加工站，形成後來所稱的肢解線（disassembly line）。成品可以用特別設計的冷藏軌道車運往遙遠的市場。[40]勞工史學家布雷弗曼（Harry Braverman）指出，芝加哥牲畜圍場完全實現巴貝奇的自動化和分工願景，以致於任何時候肢解線上所需的人工技巧，幾乎都能由任何人來操作。[41]低技能工人可用最低限度的報酬支付，一出現問題跡象馬上換人，他們自己就像他們生產包裝的肉品一樣被徹底商品化。

辛克萊（Upton Sinclair）的《魔鬼的叢林》（*The Jungle*）是關於貧窮勞工階級的悲慘小說，故事背景就是芝加哥肉品包裝廠。雖然他的意圖是凸顯移工的艱辛，以支持社會主義者的政治願景，但這本書卻產生完全不同的效果。關於肉品染病腐爛的描述，引發了大眾對食品安全的強烈抗議，促成一九〇六年通過《肉品檢疫法》（Meat Inspection Act）。但是，對於工人的關注卻消失了。從肉品包裝業到國會，力量強大的機構都準備好進行干預以改善生產方法，不過支撐整個系統的更根本的剝削性勞工動態卻禁止處理。這種模式的持續存在，凸顯出權力如何因應批評：無論產品是牛的屍體或臉部辨識，反應都是在邊緣接受監管，但不觸及潛在的生產邏輯。

在工作場所自動化的歷史上，還有另外兩名重要人物：亨利．福特，他在二十世紀初的移動裝配線受到芝加哥的肢解線啟發；另一位是科學化管理的創立者弗雷德里克．溫斯洛．泰勒。泰勒在十九世紀後期開創了他的職業生涯，發展一種系統化管理工作場所的方法，重點放在工人身體的細微動作。亞當．斯密和巴貝奇的分工觀念是提出方法在人與工具之間分配工作，而泰勒縮小了焦點，納入每個工人動作的細微區分。

馬表是當時精準追蹤時間的最新技術，生產現場主管和生產工程師等人將以馬表作為監視工作場所的主要工具。泰勒使用馬表來研究工人，包括詳細細分在任何給定任務中，執行個別身體運動所需的時間。他的《科學管理原理》（*Principles of Scientific Management*）建立一套系統，量化工人身體的運動，以打造效率最佳的工具和工作流程配置，目標是以最小的成本獲得最大的產出。[42]這是馬克思所稱，由時鐘時間來主宰的典型範例：「時間就是一切，人什麼都不是；他頂多是時間的軀體。」[43]

富士康是世界上最大的電子產品製造商，生產Apple的iPhone和iPad。這家公司正是鮮明的例子，說明工人如何淪為動物身體，執行嚴格控制的工作。二〇一〇年，該公司發生一連串自殺事件後，其僵化的軍事化管理規範因而聲名狼藉。[44]僅僅過了兩年，該公司總裁郭台銘就這樣描述他一百多萬名員工：「人也是動物，我每天管理一百多萬個動物，頭痛得要死。」[45]

控制時間成為另一種管理身體的方式。在服務業和速食業，甚至以秒計時。在麥當勞生產線料理漢堡的員工，被評鑑的方式為是否達到如下目標，包括五秒鐘處理好螢幕上的訂單、二十二秒組合好三明治、十四秒包裝食物。[46]嚴格遵守時鐘，就消除了系統所造成的犯錯幅度。最輕微的延遲（顧客花太多時間點餐、咖啡機故障、員工請病假）可能導致一連串骨牌效應般的延遲、啟動警告聲和管理層通知。

麥當勞員工甚至還沒上生產線，他們的時間就已經被管理和追蹤了。一套結合歷史資料分析和需求預測模型的演算法排程系統，決定了員工的排班分配，導致工作排程每週甚至每天都不同。二〇一四年，加州發生了對麥當勞的集體訴訟，指稱這間加盟企業是由軟體領導，該軟體會提出員工與銷售比的演算法預測，指示管理者在需求下滑時迅速裁員。[47]員工指出，他們被告知要延後打卡上班，而且要待在附近，如果餐廳又開始忙，就要準備回來工作。由於員工要打卡才會獲得報酬，訴訟指控公司及其加盟店等於是竊取了他們大量的薪資。[48]

演算法決定的時間分配非常多樣，從一小時或更短時間的極短班次到繁忙時段的極長班次——只要是最有利可圖的。這種演算法並未計入待命時間，或者一來上班就被叫回家，以及無法預測自己的時間安排、規畫生活的人力成本。這種竊取時間之舉有助於提高公司的效益，卻是直接由員工承擔代價。

## 管理時間，私有化時間

速食企業家克洛克（Ray Kroc）協助麥當勞成為全球化的連鎖店，當他設計三明治標準生產線，要求員工不假思索地遵循時，加入了亞當・斯密、巴貝奇、泰勒和福特的系譜。監視、標準化和減少個人技藝展現，是克洛克作法的核心。正如勞工研究者梅修（Clare Mayhew）和昆蘭（Michael Quinlan）對於麥當勞標準化流程的論證：「福特式管理系統記錄了工作和生產任務的微小細節。它需要持續記錄參與的狀況，並且必須詳細控制每一個人的工作流程。執行任務時，幾乎完全消除了所有概念性的工作。」[49]

將每個工作站所花的時間（或稱「週期時間」）減到最少，成為福特式工廠中嚴格檢視的目標，工程師把工作任務細分成越來越小的片段，以求最佳化和自動化。一旦工人進度落後，監督者就會進行訓導。經常看到監督者，甚至是亨利・福特本人，在工廠裡走來走去，手裡拿著馬表，記錄週期時間，注意有沒有哪個工作站的生產力出現差異。[50]

現在雇主不必走到工廠現場，就能被動地監視他們的勞動力。相反地，工人透過刷通行證或向電子打卡鐘的辨識器顯示指紋，來打卡上班。他們在計時器前工作，這個計時器顯示眼前的工作執行時間還剩幾分或幾秒，沒完成就會通知管理者。他們坐在裝有感測器的工作站前，這些感測器持續記錄他們的體溫、與同事的人身距離，以及上網卻不是執行指定工作的時間等等。We-Work 是共享工作空間巨頭，卻在二〇一九年間讓自己摧毀殆盡。這家公司悄悄在其工作空間裝設了監視設備，企圖創造出新型態的資料變現（data monetization）。二〇一九年，該公司收購空間分析新創業者歐幾里德（Euclid），讓人聯想到該公司計畫追蹤付費會員在其設施中的移動，引發了疑慮。[51]達美樂披薩（Domino's Pizza）在廚房增設機器視覺系統來檢查披薩成品，確保員工按照規定的標準製作。[52]監視設備合理化了，這樣一來就有資料可輸入演算法排程系統，進一步調整工作時間，或收集與績效高低可能有關的行為訊號，或者僅作為一種內省資料賣給資料仲介。

社會學教授威吉曼（Judy Wajcman）在其〈矽谷如何訂時間〉（How Silicon Valley Sets Time）一文中指出，時間追蹤工具的目標與矽谷的人口組成並非純屬巧合。[53]矽谷的菁英勞動力「更年輕、更男性化且更全心致力於無時無刻工作」，同時還創造了一種以毫不留情、贏者全拿的競賽為前提的生產力工具，以便讓效率最大化。[54]這表示主要為男性的年輕工程師正在建構將監控各式各樣工作場所的工具，量化員工的生產力和有利條件，而他們通常不受耗時的家庭或社群責任羈絆。科技新創公司經常吹捧工作狂傾向和不眠不休的工作，成為衡量其他工作者的隱含基準，並產生對標準工作者的想像：男性化、有侷限性、依賴他人無償或低報酬地關照工作。

## 私有時間

在科技化的工作場所管理中，時間的協調變得越來越精細。舉例來說，通用汽車的製造自動化協定（Manufacturing Automation Protocol, MAP）就是一種早期嘗試，為常見的製造業機器人協作問題提供時鐘同步等標準解決方案。[55]過了一段時間，出現了其他可透過乙太網路和TCP/IP網路傳輸、更通用的時間同步協定，包括網路時間協定（Network Time Protocol, NTP），以及後來的精準時間協定（Precision Time Protocol, PTP），每一種都在各種作業系統中爭相執行。NTP和PTP的運作，都是靠在網路上建立時鐘的階層性，由「主」時鐘（"master" clock）驅動「從」時鐘（"slave" clock）。

主從的隱喻充斥整個工程和運算領域。最早採用種族主義隱喻的例子之一，可追溯到一九〇四年關於開普敦天文台天文鐘的描述。[56]但一直要到一九六〇年代，主從術語才廣為流傳，特別是在達特茅斯分時系統（Dartmouth timesharing system）開始用於運算領域之後。在人工智慧早期創建者麥卡錫的建議下，數學家凱梅尼（John Kemeny）和庫茲（Thomas Kurtz）開發了分時程式，以存取運算資源。正如他們於一九六八年在《科學》期刊（*Science*）上所寫的：「首先，使用者的所有運算都在從屬計算機（slave computer）中進行，而執行程式（系統的「大腦」）則位於主計算機（master computer）。因此，從屬計算機中錯誤或失控的使用者程式不可能『損害』執行程式，從而使整個系統停止運作。」[57]控制等同於智慧這個暗示是有問題的，但它會持續形塑接下來幾十年的人工智慧領域。正如埃格拉許（Ron Eglash）所言，這個說法強烈呼應著美國內戰前關於逃跑奴隸的論述。[58]

主從術語在許多人眼中有冒犯性，因此機器學習常見的編碼語言 Python，以及軟體開發平台 Github 都已經移除這類術語，但它仍存在於世界上最廣泛的運算基礎設施之一。Google 的 Spanner 資料庫——因它跨越（span）整個地球而得名——龐大、分散全球、同步複製。這個基礎設施支援 Gmail、Google 搜尋、廣告和所有 Google 的分散式服務。

在這種規模下，Spanner 在全球運作，在數百個資料中心裡數以百萬計的伺服器同步時間。每個資料中心都有一個「時間主機」（time master）單元，時時接收全球定位系統的時間。但由於伺服器輪詢許多個主時鐘，因此會有些微的網路延遲（network latency）和時鐘漂移（clock drift）。如何解決這種不確定性？答案是，創造新的分散式時間協定——一種專有的時間形式——這樣無論伺服器在世界哪個角落都可以同步。Google 毫不諷刺地稱這種新協定為 True-Time。

Google 的 TrueTime 是分散式時間協定，其運作是藉由在資料中心的本地時鐘（local clock）之間建立信任關係，這樣可決定要與哪個時鐘同步化。TrueTime 受惠於夠大量的可靠時鐘，包括 G P S 接收器和可提供極高精準度的原子鐘，加上網路延遲程度夠低，因此 TrueTime 讓一組分散式伺服器保證在廣域網路裡，事件能以確定的順序發生。[59]

在這個私有化的 Google 時間系統裡，最值得注意的是 TrueTime 如何管理個別伺服器發生時鐘漂移時的不確定性。「如果不確定性很大，Spanner 會放慢速度，等待不確定性去除。」Google 研究人員解釋。[60]這具體化了放慢時間、隨意移動時間，並把地球放在單一特有時間碼的想像。如果我們認為人類對時間的體驗是會變動且主觀的，隨著我們的所在地和與誰在一起而變快或變慢，那麼這是社會性的時間體驗。TrueTime 能在集中式主時鐘的控制下，創建一種不斷變化的時間尺度。正如牛頓想像的絕對時間是獨立於任何感知者之外存在的，Google 也發明了自己的通用時間形式。

長久以來，已有許多採行專用的時間形式讓機器順利運行的例子。十九世紀的鐵路巨擘就有自己的時間形式。舉例來說，一八四九年在新英格蘭，所有列車都採用「由國會街二十六號的威廉・邦德父子（William Bond & Son）所提出的波士頓真時」。[61]正如蓋利森的記錄，鐵路主管不喜歡列車開往不同州時也要調成不同時間，而紐約與新英格蘭鐵路公司（New York & New England Railroad Company）總經理說轉換到其他時間是「一種麻煩，很不方便，對我所見的任何人都沒用」。[62]但直到一八五三年發生列車對撞，造成十四人死亡的事件之後，才出現運用新的電報技術來協調所有時間的巨大壓力。

就像人工智慧一樣，電報被視為能拓展人類能力的統整技術而受讚譽。一八八九年，索爾茲伯里勳爵（Lord Salisbury）誇耀電報「將全人類聚集在一個廣大的平面上」。[63]企業、政府和軍隊運用電報，把時間編織入連貫的網格，抹去較具地方色彩的計時形式。主導電報的是最早的大型工業壟斷者之一——西聯公司（Western Union）。傳播理論家凱瑞（James Carey）指出，電報除了改變人類互動的時空界限之外，也促成了一種新形式的壟斷資本主義：「一套新的法律、經濟理論、政治安排、管理技巧、組織結構和科學原理，可讓私人持有和控制的壟斷式企業發展正當化，使之發揮效用。」[64]雖然這種解釋暗示了在一系列複雜的發展中存在著一種技術決定論，但說電報——與跨大西洋電纜結合——使帝國列強能夠維持對殖民地更集中化的控制，這說法是公道的。

電報讓時間成為商業的中心焦點。商人原本藉由在不同地點買低賣高，利用各地價差來大撈一筆，現在則是在不同時區交易：以凱瑞的話來說，是從空間轉變到時間，從套利交易轉變成期貨交易。[65]資料中心私有化的時區只是最新的例子而已。基礎設施的時間排序就像一種「權力的宏觀物理學」，以行星的層次決定新的資訊邏輯。[66]這樣的權力必然是集中化的，創造出很難看得出來的意義階層，更遑論去破壞這個階層。

在這歷史發展中，反抗集中化的時間是很重要的一部分。一九三〇年代，福特想要更能掌控其全球供應鏈，於是在巴西雨林深處建立橡膠種植園和加工設施，並把那小鎮稱為福特蘭迪亞（Fordlandia）。他雇用當地工人來加工橡膠，之後運回底特律，但他試圖對當地人強加嚴格控制的製造流程時，卻適得其反。暴動的工人拆了工廠的打卡鐘，砸毀用來追蹤每個工人進出工廠的裝置。

其他反抗形式多著重在工作流程中增加摩擦。法國無政府主義者普熱（Émile Pouget）用「蓄意破壞」（sabotage）一詞，表示在工廠車間相當於「慢慢來」，亦即工人刻意放慢工作速

福特蘭迪亞的打卡鐘，毀於一九三〇年十二月的暴動。取自 The Collections of The Henry Ford

度。[67]目標是減少效率，降低時間作為貨幣的價值。若要抵抗加諸於工作上的時間性，雖然辦法一定有，但隨著各種形式的演算法和錄影監控出現，抵抗也越來越難——因為工作與時間的關聯受到更近距離觀察。

從工廠內的細微時間調整，到行星運算網絡規模的大程度時間調變，定義時間成了集中權力的既定策略。人工智慧系統對分散在世界各地的勞工進行更大的剝削，從不平等的經濟拓樸關係中獲利。同時，科技業正為自己創造平穩的全球時間形勢，以強化並加速實現商業目標。控制時間——無論是透過教堂、列車或資料中心的時鐘——

向來有控制政治秩序的作用。然而，這場控制權的戰爭從來不是一帆風順的，而是影響深遠的衝突。工人已經找到干涉和抵抗的方法，即使科技發展是強加在他們身上，或表現得像令人滿意的改進，尤其是唯一提升的，是監視程度和公司的控制力。

## 設定速度

亞馬遜竭力控制一般民眾進入履行中心時看到的景象。公司告訴我們，員工最低工資是時薪十五美元，年資超過一年可獲得津貼，我們也看見燈光明亮的茶水間，牆上塗著歐威爾式的企業口號：「勤儉」（Frugality）、「贏得信任」（Earn trust of others）、「行動至上」（Bias for action）。代表亞馬遜公司的導覽員在事先決定的地點停下來，以預先備妥的簡介，興高采烈地解釋這裡在做什麼。他們小心回答關於勞動條件的任何問題，以描繪出最正面的畫面，但這裡也有不快樂和失能的徵兆，管理起來可沒那麼容易。

在揀貨區，夥伴必須拿起灰色的容器（稱為「搬運箱」），裡面裝滿要運送的商品，白板上寫著近期會議的紀錄。有人多次抱怨搬運箱堆得太高，不停伸手拿取的過程中造成相當大的疼痛和受傷。問到這項抱怨時，亞馬遜導覽員很快回答，這項疑慮已經處理，主要區域的輸送帶已降低高度。公司認為這是一項成就：員工的申訴會記錄下來，公司將採取行動。導覽員趁此機會，再次解釋為何這裡不需要工會，因為「夥伴有很多機會和管理者接觸」，工會只會阻礙溝通。[68]

但在離開倉庫的途中，我經過一個大型平板螢幕，上面有工作人員的即時訊息。螢幕上有個標示寫著：「夥伴的聲音」。這就遠不那麼光鮮亮麗。訊息快速捲過，抱怨班表更動太霸道，導致他們無法為即將到來的假日預約度假行程、錯過家庭聚會和生日。管理層似乎都依照「我們重視你的回饋」這項主軸，提出各種摸頭式的回答。

「適可而止。亞馬遜，希望你把我們當人看待，而不是機器人。」[69]這是明尼亞波里斯艾伍德中心（Awood Center）執行董事穆斯（Abdi Muse）所說的話，該社區組織倡議改善明尼蘇達州東非人口的工作條件。穆斯說話輕聲細語，他要維護亞馬遜倉庫工人權益，正在爭取更好的工作條件。他所在的明尼蘇達州社區，許多人受雇於亞馬遜。公司積極招募，在合約中給予甜頭，例如可搭免費接駁車上班。

亞馬遜沒宣傳的是「速度」——工人的生產力指標，導致履行中心很快就令人難以忍受，穆斯甚至說是不人道的。工人開始飽受高壓和傷病之苦。穆斯解釋，要是他們的速度下降三次，就會遭到解雇，無論在倉庫已工作了多久。工人談到他們擔心達不到績效標準，根本不敢花時間去上廁所。

不過，我們見面那天，穆斯很樂觀。雖然亞馬遜明顯不鼓勵工會，但美國各地紛紛冒出非正式的工人團體並舉行抗議活動。他咧嘴笑著說明成立組織已逐漸產生影響。「不可思議的事情正在發生，」他告訴我，「明天有一群亞馬遜工人會離開工作崗位。這是一群很勇敢的女性，她們是真正的英雄。」[70]的確，那天晚上有大約六十名倉庫工人從明尼蘇達州伊根（Eagan）的配送中心走出來，穿著公司規定的黃背心。這群多半是索馬利亞裔的女子在雨中舉起牌子，要求夜班加薪和限制每箱重量等改善措施。[71]就在幾天前，加州沙加緬度的亞馬遜員工才剛抗議公司開除一名雇員，只因為那名員工在家人去世後請的假比喪假規定多了一小時。在那之前兩週，逾千名亞馬遜員工舉行公司史上首次白領罷工，因為碳足跡太巨大。

最後，亞馬遜在明尼蘇達州的代表來到談判桌。他們很樂意討論許多議題，但就是不討論「速度」。「他們說：『速度』免談，」穆斯敘述。「我們可以談其他議題，但速度是我們的商業模式，不能改變。」[72]勞方威脅要離開談判桌，亞馬遜仍然不願退讓。對雙方來說，「速度」都是核心議題，也最難改變。和其他地方性的勞工爭議不同，在那些情況下，現場的管理者或許會讓步，但速度是由西雅圖的高階主管和科技工作者制定的。那些離倉庫現場很遠的人做了決定，為亞馬遜的分散式運算基礎設施寫程式進行最佳化。如果地方倉庫無法同步，亞馬遜的時間排序就會受到威脅。工人和抗爭組織者開始將此視為真正的議題。他們正在改變焦點，相應地轉移到推動跨廠區與跨部門的亞馬遜勞工運動，以解決權力和集中化的核心問題，這些問題就是透過「速度」本身毫無轉圜餘地的節奏呈現。

如我們所見，時間主權的爭奪有其歷史。人工智慧和演算法監控，只是工廠、計時器和監視架構長期發展史中最新的科技。如今更多產業——從優步駕駛、亞馬遜倉庫工人到高薪的 Google 工程師——都發現自己在同一艘船上。紐約計程車工作者聯盟（New York Taxi Workers Alliance）執行長德薩伊（Bhairavi Desai）強烈表達這一點，他是這樣說的：「工人很清楚這一點。

他們走出來，彼此團結，成群結隊來到紅燈、餐廳或旅館，因為他們知道，為了蓬勃發展，他們必須團結起來。」[73]科技推動的工人剝削形式是許多行業普遍存在的問題。工人正在對抗的是他們必須遵守的生產邏輯和時序。時間的結構從來不是完全不人道的，但企業的作法偏偏是在多數人能容忍的侷限外圍。

勞工組織的跨產業團結不是新鮮事。許多運動將不同產業的工人聯繫起來，諸如由傳統工會領導的運動，已爭取到加班費、工作場所安全、育嬰假和週末。但過去幾十年來，力量強大的商業遊說團體和新自由派政府削弱了勞工權益和保護，並限制工人的組織和溝通管道，因此跨產業的支援日益困難。[74]如今人工智慧驅動的榨取和監視系統，已成為勞工組織者共同的抗爭領域，是休戚與共的前線。[75]

「我們都是科技工作者」已成為與科技相關的抗議活動中的共同標語，程式設計師、清潔工、自助餐廳員工和工程師都舉著這樣的牌子。[76]這可從多種方式解讀：它需要科技業體認到，利用廣泛的勞動力才能使其產品、基礎設施和工作場所發揮作用。它也提醒我們，如此多的工作者使用筆電和行動裝置工作，參與臉書或 Slack 等平台，都可能成為工作場所運用人工智慧系統標準化、追蹤和評估的目標。這為圍繞科技相關工作所建立的團結形式做好準備。但勞工的困境是更廣泛和長久的，焦點若只集中在科技工作者和科技會有風險。各式各樣的員工都是榨取式科技基礎設施的對象，這些基礎設施試圖控制時間、將時間分析到最細的粒度——其中許多識別對象根本和科技業或科技工作無關。勞工和自動化的歷史提醒我們，真正攸關利益的是要為每個工作者創造更公平的條件，而這項更廣的目標不應該仰賴於擴大科技工作的定義，以求獲得合法性。未來工作會是什麼模樣，攸關我們每一個人的共同利益。

## 注釋

1. Wilson, “Amazon and Target Race.”
2. Lingel and Crawford, “Alexa, Tell Me about Your Mother.”
3. Federici, *Wages against Housework*; Gregg, *Counterproductive*.
4. 在《規則的烏托邦》（*The Utopia of Rules*）一書中，作者格雷伯（David Graeber）詳細說明白領員工所經歷的失落感，因為他們現在必須把資料輸入決策系統，而這個系統已經取代大多數工作場所中專業的行政支援員工。
5. Smith, *Wealth of Nations*, 4–5.
6. Marx and Engels, *Marx-Engels Reader*, 479. 在《資本論》第一卷中，馬克思擴展了這種工人作為「附屬物」的概念：「在手工業和製造業中，工人使用工具；在工廠裡，則是機器利用了他。前者的勞動工具運動，由工人來推動，但在工廠，他必須跟隨機器的運動。在製造業中，工人是有生命的機制的一部分。在工廠裡，我們有一個無生命的機制，它獨立於工人之外，他們作為它有生命的附屬物被納入其中。」Marx, *Das Kapital*, 548–49.
7. Luxemburg, “Practical Economies,” 444.
8. Thompson, “Time, Work-Discipline, and Industrial Capitalism.”

9. Thompson, 88–90.
10. Werrett, "Potemkin and the Panopticon," 6.
11. 參見如 Cooper, "Portsmouth System of Manufacture"。
12. Foucault, *Discipline and Punish*; Horne and Maly, *Inspection House*.
13. Mirzoeff, *Right to Look*, 58.
14. Mirzoeff, 55.
15. Mirzoeff, 56.
16. Gray and Suri, *Ghost Work*.
17. Irani, "Hidden Faces of Automation."
18. Yuan, "How Cheap Labor Drives China's A.I. Ambitions"; Gray and Suri, "Humans Working behind the AI Curtain."
19. Berg et al., *Digital Labour Platforms*.
20. Roberts, *Behind the Screen*; Gillespie, *Custodians of the Internet*, 111–40.
21. Silberman et al., "Responsible Research with Crowds."
22. Silberman et al.
23. Huet, "Humans Hiding behind the Chatbots."
24. Huet.
25. 參見 Sadowski, "Potemkin AI"。
26. Taylor, "Automation Charade."
27. Taylor.
28. Gray and Suri, *Ghost Work*.

29. Standage, *Turk*, 23.
30. Standage, 23.
31. 參見如 Aytes, "Return of the Crowds," 80。
32. Irani, "Difference and Dependence among Digital Workers," 225.
33. Pontin, "Artificial Intelligence."
34. Menabrea and Lovelace, "Sketch of the Analytical Engine."
35. Babbage, *On the Economy of Machinery and Manufactures*, 39–43.
36. 巴貝奇顯然對品管流程產生興趣，同時設法為自己的計算引擎組件建立可靠的供應鏈，可惜徒勞無功。
37. Schaffer, "Babbage's Calculating Engines and the Factory System," 280.
38. Taylor, *People's Platform*, 42.
39. Katz and Krueger, "Rise and Nature of Alternative Work Arrangements."
40. Rehmann, "Taylorism and Fordism in the Stockyards," 26.
41. Braverman, *Labor and Monopoly Capital*, 56, 67; Specht, *Red Meat Republic*.
42. Taylor, *Principles of Scientific Management*.
43. Marx, *Poverty of Philosophy*, 22.
44. Qiu, Gregg, and Crawford, "Circuits of Labour"; Qiu, *Goodbye iSlave*.
45. Markoff, "Skilled Work, without the Worker."
46. Guendelsberger, *On the Clock*, 22.
47. Greenhouse, "McDonald's Workers File Wage Suits."
48. Greenhouse.

49. Mayhew and Quinlan, "Fordism in the Fast Food Industry."
50. Ajunwa, Crawford, and Schultz, "Limitless Worker Surveillance."
51. Mikel, "WeWork Just Made a Disturbing Acquisition."
52. Mahdawi, "Domino's 'Pizza Checker' Is Just the Beginning."
53. Wajcman, "How Silicon Valley Sets Time."
54. Wajcman, 1277.
55. Gora, Herzog, and Tripathi, "Clock Synchronization."
56. Eglash, "Broken Metaphor," 361.
57. Kemeny and Kurtz, "Dartmouth Timesharing," 223.
58. Eglash, "Broken Metaphor," 364.
59. Brewer, "Spanner, TrueTime."
60. Corbett et al., "Spanner," 14, cited in House, "Synchronizing Uncertainty," 124.
61. Galison, *Einstein's Clocks, Poincaré's Maps*, 104.
62. Galison, 112.
63. Colligan and Linley, "Media, Technology, and Literature," 246.
64. Carey, "Technology and Ideology."
65. Carey, 13.
66. 這與傅柯所稱的「權力的微觀物理學」形成對比：權力的微觀物理學是描述體制和機構如何建立特定的邏輯和有效性形式。Foucault, *Discipline and Punish, 26.*
67. Spargo, *Syndicalism, Industrial Unionism, and Socialism.*

68. 二〇一九年十月八日，造訪紐澤西州羅賓斯維爾鎮的亞馬遜履行中心時與作者的個人談話。
69. Muse, "Organizing Tech."
70. Abdi Muse，與作者的個人談話，二〇一九年十月二日。
71. Gurley, "60 Amazon Workers Walked Out."
72. Muse quoted in *Organizing Tech*.
73. Desai quoted in *Organizing Tech*.
74. Estreicher and Owens, "Labor Board Wrongly Rejects Employee Access to Company Email."
75. 這項觀察來自與各個勞工運動組織者、科技工作者和研究人員的談話，包括艾斯特拉・泰勒、丹恩・葛林（Dan Greene）、包・達利（Bo Daley）和惠特克（Meredith Whittaker）。
76. Kerr, "Tech Workers Protest in SF."

第三章

# 資料

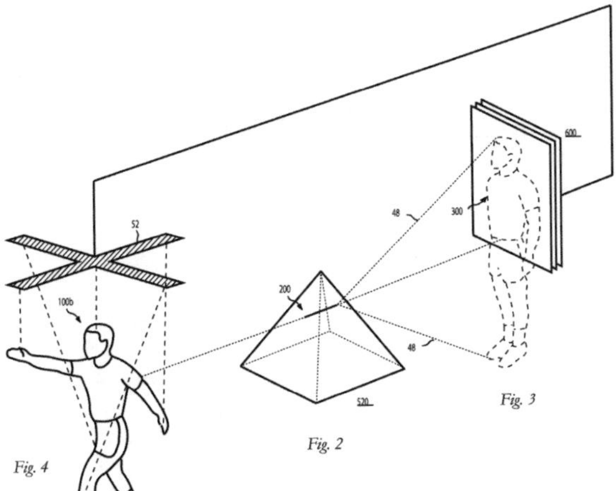

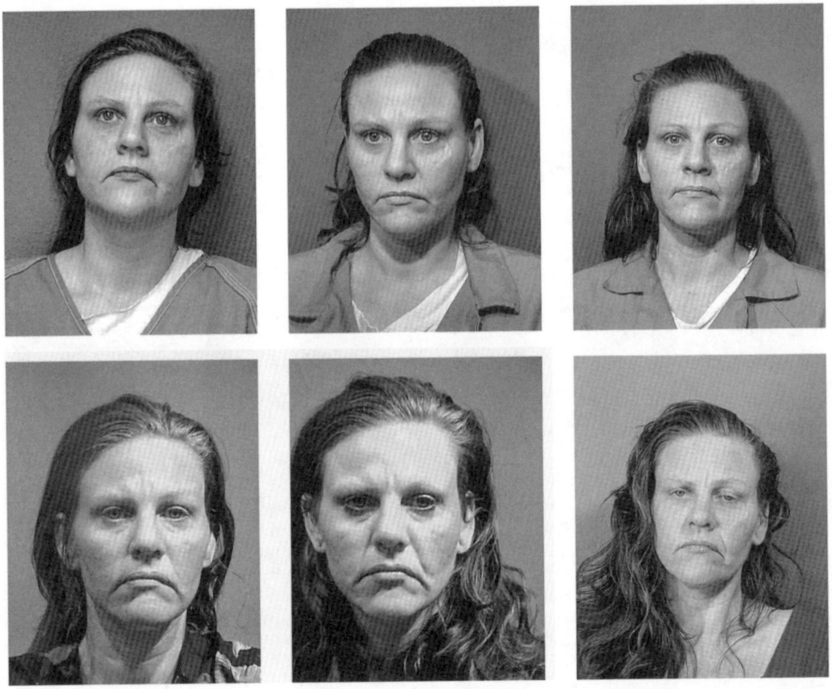

美國國家標準暨技術研究院三十二號特殊資料庫多次偵訊資料集。National Institute of Standards and Technology, U.S. Department of Commerce

一名年輕女子向上凝視，目光聚焦於鏡頭之外的某物，彷彿拒絕承認相機存在。在下一張照片中，以中景鏡頭鎖定她的眼睛。另一張照片顯示她頭髮凌亂，表情沮喪。接下來幾張照片，我們看見她隨著時間推移逐漸衰老，嘴巴周圍的線條往下垂，越來越深。在最後一張照片中，她看起來受傷，無精打采。這些是這名女子一生中多年來多次被捕所拍攝的嫌犯大頭照。她的圖像收在一個名為美國國家標準暨技術研究院（National Institute of Standards and Technology, NIST）三十二號特殊資料庫多次偵訊資料集（Special Database 32–Multiple Encounter Dataset），這項資料在網路上分享給想測試其臉部辨識軟體的研究人員使用。[1]

該資料集是美國國家標準暨技術研究院負責維護的數個資料集之一，這家機構是美國歷史悠久、備受尊敬的物理科學實驗室，現隸屬於美國商務部。美國國家標準暨技術研究院創立於一九○一年，旨在強化國家度量衡基礎設施，並建立標準，以便與德國、英國等工業化國家的經濟對手競逐。從電子健康紀錄、抗震摩天大樓到原子鐘的一切事物，都在該機構的職掌範圍內。它成為度量衡機構，測量時間、通信協定、無機晶體結構、奈米科技。[2]研究院的宗旨是透過定義和支持標準，確保系統具有協同工作能力，如今工作範圍還包括開發人工智慧的標準。研究院維護的測試基礎設施之一是用於生物辨識（biometric）的資料。

我在二○一七年研究該機構的資料檔案庫時，首次發現嫌犯大頭照資料庫。檔案庫的生物辨識收集資料包羅萬象。該院與聯邦調查局合作超過五十年，不僅合作研究自動指紋辨識系統，還開發了評估指紋掃描儀和成像系統品質的方法。[3]二○○一年九月十一日恐怖攻擊發生後，國家標準暨技術研究院成為國家級的因應機構之一，建立生物辨識標準，以驗證和追蹤入境美國的人。[4]這是臉部辨識研究的轉捩點：原本專注於執法，現在擴展到掌控跨境的人。[5]

嫌犯大頭照的圖像本身令人不忍卒睹。有些人有明顯的傷口、瘀青和黑眼圈；有些人沮喪哭泣；也有人面無表情回瞪相機。三十二號特殊資料庫有成千上萬張照片，全是已離世的人，他們生前曾多次遭逮捕，反覆面對刑事司法系統。嫌犯大頭照資料集裡的人以數據點來呈現，沒有故事、背景或姓名。由於這些大頭照是在逮捕時拍攝，我們並不清楚這些人是否遭起訴、無罪釋放或監禁。它們呈現出來的都一樣。

國家標準暨技術研究院資料庫納入這些圖像，已經把圖像的意義從執法系統用來識別個體，變成科技基準，讓商業和學術性人工智慧系統測試臉部辨識。歷史學家暨攝影家瑟庫拉（Allan Sekula）談到警察照片時指出，嫌犯大頭照屬於技術唯實論的傳統，目標是「成為罪犯的標準面相測量法」。[6]瑟庫拉觀察到，在警察照片的歷史上有兩種截然不同的方法。發明嫌犯大頭照的犯罪學家貝蒂榮（Alphonse Bertillon）等人，將其視為關於個人生平的識別機器，對找出累犯者不可或缺。另一方面，統計學家暨優生學之父高爾頓則是運用囚犯的合成肖像來作為偵測方式，尋找由生物因素決定的「罪犯類型」。[7]高爾頓是在面相學者的典範下研究，目標是要從外觀找出概括性的樣貌，辨識深層性格特質。若以嫌犯大頭照來當作訓練資料，其功能就不再是識別工具，而是要微調自動化的視覺形式。我們或許可視之為高爾頓式形式化思維。這些照片用來偵測臉部的基本數學元素，把「自然化約為幾何要素」。[8]

嫌犯大頭照是用來測試臉部辨識演算法的檔案庫的一部分。多次偵訊資料集中的臉已成為標準化圖像，成為比較演算法準確度的技術基體。國家標準暨技術研究院與情報高等研究計劃署（Intelligence Advanced Research Projects Activity, IARPA）合作，運用這些嫌犯大頭照進行比賽，讓研究者相互比較，看誰的演算法最快、最準確。各組團隊在諸多任務上較勁，例如驗證人臉身分，或者從監視影片的鏡頭中檢索出某張臉。[9]贏家可慶功，享受隨之而來的名氣、工作機會和整體業界的肯定。[10]

照片的拍攝對象或家屬無權決定照片如何使用，而且可能不知自己成了人工智慧測試台的一部分。幾乎沒有人去考慮嫌犯大頭照中的主體，也沒有多少工程師會仔細研究他們。正如國家標準暨技術研究院的文件所述，這些照片的存在純粹是為了「改善臉部辨識的工具、技巧和程序，因為臉部辨識支援次世代辨識系統（Next Generation Identification, NGI）、鑑識比較、訓練、分析和人臉圖像一致性，以及跨部門交換標準」。[11]多次偵訊資料集的描述指稱，許多人有長期受暴的跡象，例如疤痕、瘀青和繃帶。但這份文件的結論是，這些跡象「難以解釋，因為缺少與『乾淨』樣本的基準真相比較」。[12]這些人與其說被視為個體，不如說成了共享技術資源的一部分——在這領域黃金標準的「臉部辨識驗證測試」（Facial Recognition Verification Testing）計畫中，只不過是另一個資料元件。

多年來，我在研究中看過數以百計探究如何建構人工智慧系統的資料集，但美國國家標準暨技術研究院嫌犯大頭照的資料庫尤其令人不安，因為這資料庫代表了即將發生的事的模型。這不僅是圖像本身有強烈的悲傷渲染力，也不單是這些照片代表侵犯隱私，畢竟嫌犯和囚犯沒有權利拒絕拍照。真正的原因在於，國家標準暨技術研究院的資料庫預示著某種邏輯出現，那種邏輯如今已徹底遍布科技業：堅信一切都是數據，可以想用就用。一張照片在何處拍攝、是否反映脆弱或痛苦的一刻，或是否代表了一種羞辱主體的形式，都不重要。能拿什麼就拿、能用什麼就用——這已是業界常態，鮮少有人停下來質疑其潛在的政治。

從這個意義上來說，嫌犯大頭照是當前人工智慧製造方式的原始文本。這些圖像所代表的脈絡和權力行使被認為是無關緊要的，因為這些照片不再作為獨立的事物存在。它們不被視為有意義或有倫理分量的個人圖像，也不是呈現監獄體系權力結構。這些個人的、社會的和政治的意義都被視為中性。我認為這代表了從**圖像**到**基礎設施**的轉變；而在轉變為集合體的一部分以推動更大系統的那一刻，對個別人物圖像或場景背後脈絡所可能賦予的意義和關注就抹除了。所有這些全都被視為要透過函數來運算的數據，要吸納來改善技術表現的材料。資料提取的意識形態中，這就是核心前提。

機器學習系統每天都接受像這樣的圖像訓練——這些圖像是從網際網路或公家機構取得，沒有脈絡，也未經同意。它們絕不是中性的，而是代表了個人歷史、結構性不平等，還有伴隨著美國警務和監獄系統留下的所有不公不義。但這些圖像會以某種方式作為無關政治的惰性材料，這樣的推定就會影響到機器學習工具如何「看」，以及看見什麼。電腦視覺系統可偵測到一張臉或一棟建築物，但偵測不到為什麼一個人會在警察局裡，或者當時周圍的任何社會和歷史脈絡。最後，資料中的特定例子——例如一張臉的照片——在訓練人工智慧模型時就不重要了。重要的是有足夠多樣化的聚合體。任何一張圖像換成另一張都很容易，系統依然同樣運作。依照這種世界觀，分布世界各地持續成長的網際網路和社群媒體平台就像百寶箱，總有更多資料可擷取。

一個人穿著橘色連身囚衣，站在鏡頭前面，之後就被去人性化，只成為更多數據。沒有人在乎這些圖像的歷史、如何取得，也不在乎其體制、個人的和政治的背景。這些收集起來的嫌犯大頭照的用途，無異於任何其他打光漂亮的免費臉部圖像實用資源，都是建立臉部辨識功能等工具的基準。就像轉緊的棘輪，死者、嫌疑人、囚犯的臉部被採集起來，讓警方和邊境監視的臉部辨識系統更敏銳，之後再用來監控和拘留更多人。

過去十年，為了建立人工智慧，數位資料的擷取量大幅增加。這些資料是人工智慧建構意義的基礎，且和過去不同，不再是呈現世界時具有個別意義的東西，而是變成大量的數據集合，供機器抽象化運作。大規模擷取資料儼然是人工智慧領域的基本要件，不會受到質疑。那麼，我們是如何走到這一步的？哪些構思資料的作法促成了這種去除脈絡、意義和特異性的思維？這些訓練資料如何取得、理解、應用於機器學習？訓練資料在哪些方面限制了人工智慧**如何**解釋世界，又限制了**什麼**？這些方法強化並實現了哪些形式的權力？

在本章，我會說明資料如何成為驅動力，促成人工智慧的成功和神話，以及所有容易擷取的東西如何取得。但鮮少有人思索這些標準方式的深刻意涵，即使這種標準作法推動了進一步的權力不對稱。人工智慧產業培養出一種不講情面的實用主義，盡量不去思考脈絡，不保持謹慎，而在收集資料時很少經過同意。在此同時，人工智慧產業提倡的觀念為大量收集資料是必需的，也有正當理由，這樣才能創造出有利可圖的運算「智慧」系統。這造成了深遠的質變，所有形式的圖像、文本、聲音和視訊都只是人工智慧系統的原始資料，而結果被認為是用來讓手段正當化。但我們該問：誰從這種轉變中受惠最多？為什麼這些資料的霸權敘述會持續存在？正如前幾章所見，採掘邏輯形塑出我們與地球、與人工的關係，也成了人工智慧如何使用和理解資料的決定性特徵。藉由仔細探討訓練資料，將之視為機器學習整體的中心例子，就能開始看出這種轉變中究竟有哪些風險。

## 訓練機器觀看

機器學習系統現在為何需要龐大的資料，是很值得思考的問題。電腦視覺就是實際問題的一個例子，它是人工智慧的子域，主要是教導機器偵測和解釋影像。這項解釋影像的工作是極其複雜、講究關聯性的嘗試，但計算機科學領域很少承認理由。圖像非常不容易掌握，承載著多重潛在意義、難以解決的問題和矛盾。然而，要建構電腦視覺系統，現在常見的起步作法是先從網際網路上抓取數以千計或甚至百萬計的圖像，把它們建立並排序到一系列分類中，再以此為基礎，讓系統感知可觀察到的現實。這些龐大的集合稱為訓練資料集，人工智慧開發者通常稱之為「基準真相」（ground truth）。[13]於是真相不再與事實呈現或眾所周知的現實那麼有關，反而較常和從五花八門的可用線上資源抓取來的圖像大雜燴有關。

對於監督式機器學習（supervised machine learning），人類工程師會提供有標記的訓練資料給電腦。於是兩種不同類型的演算法開始運作：**學習器**和**分類器**。學習器是靠著這些標記過的資料範例來訓練的演算法；然後它通知分類器，新輸入與預期目標輸出（或預測）之間的關係該如何分析最好。它可能是預測一張圖像中是否包含人臉，或者某封電子郵件是不是垃圾郵件。有越多標記正確的資料樣本，演算法就越能產生準確的預測。機器學習模型種類繁多，包括神經網路、羅吉斯迴歸（logistic regression）和決策樹。工程師會依據他們正在建構的東西來選擇模型——或許是臉部辨識系統或偵測社群媒體上的情緒的手段——使其擬合運算資源。

想像一下，現在有一項任務是建立一套機器學習系統，這套系統可以偵測蘋果與柳橙圖片的差異。首先，開發者必須收集和標記，以及用數千張帶有標記的蘋果與柳橙圖像來訓練神經網路。在軟體方面，演算法對圖像進行統計調查，開發一套模型來辨識兩種類別之間的差異。如果一切依計畫進行，經過訓練的模型將能分辨它之前不曾見過的蘋果與柳橙圖像的差異。

但在我們的範例裡，若所有用來訓練的蘋果圖像都是紅色的，沒有青蘋果，那麼機器學習系統可能推論「蘋果皆為紅色」。這就是所謂的**歸納推論**（inductive inference），依據可得資料得到的開放式假設，而不是**演繹推理**（deductive reasoning），後者是從一個前提遵循邏輯推理。[14]從這系統的訓練方式來看，青蘋果可能根本不會被辨識為蘋果。因此，多數機器學習系統如何進行推理，核心就在訓練資料集。它們是人工智慧系統用以形成其預測基礎的主要來源資料。

訓練資料定義的不僅是機器學習演算法的特徵，還可用來評估它們在一段時間內的表現。就像備受珍視的純種馬，機器學習演算法在世界各地的競爭裡不斷彼此較勁，看看哪些演算法在給定的資料集中表現得最好。這些基準資料集成為通用語的字母，不同國家的諸多實驗室彙集在典型集（canonical set），設法超越其他人。最著名的競賽之一是 ImageNet 挑戰賽（ImageNet Challenge），研究人員彼此競爭，看看誰的方法最能準確分類及偵測物件和場景。[15]

一旦訓練集建立為有用的基準，通常會因應調整、成為基礎並擴展。正如我們將在下一章看到的，出現一種訓練集的系譜——它們從更早的樣本繼承學習到的邏輯，然後促成了後續的樣本。舉例來說，ImageNet 用的單詞分類學是承襲自影響力深遠的一九八〇年代詞彙資料庫 WordNet，而 WordNet 又承襲自許多來源，包括一九六一年發布、納入上百萬詞語的布朗語料庫（Brown Corpus）。訓練資料集是站在舊有分類和收集的資料肩膀上，就像不斷擴充的百科全書一樣，保留舊有的形式，並在接下來數十年加入新的條目。

因此，訓練資料是建立當代機器學習系統的基礎。[16]這些資料集形塑了掌管人工智慧運作方式的知識邊界，從這個意義上來說，也建立人工智慧能如何「觀看」世界的限制。但訓練資料也是脆弱的基準真相，因為把無限複雜的世界簡化並劃分為類別時，即使是最大的資料寶庫也逃不掉基本的滑移。

## 資料需求簡史

「這世界已經來到一個時代，複雜裝置價格低廉、穩定性高；如此必將導致一些事物產生。」萬尼瓦爾・布希（Vannevar Bush）這樣說道，這位發明家暨管理者曾擔任美國科學研究發展室（Office of Scientific Research and Development）主任，監督曼哈頓計畫，後來成為創建美國國家科學基金會（National Science Foundation）不可或缺的人物。一九四五年七月，原子彈尚未投到廣島和長崎，那時萬尼瓦爾提出了一項理論，是當時尚未誕生的新型資料連結系統。他設想「未來的高階算術機器」將以極快的速度運行，並「選擇自己的資料，根據指令對其進行操作」。但這種機器會需要極大量的資料：「這種機器胃口超大。其中一台機器會從在一屋子敲簡單鍵盤打孔機的女孩那裡獲取指令和數據，每隔幾分鐘就會送出一張張計算結果。總有數不清的人在做複雜的事情，這些瑣碎的事情裡總有許多東西要計算。」[17]

萬尼瓦爾說「一屋子的女孩」是指敲鍵盤打孔機的作業員，她們負責運算的日常工作。正如歷史學家珍妮佛・萊特（Jennifer Light）和希克絲所指出的，這些女性通常受到鄙視，被視為幫清晰易懂的資料做紀錄的輸入裝置。事實上，她們打造資料，讓系統運作，重要性絕不亞於在戰時設計數位計算機的工程師。[18]但資料與處理資料的機械之間的關係，已被想像成永無止境的消耗。這些機器渴望得到資料，而從數百萬人身上，肯定可以提取範圍廣泛的材料。

一九七〇年代，人工智慧研究者主要是探索所謂的「專家系統法」（expert system approach）：基於規則的程式設計，目標是透過邏輯推理的構連形式，縮小可能行動的範圍。但顯而易見的是，這種方法在現實環境中是脆弱且不切實際的，因為規則集在現實環境中鮮少能處理不確定性和複雜性。[19]這時就需要新的方法。到一九八〇年代中期，研究實驗室轉向機率性或蠻力式的作法。簡言之，他們使用大量計算週期，計算盡可能多的選項，以找到最佳結果。

IBM研究院（IBM Research）的語音辨識小組就是重要的例子。語音辨識的問題主要以語言學的方法處理，但後來資訊理論家葉里尼克（Fred Jelinek）和巴爾（Lalit Bahl）組成新的團隊，成員包括彼得．布朗（Peter Brown）和默瑟（Robert Mercer），多年後，默瑟成為億萬富翁，資助過劍橋分析公司〔Cambridge Analytica〕、布萊巴特新聞網〔Breitbart News〕和川普二〇一六年的大選）。他們做了很不同的嘗試，那些技術最終成為前驅，發展成作為Siri和聲龍聽寫（Dragon Dictate）基礎的語音辨識系統，以及Google Translate和Microsoft Translator等機器翻譯系統。

他們開始使用統計法，更關注單詞彼此之間出現的頻率，而不是嘗試以文法原則或語言特徵來教計算機基於規則的方法。要讓這種統計方法行得通，需要大量真實的語音和文字資料，或者訓練資料。結果正如媒體學者李曉暢（Xiaochang Li）所寫的，需要「將語音徹底簡化為僅是數據，可在缺少語言知識或理解的情況下，對其進行建模和解釋。語音**本身**不再重要」。這樣的轉變意義重大，將成為一種重複數十年的模式：從脈絡簡化為資料；從意義簡化為統計模式辨識。李曉暢解釋：

> 然而，依賴資料而不是語言原則，帶來了一系列新的挑戰，因為這意味著統計模型必然取決於訓練資料的特徵。因此，資料集大小成為核心考量……觀察結果的資料集較大，不僅改善了隨機過程的機率估值，也會增加資料擷取到較罕見結果的機會。事實上，訓練資料量對於IBM的研究方法相當重要，因此在一九八五年，默瑟說明該小組的前景時只宣稱：「資料永遠不嫌多。」[20]

幾十年來，這些資料非常難獲得。正如巴爾在與李曉暢的訪談中的描述：「在早期……連要找計算機可讀文本的百萬單詞都不容易。我們到處找文字。」[21]他們試過ＩＢＭ技術手冊、兒童小說、雷射技術專利、點字書，甚至曾參與第一枚氫彈設計的ＩＢＭ院士賈文（Richard Garwin）的打字信件。[22]怪的是，他們的方法呼應科幻小說家萊姆（Stanislaw Lem）的一篇短篇小說，裡頭有個名叫楚爾（Trurl）的人決定打造一台會寫詩的機器。他先從「八百二十噸重的模控學書和一萬兩千噸的一流詩歌」著手。[23]但楚爾明白，要設計出自動寫詩機的程式，需要「從整個宇宙的開端開始重複——或至少是合適的一段」。[24]

最後，ＩＢＭ連續語音辨識小組（IBM Continuous Speech Recognition group）從令人意想不到的來源，找到了他們的宇宙「合適的一段」。一九六九年，聯邦政府對ＩＢＭ提出反托拉斯的大型訴訟；官司打了十三年，傳喚近千名證人。ＩＢＭ動用大批員工，只為了將所有證詞抄本數位化到打洞卡上。最後在一九八〇年代中期，他們創建了有一億個詞的語料庫。以反政府聞名的默瑟稱這是「政府不知不覺地意外製造出的實用案例」。[25]

ＩＢＭ不是唯一開始大量收集詞彙的組織。一九八九年至一九九二年間，賓州大學一組語言學家和計算機科學家團隊進行賓州樹庫計畫（Penn Treebank Project），這是標注文字資料庫。他們收集了四百五十萬個美式英語單詞，訓練自然語言處理系統。他們的來源包括能源部報告摘要、道瓊通訊社文章、聯邦新聞社（Federal News Service）關於南美洲「恐怖活動」的報導。[26]這些新出現的文字資料庫是從更早的資料庫借用的，之後又成為可提供貢獻的新來源。資料收集的系譜開始出現，每一項都是從前一項建立——並且經常大量輸入相同的特點、議題，或者整批省略。

另一個經典的文字語料庫來自安隆企業（Enron Corporation）造假的調查，這是該公司宣布美國史上最大的破產案後展開的調查。美國聯邦能源管理委員會（Federal Energy Regulatory Commission）為了進行證據開示，扣押一百五十八名員工的電子郵件。[27]委員會也決定把這些電郵放到網路上，因為「公眾的披露權勝過個人的隱私權」。[28]這成為非常特殊的資料收集。超過五十萬次的日常言語交流這時可用來當作語言礦場，但礦場會呈現出這一百五十八名員工的性別、種族和專業傾向。數千篇學術論文引用了安隆語料庫。雖然很普及，卻很少有人仔細探查：《紐約客》（*New Yorker*）將之描述為「沒有人真正閱讀過的典型研究文本」。[29]這種對訓練資料的建構和依賴，預示了新的做事方式。它讓自然語言處理領域改觀，為將成為機器學習常規的作法奠定基礎。

但這也埋下日後問題的種子。文字檔案庫被當成中性的語言收集，彷彿技術手冊裡的文字與同事間的電郵用字整體而言是同等的。所有文字都是可重複利用和交換的，只要有足夠的數量來訓練語言模型，能高度成功地預測哪個詞可能接續另一個詞。和圖像一樣，文字語料庫是靠著所有訓練資料皆可互換的假設來運作。但語言並非惰性物質，不必思考出處，作用都一樣。從Reddit取得的句子將不同於安隆高層主管撰寫的句子。在收集的文本中，偏差、落差和偏誤被建構到更大的系統中，如果語言模型是根據群集的單詞類型建立，那麼這些單詞的來源就很重要。

語言沒有中性區，所有文字收集都訴說著時間、地點、文化和政治。不僅如此，如果語言裡比較少可用的資料，就無法得到這些方式的青睞，因此常被拋下。[30]

ＩＢＭ的訓練資料顯然有許多歷史與脈絡結合，安隆檔案或賓州樹庫都是如此。我們如何剖析何者有意義、何者無意義，才能了解這些資料集？該如何傳達警示，例如「這個資料集仰賴一九八〇年代關於南美恐怖分子的新聞報導，因此可能反映出相關的偏差」？系統內隱含的資料來源可能非常重要，然而過了三十年，仍然沒有標準的作法來記錄這些資料從何而來或如何取得——更別提這些資料集含有何種偏誤或分類上的政治，影響仰賴這些資料集的整個系統。[31]

## 擷取臉部

計算機可讀文本對語音辨識變得越來越重要，但建構臉部辨識系統的核心考量則是人臉。二十世紀的最後十年出現了一個重要例子，出資者是美國國防部反毒科技發展計畫處（Department of Defense CounterDrug Technology Development Program Office）。該單位贊助臉部辨識科技（Face Recognition Technology, FERET）計畫，開發自動臉部辨識，供情報和執法單位使用。在ＦＥＲＥＴ之前，很少人臉訓練資料可用，即使到處收集也大概僅有五十張左右的臉孔，不足以進行大規模的臉部辨識。美國陸軍研究實驗室（U.S. Army Research Laboratory）領導一項技術計畫，建立肖像訓練集，裡頭有超過千人，擺出諸多姿勢，總共做出高達一萬四千一百二十六張圖像。就像美國國家標準暨技術研究院收集的嫌犯大頭照，FERET成為標準基準——一種用於比較臉部偵測法的共同衡量工具。

創建FERET基礎設施要支援的任務，再次包括自動搜尋嫌犯大頭照，還有監控機場和跨境活動、搜尋駕照資料庫進行「欺詐偵查」（在FERET的研究報告中，提到多次福利申請的特殊案例）。[32]不過，主要測試情境有兩項。在第一項中，先給演算法一份已知個體的嫌犯大頭照電子相冊，然後演算法必須從大型的相片集中找到最接近的匹配選項。第二種情境專注於邊境和機場控制：從大量未知人口中，識別出一個已知的個人，也就是「走私者、恐怖分子或其他罪犯」。

這些照片在設計時就是機讀使用，非供人眼檢視，卻產生很值得注意的觀看經驗。這些圖像非常美，以正式肖像風格拍攝的高解析度照片。這些構圖嚴謹的頭像是在喬治梅森大學（George Mason University）以35毫米的相機拍攝，描繪了各式各樣的人，有些似乎為了這場合精心打扮，髮型悉心打理、穿戴珠寶和化妝。第一組照片是在一九九三年至一九九四年間拍攝，就像時光膠囊一樣，有一九九〇年代的髮型和時尚。照片中的主角被要求把頭轉向幾個不同位置；快速翻看這些圖像，會發現有側面照片、正面圖像、不同打光，有時還有不同的服裝。有些對象被拍了好幾年，以便開始研究如何隨著人們年齡增長持續追蹤。研究者向每個拍照主角簡單說明這項計畫，拍照對象簽一份校方倫理審查委員會核可的協議書。對象知道自己正在參與什麼，且完全同意。[33]但後來幾年，這種程度的同意書將變得罕見。

FERET是以正式風格「製作資料」的高臨界值（high-water mark），當時網際網路尚未讓人大量提取那些未經任何許可或沒有精心拍攝的照片。但即使在這個早期階段，也有收集的臉部缺乏多樣性的問題。一九九六年FERET的研究報告承認，「資料庫中出現了一些關於年齡、種族和性別分布的問題」，但是「在計畫的這個階段，主要問題是在有大量人數的資料庫，演算法性能如何」。[34]的確，FERET在這裡格外有用。九一一之後，隨著對恐怖分子偵測的關注提升及臉部辨識的經費大幅增加，FERET成為最常用的衡量基準。從那時之後，生物辨識追蹤和自動化視覺系統的規模急速擴大，更雄心勃勃。

## 從Internet到ImageNet

網際網路在許多方面改變了一切；在人工智慧研究領域，網際網路被視為某種類似自然資源的東西，供人取用。隨著越來越多人開始把他們的圖像上傳到網站、照片分享服務，最後傳到社群媒體平台，掠奪行為也更頻繁發生。突然間，訓練集的大小可以達到一九八〇年代科學家永遠無法想像的規模。拍攝照片時要運用多種打光條件、控制參數和定位臉部的裝置，都成了過往雲煙。現在有數不盡的自拍，光線條件、位置和景深五花八門。人們開始分享他們的嬰兒照、家庭快照，以及十年前模樣的照片，悉數成了追蹤遺傳相似度和臉部老化的理想資源。每天都有數兆行文本發布，正式和非正式的言語形式都有。這一切都有利於機器學習，而且數量龐大。舉例來說，二〇一九年，平均每天有大約三億五千萬張照片上傳到臉書，還有五億條推文發送。[35]臉書和推特只不過是位於美國的兩個平台，而線上的任何東西和所有一切都準備好成為人工智慧的訓練集。

科技業巨擘這時處於力量強大的位置：他們的生產線上有更新不完的圖像和文字，而有越多人分享內容，科技業的力量就越大。大家樂於免費標記照片的人物姓名和地點，而這種無償勞動為機器視覺和語言模型帶來更準確的標記資料。在業界，這些收集來的資料非常有價值，是鮮少與他人分享的專有寶庫，原因在於隱私問題及它們所代表的競爭優勢。但在業界之外也有人想要相同的優勢，例如學術界頂尖的計算機科學實驗室。他們怎麼負擔得起收集人們的資料，並由自願的人類參與者手動標記這些資料呢？這時，新想法開始出現：將從網際網路上提取的圖像和文字，與低薪的群眾外包工作者勞力結合起來。

ImageNet 就是最重要的人工智慧訓練集之一。它的概念在二〇〇六年首度出現，當時李飛飛教授決定建立一個龐大的物件辨識資料集。「我們決定要做破天荒的事，」李飛飛說：「我們將繪製出整個世界的物件。」[36]二〇〇九年一場電腦視覺會議上，ImageNet 團隊發表了這項突破性研究的海報。它的開頭是這樣寫的：

> 數位時代帶來了數據大爆炸。最新的估計顯示，Flickr 上有超過三十億張照片，YouTube 的視頻片段數量相去無幾，而 Google Image Search 資料庫中的圖像甚至更多。利用這些圖像，

可以開發出更成熟穩健的模型和演算法，為使用者提供更好的應用程式，讓他們索引、檢索、組織這些資料，並與之互動。[37]

從一開始，資料就具有龐大、雜亂無章、非個人、隨時可被利用的特性。根據這些作者的說法，「究竟如何利用和組織這些資料，是有待解決的難題」。該團隊主要透過搜尋引擎的找圖選項，從網路上提取數百萬張圖像，生成一個「大規模的圖像本體」，用以作為資源，為物件辨識和圖像辨識演算法「提供關鍵的訓練和基準資料」。ImageNet就是透過這種方式大幅成長。團隊從網際網路上大量收集了超過一千四百萬張圖像，可組成超過兩萬個類別。團隊的各項研究報告隻字未提取用他人資料的倫理問題，即使有大量圖像是非常私人的，具有不宜洩漏的性質。

一旦這些圖像從網路上被抓取來之後，就出現了一項重要的問題：誰會標記所有這些圖像，並歸入可理解的類別？正如李飛飛所描述的，團隊最初的計畫是以時薪十美元雇用大學生，手動尋找圖像，加入資料集。[38]但她明白，以他們的預算來看，需要九十多年才能完成計畫。不過，解決之道出現了。有個學生告訴李飛飛一項新服務——「亞馬遜土耳其機器人」。正如我們在第二章所見，這個分散式平台意味著突然間就可能取得分散式勞動力來從事線上任務，例如標記和分類圖像，且規模龐大、成本低廉。「他讓我看這個網站。跟你打包票，那天我就知道ImageNet計畫做得成。」李飛飛說：「突然間，我們找到一種可擴大規模的工具。光靠雇用普林斯頓的大學生，根本不敢夢想能做得到。」[39]不令人意外，大學生沒拿到這份工作。

相反地，ImageNet 一度成為「亞馬遜土耳其機器人」全球最大的學術界用戶，這項計畫配置了一批零工，平均每分鐘把五十張圖像分類到數千個類別。[40]有蘋果和飛機的類別，也有水肺潛水者和相撲選手的類別。不過，也有殘忍、冒犯、種族主義的標記：人們的照片被分為「酒鬼」、「猿人」、「瘋子」、「妓女」和「吊眼仔」等類別。所有這些詞彙皆是從 WordNet 的語料庫導入的，提供給群眾外包者進行圖像配對。十年間，ImageNet 成長為機器學習的物件辨識巨擘，也是這個領域強而有力的重要基準。未經同意並由低薪群眾外包者標記大量的提取資料將成為標準作法，數以百計的新訓練資料集會效法 ImageNet。我們會在下一章看到，這些作法及其所生成的標記資料，最終會和這項計畫形影不離。

## 不必再取得同意

二十一世紀最初幾年，資料收集已不再注重是否得到同意。除了不再需要編導式照片，負責收集資料集的人也假定自己有取用網際網路的同意權，不需要同意書、簽訂協議和倫理審查。這下子，開始出現更多有問題的作法。舉例來說，在科羅拉多大學科羅拉多泉分校（Colorado Springs），一名教授在校園的主要步道裝設一台攝影機，悄悄拍攝一千七百多名師生的照片，全是為了訓練他自己的臉部辨識系統。[41]杜克大學有一項類似的計畫，收集了兩千多名學生的畫面，這項成果後來在網際網路上發表，而學生在課堂間行走時根本不知道這件事。這個資料集稱為 DukeMTMC（意指多目標〔multitarget〕、多鏡頭〔multicamera〕臉部辨識），由美國陸軍研究辦公室和國家科學基金會贊助。[42]

DukeMTMC 計畫遭到嚴厲抨擊，因為藝術家暨研究者亞當・哈維（Adam Harvey）和拉普萊斯（Jules LaPlace）進行調查發現，中國政府正在使用這些圖像來訓練系統，監視少數民族。這促使杜克大學研究倫理審查委員會展開調查，該委員會判定此舉「明顯偏離」可接受的作法。該資料集已從網路上移除。[43]

但科羅拉多大學和杜克大學的事件絕非偶發案例。在史丹佛大學，研究者調用舊金山一間受歡迎咖啡館的網路攝影機，提取近一萬兩千張圖像。這些「鬧區繁忙咖啡館的日常生活」圖像未經任何人同意就提取。[44]這些提取的資料一再在沒有人允許或同意的情況下，上傳給機器學習的研究人員，當成自動成像系統的基礎設施。

另一個例子是微軟訓練集的里程碑——MS-Celeb，它在二〇一六年從網路上抓取約一千萬張照片，涵蓋十萬個名人。在當時，MS-Celeb 是世界上最大的公共臉部辨識資料集，不僅包含知名演員和政治人物，還有記者、社運人士、政策制定者、學者和藝術家。[45]諷刺的是，幾個未經同意就被納入資料集裡的人，正是致力批評監視和臉部辨識的大將，包括紀錄片製作人柏翠絲（Laura Poitras）、數位權利倡議者吉莉安・約克（Jillian York）、評論家莫羅佐夫（Evgeny Morozov），以及《監視資本主義時代》（*The Age of Surveillance Capitalism*）作者祖博夫（Shoshana Zuboff）。[46]

即使資料集抹去個人資訊，釋出時高度謹慎，但人已經被再度識別，或高度敏感的資訊細節仍遭披露。舉例來說，二〇一三年，紐約市計程車暨禮車管理局（Taxi and Limousine Commission）釋出資料集，裡頭有一億七千三百萬筆個人搭乘計程車的資料，包括上下車時間、地點、車資和小費。計程車駕駛的牌照號碼已經匿名化，但很快又被恢復原樣，讓研究者能推論敏感資訊，例如年收入和住家地址。[47]一旦與來自名人部落格之類的公共資訊結合後，就能識別出一些演員和政治人物，還可能推論出曾造訪脫衣舞夜總會的人居住地址。[48]但除了對個人造成傷害之外，這樣的資料集還會對整個群體或社區產生「可預測的隱私傷害」。[49]比如從同樣的紐約市計程車資料集中，可藉由觀察哪些計程車司機會在祈禱時間停車，推測這些司機是虔誠的穆斯林。[50]

從任何看似無害的匿名資料集中，都可能出現許多意料之外且高度私人的資訊形式，但事實上，這並未阻礙圖像和文字的收集。機器學習的成功靠的是越來越大的資料集，因此越來越多人尋求取得資料集。但為什麼更廣大的人工智慧領域接受這種作法，即使會帶來倫理、政治和知識論方面的問題，且有潛在傷害？哪些信念、將事情合理化的理由和經濟誘因，把這種大量提取資料、將資料一視同仁變成常態？

## 資料的迷思與隱喻

人工智慧教授尼爾斯・尼爾森（Nils Nilsson）撰寫的人工智慧史經常被引用，其中概述了幾則機器學習中關於資料的基本迷思。他簡潔說明技術學門對資料的典型描述：「大量的原始資料需要有效率的『資料探勘』技術，才能分類、量化和提取有用的資訊。機器學習法在資料分析中扮演越漸重要的角色，因為它們可以處理大量資料。事實上，資料越多越好。」[51]

呼應幾十年前默瑟的想法，尼爾森意識到資料隨處可取，更適合用機器學習演算法來大量分類。[52]這種普遍的信念成為公理：資料是讓人取得、精煉並創造價值。

但長期下來，既得利益者精心製造這項信念，並予以支持。正如社會學家富凱德（Marion Fourcade）和希利（Kieran Healy）所寫的，要不斷收集資料的強制令不僅來自資料相關行業，也來自他們的體制和其部署的科技：

> 來自科技的體制命令是最強而有力的：我們做這些事情是**因為我們可以**……專業人士的建議、制度環境的要求和科技能力，讓組織能拿走盡可能多的個人資料，即使收集量可能遠超過公司想像所及或分析理解也無妨。其假設是，它遲早會有用，也就是有價值的。……當代組織不僅在文化上受到資料必要性的驅動，也配備新工具來強力執行。[53]

這產生了一種收集資料的道德命令（moral imperative），收集資料是為了讓系統更完好，無論資料收集在未來的某個時間點可能造成的負面影響為何。在「越多越好」這種令人質疑的信念背後，是認為一旦收集到足夠多的不同資料片段，就能完全了解個人。[54]不過，究竟什麼才算資料？歷史學家吉特爾曼（Lisa Gitelman）指出，每一種學科和機構「都有自己的規範和標準來想像資料」。[55]在二十一世紀，資料成為任何能擷取的東西。

諸如「資料探勘」的術語，或者「資料是新石油」的措詞都屬於修辭行動，把資料的概念從私人、私密或隸屬於個人所有和控制之物，轉變成更惰性、更不屬於人的事物。資料開始被描述為要消耗的資源、要控制的流程，或是要利用的投資。[56]「資料即石油」的表述方式變得司空見慣，儘管它讓人聯想到資料作為供採掘的原料，卻鮮少強調石油和採礦業的成本：契約勞工、地緣政治衝突、資源枯竭，以及延伸超越人類時間尺度的後果。

最後，「資料」成為蒼白的文字，隱藏了實體的起源和其目的。而如果把資料視為抽象、非物質的，更容易脫離傳統上對需小心處理、同意或風險的理解和責任。正如研究者史塔克（Luke Stark）和霍芙曼（Anna Lauren Hoffman）指出的，把資料比喻成只等待發現的「自然資源」，是殖民強權幾個世紀以來根深柢固的修辭技巧。[57]只要是來自原始「未精煉」的來源，採掘就是合理之舉。[58]如果把資料表述為石油，只是等待被採掘，那麼機器學習就會漸漸變成其必要的精煉過程。

資料也開始被視為資本，符合新自由派對於市場更廣大的想像，成為組織價值的主要形式。一旦透過數位足跡來表達人類活動，然後在評分指標中統計和排名，它們就能作為提取價值的方式。正如富凱德和希利所指出的，那些有正確資料訊號的人能取得優勢，例如保險金較低、市場地位較高。[59]主流經濟中的高成就者通常在資料評分經濟中也表現出色，而最低分的則成為最有害的資料監控和提取形式的目標。若把資料視為一種資本形式，那麼收集更多資料，一切都被視為合理的。社會學家薩多斯基（Jathan Sadowski）提出類似主張，認為如今資料是一種資本的形式。他指出，一旦一切以資料來理解，就合理化了一種循環，在這循環中，不斷增加對資料的提取：「因此，驅動資料收集的，是資本累積持續不斷的循環，這反過來又驅動資本，打造出一切皆由資料構成的世界，並仰賴這個世界。資料應是普世共通的這項觀念重新定義一切，把所有東西納入資料資本主義的範疇。所有空間都必須資料化。如果把宇宙想成可能蘊藏著無限的資料，那麼這意味著資料的累積和循環可以永遠持續下去。」[60]

驅動累積和循環，就是蘊藏在資料底下的強大意識形態。提取大量的資料是「〔資料〕累積的新邊境，也是資本主義的下一步」，薩多斯基指出，而這是讓人工智慧發揮作用的基礎層。[61]因此，整體產業、機構和個人不希望這個邊境——資料是在那裡供人取用的——受到質疑或者不穩定。

機器學習模型需要資料的持續流動，才能更準確。但機器像是漸近線，永遠不會達到完全精確，這合理化了從盡可能多的人身上提取更多資料，讓人工智慧的精煉廠有燃料可用。這導致從「人類主體」——二十世紀的倫理爭論中出現的概念——之類的觀念，轉向「資料主體」的創造；而所謂的資料主體就是數據點的凝集，沒有主體性、脈絡或明確定義的權利。

## 與倫理保持距離

大學進行人工智慧研究時，絕大多數沒有經過任何倫理審查程序。但如果機器學習技術用於為教育和醫療保健等敏感領域的決策提供訊息，為什麼不對它們進行更深入的審查？要了解這一點，必須探討人工智慧前驅的學科。在機器學習和資料科學出現之前，應用數學、統計學和計算機科學領域向來不思考以人類為對象的研究形式。

人工智慧剛發展的幾十年，在研究中運用人類資料通常不會引起風險疑慮。[62]即使機器學習的資料集往往來自人和他們的生活，呈現的也是這些資料，但運用那些資料集的研究更常被視為一種應用數學的形式，不會對人類對象造成多少影響。負責倫理保護的基礎設施，例如大學裡的研究倫理審查委員會（IRB）多年來都接受這種立場。[63]起初這是有道理的；研究倫理審查委員會多著重於生物醫學和心理實驗的常用方法，因為這些學門介入時會對個別對象造成明顯的風險。計算機科學看起來抽象得多了。

一旦人工智慧離開一九八〇年代和一九九〇年代的實驗室背景，進入現實世界情境——例如嘗試預測哪些罪犯會再犯，或誰應該享有福利——潛在危害就會擴大，還會影響整體社群和個人。但仍有相當多人認為，可公開取得的資料集風險極低，因此應免於倫理審查。[64]這個想法是更早期的產物，那時要在不同地點之間移動資料較困難，長期儲存也非常昂貴。但是，早期的假設已和當前機器學習的情況脫節。現在的資料集連結起來容易多了，可無限期地重複利用，可持續更新，且經常從收集的脈絡中移除。

隨著工具變得更具侵入性，研究者也越來越能取得資料，不需與對象互動，因此人工智慧的風險概況正快速變化。舉例而言，一組機器學習研究者發表論文，聲稱已開發出一種「犯罪自動分類系統」。[65]他們尤其把焦點放在一項暴力犯罪是否與幫派有關，說這套系統的神經網路只需四項資訊即可預測：武器、嫌疑人人數、鄰近區域和地點。他們運用洛杉磯警察局的犯罪資料集，警方在這資料集中把數千件犯罪標記為與幫派有關。

幫派資料有著偏頗的惡名，且錯誤百出，但研究者使用這個資料集和其他類似的資料庫作為權威來源，訓練預測性人工智慧系統。舉例來說，加州警方廣泛使用的加州幫派資料庫（CalGang）已證明有重大錯誤。加州審計者發現，在其審查的數百項紀錄中，有百分之二十三缺乏足夠的支持就納入。資料庫包含四十二名嬰兒，其中二十八名因「承認是幫派成員」而列入。[66]名單上的多數成年人從未遭指控，不過只要一納入資料庫，就無法把他們的名字移除。被納入其中的人可能只是單純穿著紅襯衫與鄰居聊天；有多到不成比例的黑人和拉丁裔美國人就是以這樣微不足道的理由被加入名單。[67]

研究者在一次會議上報告他們的幫派犯罪預測計畫時，有些與會者覺得一頭霧水。正如《科學》期刊的報導，聽眾的問題包括「團隊如何確定這訓練資料一開始就沒有偏誤？」以及「如果有人被錯誤標記為幫派成員會怎樣？」。介紹這項研究成果的哈佛大學計算機科學家陳浩（Hau Chan，音譯）回應說，他無法確知這項新工具會如何被使用。「〔這些是〕那種我不知道該如何適當回答的倫理問題，」他說，因為他只是「一個研究者」。一名聽眾回答時，引用湯姆．萊勒（Tom Lehrer）諷刺歌曲中的歌詞，談到戰時火箭科學家馮．布朗（Wernher von Braun）：「火箭一上天，誰在乎它們會墜落在哪裡？」[68]

這種倫理問題與技術問題的分離，反映出這個學域更廣泛的問題：若引發傷害時是沒有人承認責任的，或者認為那是超出研究範圍之外的事情。正如霍芙曼寫道：「這裡的問題不僅是資料集有偏誤或演算法不公平，也不只是無意間造成的後果。這指出的是更長久以來的問題：研究者主動複製的觀念傷害脆弱社群、強化目前的不公正。即使哈佛團隊提出能識別幫派暴力的系統從未執行過，難道不是已造成某種傷害了嗎？他們的計畫本身不就是一種文化暴力行為？」[69]不考量倫理議題本身就會帶來傷害，會延續科學研究是發生在真空狀態的錯誤觀念，對其傳播的觀念不負任何責任。

人工智慧已從只在實驗室使用的實驗性學門，變成以無數人為對象的龐大規模來進行測試，因此有害想法一旦複製尤其危險。技術性手法可快速從學術會議的報告轉移到配置於生產系統中，有害的假設可能在這裡變得根深柢固，難以逆轉。

機器學習和資料科學的方法可以在研究者與對象之間建立抽象的關係，工作會在遠處完成，從承受傷害風險的群體和個人眼前移開。人工智慧研究者和生活反映在資料集中的人，兩者保持距離的關係是長久以來的作法。早在一九七六年，人工智慧科學家維森鮑姆就寫下對這個領域的嚴厲批評。他注意到計算機科學已在設法規避所有和人有關的脈絡。[70]他指出，資料系統讓戰時的科學家與人們保持心理距離，「這些人會因為科學家傳達的想法而創造出的武器系統，變成殘廢和喪生」。[71]在維森鮑姆看來，答案在於直接與資料實際代表的事物抗衡：「因此，教訓是，科學家和技術專家必須透過有意識的行為和想像力，積極努力縮短這樣的心理距離，對抗往往讓他脫離行為後果的力量。他必須想想自己究竟在做什麼——就是這麼簡單。」[72]

維森鮑姆希望，科學家和技術專家會更深度思考他們工作的後果，以及誰可能面臨風險。但這不會成為人工智慧領域的標準。相反地，資料越來越常被視為可隨意拿取，沒有運用限制，解釋時也不需顧及脈絡。跨國的資料收集具有貪婪的文化，會剝削、侵入，並可能產生久遠的傷害形式。[73]許多產業、機構和個人有強烈動機，維持這種殖民態度——資料是在那裡供人取用的——而且他們不希望它被質疑或監管。

## 擷取共有財

雖然有隱私、倫理和安全疑慮，目前盛行的資料提取文化仍持續發展。藉由研究數以千計可免費用於人工智慧開發的資料集，我了解了什麼樣的技術系統是建構來進行辨識，以及如何以人類鮮少看到的方式把世界轉譯到計算機中。有龐大的資料集滿是人們的自拍、刺青、父母帶著孩子散步、手勢、開車的人、閉路電視拍到的現行犯，以及人們無數的日常動作，例如坐下、揮手、拿起玻璃杯或哭泣。每種形式的生物資料都被擷取和登錄到資料庫中，包括鑑識、生物辨識、社會計量和心理計量，讓人工智慧系統尋找模式，進行評估。

從倫理、方法學和知識論的觀點來看，訓練集引發了複雜的問題。許多是在人們不知情或未經同意的情況下製作的，從 Flickr、Google Image Search、YouTube 等線上資源收集，或是由聯邦調查局之類的政府機構捐贈。這些資料如今用來擴充臉部辨識系統，調整健康保險費率，懲罰分心駕駛，支援預測性警務工具。但資料提取的作法正更深入到人類生活的領域，那些領域過去可能是禁區，或是過於昂貴而無法觸及。科技公司利用一系列方法來拓展新領域。從放在廚房流理台或臥室床頭櫃的裝置收集語音資料；身體資料來自手腕上的手表和口袋裡的手機；平板電腦和筆電收集在閱讀的書報資料；在工作場所和教室彙集與評估手勢和臉部表情。

收集人們的資料來建立人工智慧系統，引發明顯的隱私疑慮。舉例而言，英國皇家自由倫敦國民保健基金會信託（Royal Free London National Health Service Foundation Trust）與 Google 旗下的 DeepMind 達成交易，共享一百六十萬人的病歷。英國國民保健署（NHS）這家備受尊敬的機構受託提供主要是對所有人免費的醫療保健，同時確保病患的資料安全。但調查與 DeepMind 的協議時，發現隸屬於國民保健署的基金會信託違反資料保護法令，沒有充分告知病患。[74] 資訊專員在其調查結果中提到，「創新的代價不需要侵蝕基本隱私權。」[75]

然而，還有其他嚴重的問題受到的關注不如隱私權那麼多。資料提取和訓練資料集建構的執行，以商業化地擷取原屬於共有財的資料為前提。這種特殊的侵蝕形式是偷偷地私有化，從共有財中提取知識價值。資料集可能仍向公眾開放，但資料的後設值（metavalue）——其所創建的模型——由私人擁有。當然，公共資料可以做許多好事。但社會性和某種程度的技術性期待是，透過公共機構和線上公共空間分享的資料價值，應該以其他的共有財形式回歸公益。相反地，我們看到少數私人公司如今擁有巨大的力量，從那些來源中提取洞見和利益。新的人工智慧淘金熱包括將人類知識、感覺和行動——每一種可得的資料——的不同領域封閉起來，全都陷入一種永無止境收集的擴張主義邏輯中。它已成為對公共空間的掠奪。

基本上，多年來資料累積的作法造成了強大的提取邏輯，其觀念現在是人工智慧領域運作方式的核心特徵。這種邏輯讓擁有最大資料管線（data pipeline）的科技公司變得富有，而免於資料收集的空間已顯著減少。正如萬尼瓦爾．布希所預見的，機器有龐大的胃納量。但如何提供給它們、提供它們什麼，深深影響機器如何解讀這個世界，而機器主人的優先事項會始終決定那項願景如何變現。仔細觀察形塑與影響人工智慧模型和演算法的訓練資料層，就能看出收集和標記世界上的資料是一種社會性和政治性的干預，即使它偽裝成純粹的技術性干預。

如何理解、擷取、分類和命名資料，基本上是一種創造和控制世界的行為。它對人工智慧在世界上的運作方式，以及哪些社群受到最深的影響，有巨大的衍生影響。把資料收集視為計算機科學的良善實踐，其實是一種迷思，掩蓋了權力運作，保護受惠最多的人，同時迴避了對其所造成的後果的責任。

## 注釋

1. National Institute of Standards and Technology (NIST), "Special Data- base 32—Multiple Encounter Dataset (MEDS)."
2. Russell, *Open Standards and the Digital Age*.
3. 美國國家標準暨技術研究院（當時稱為國家標準局〔National Bureau of Standards, NBS〕）的研究人員，在一九六〇年代晚期開始著手研究聯邦調查局的第一版自動指紋識別系統。參見 Garris and Wilson, "NIST Biometrics Evaluations and Developments," 1。
4. Garris and Wilson, 1.
5. Garris and Wilson, 12.
6. Sekula, "Body and the Archive," 17.
7. Sekula, 18–19.
8. Sekula, 17.
9. 參見如 Grother et al., "2017 IARPA Face Recognition Prize Challenge (FRPC)"。
10. 參見如 Ever AI, "Ever AI Leads All US Companies"。
11. Founds et al., "NIST Special Database 32."
12. Curry et al., "NIST Special Database 32 Multiple Encounter Dataset I (MEDS-I)," 8.
13. 參見如 Jaton, "We Get the Algorithms of Our Ground Truths"。
14. Nilsson, *Quest for Artificial Intelligence*, 398.
15. "ImageNet Large Scale Visual Recognition Competition (ILSVRC)."
16. 一九七〇年代晚期，米哈爾斯基（Ryszard Michalski）依據符號變數和邏輯規則，編寫了一種演算法。這種語言在一九八〇年代和一九九〇年代很流行，但隨著決策和資格認證的規則更加複雜，變得不那麼有用了。同時，使用大型訓練集的潛力促成了轉變，從原本的概念聚類，變成當代機器學習的方法。Michalski, "Pattern Recognition as Rule-Guided Inductive Inference."

17. Bush, "As We May Think."
18. Light, "When Computers Were Women"; Hicks, *Programmed Inequality*.
19. 參見 Russell and Norvig, *Artificial Intelligence*, 546 的描述。
20. Li, "Divination Engines," 143.
21. Li, 144.
22. Brown and Mercer, "Oh, Yes, Everything's Right on Schedule, Fred."
23. Lem, "First Sally (A), or Trurl's Electronic Bard," 199.
24. Lem, 199.
25. Brown and Mercer, "Oh, Yes, Everything's Right on Schedule, Fred."
26. Marcus, Marcinkiewicz, and Santorini, "Building a Large Annotated Corpus of English."
27. Klimt and Yang, "Enron Corpus."
28. Wood, Massey, and Brownell, "FERC Order Directing Release of Information," 12.
29. Heller, "What the Enron Emails Say about Us."
30. Baker et al., "Research Developments and Directions in Speech Recognition."
31. 我參與了處理這種落差的早期工作。參見如 Gebru et al., "Datasheets for Datasets"。其他研究者也試圖解決人工智慧模型的這項問題，參見如 Mitchell et al., "Model Cards for Model Reporting"; Raji and Buolamwini, "Actionable Auditing"。

32. Phillips, Rauss, and Der, "FERET (Face Recognition Technology) Recognition Algorithm Development and Test Results," 9.
33. Phillips, Rauss, and Der, 61.
34. Phillips, Rauss, and Der, 12.
35. 參見 Aslam, "Facebook by the Numbers (2019)"; and "Advertising on Twitter"。
36. Fei-Fei Li，引自 Gershgorn, "Data That Transformed AI Research"。
37. Deng et al., "ImageNet."
38. Gershgorn, "Data That Transformed AI Research."
39. Gershgorn.
40. Markoff, "Seeking a Better Way to Find Web Images."
41. Hernandez, "CU Colorado Springs Students Secretly Photographed."
42. Zhang et al., "Multi-Target, Multi-Camera Tracking by Hierarchical Clustering."
43. Sheridan, "Duke Study Recorded Thousands of Students' Faces."
44. Harvey and LaPlace, "Brainwash Dataset."
45. Locker, "Microsoft, Duke, and Stanford Quietly Delete Databases."
46. Murgia and Harlow, "Who's Using Your Face?"《金融時報》揭露這個資料集的內容時，微軟從網際網路上移除了該資料集，而微軟的一位發言人輕描淡寫地聲稱，移除它是「因為研究挑戰已經結束」。Locker, "Microsoft, Duke, and Stanford Quietly Delete Databases."
47. Franceschi-Bicchierai, "Redditor Cracks Anonymous Data Trove."
48. Tockar, "Riding with the Stars."
49. Crawford and Schultz, "Big Data and Due Process."

50. Franceschi-Bicchierai, "Redditor Cracks Anonymous Data Trove."

51. Nilsson, *Quest for Artificial Intelligence*, 495.

52. 正如鮑克對我們的極佳提醒：「原始資料（raw data）既是矛盾修辭，也是糟糕的想法；相反地，資料應該小心處理。」Bowker, Memory *Practices in the Sciences*, 184–85.

53. Fourcade and Healy, "Seeing Like a Market," 13, emphasis added.

54. Meyer and Jepperson, "'Actors' of Modern Society."

55. Gitelman, *"Raw Data" Is an Oxymoron*, 3.

56. 許多學者仔細研究了這些隱喻的作用。媒體研究教授普希曼（Cornelius Puschmann）和伯吉絲（Jean Burgess）分析了常見的資料隱喻，指出兩項普遍的類別：資料「作為一種受控制的自然力量，以及〔資料〕作為一種被消耗的資源」。Puschmann and Burgess, "Big Data, Big Questions," abstract. 研究者提姆・黃（Tim Hwang）和凱倫・李維（Karen Levy）認為，把資料描述成「新石油」意味著取得成本昂貴，但也意味著可能「為那些有能力提取它的人帶來巨大回報」。Hwang and Levy, "'The Cloud' and Other Dangerous Metaphors."

57. Stark and Hoffmann, "Data Is the New What?"

58. 媒體學者庫爾德里（Nick Couldry）和梅亞斯（Ulises Mejías）稱此為「資料殖民主義」，它根植於殖民主義的歷史掠奪性作法，但與當代的計算方法結合（並被掩蓋）。但正如其他學者所指出的，這個詞彙是雙面刃，因為它會遮蔽殖民主義持續造成的真實傷害。Couldry and Mejías, "Data Colonialism"; Couldry and Mejías, *Costs of Connection*; Segura and Waisbord, "Between Data Capitalism and Data Citizenship."

59. 他們稱這種形式的資本為「超級資本」（ubercapital）。Fourcade and Healy, "Seeing Like a Market," 19.

60. Sadowski, "When Data Is Capital," 8.

61. Sadowski, 9.

62. 這裡引用了與梅特卡夫（Jake Metcalf）合著的人類受試者回顧和大規模資料研究的歷史。參見 Metcalf and Crawford, "Where Are Human Subjects in Big Data Research?"。
63. "Federal Policy for the Protection of Human Subjects."
64. 參見 Metcalf and Crawford, "Where Are Human Subjects in Big Data Research?"。
65. Seo et al., "Partially Generative Neural Networks." 作者之一的布蘭廷漢（Jeffrey Brantingham）也是富爭議的預測性警務公司 PredPol 共同創辦人。參見 Winston and Burrington, "A Pioneer in Pre- dictive Policing"。
66. "CalGang Criminal Intelligence System."
67. Libby, "Scathing Audit Bolsters Critics' Fears."
68. Hutson, "Artificial Intelligence Could Identify Gang Crimes."
69. Hoffmann, "Data Violence and How Bad Engineering Choices Can Damage Society."
70. Weizenbaum, *Computer Power and Human Reason*, 266.
71. Weizenbaum, 275–76.
72. Weizenbaum, 276.
73. 關於從邊緣化社群提取資料和洞見的歷史的更多資訊，參見 Costanza-Chock, *Design Justice*，以及 D'Ignazio and Klein, *Data Feminism*。
74. Revell, "Google DeepMind's NHS Data Deal 'Failed to Comply.'"
75. "Royal Free–Google DeepMind Trial Failed to Comply."

第四章

# 分類

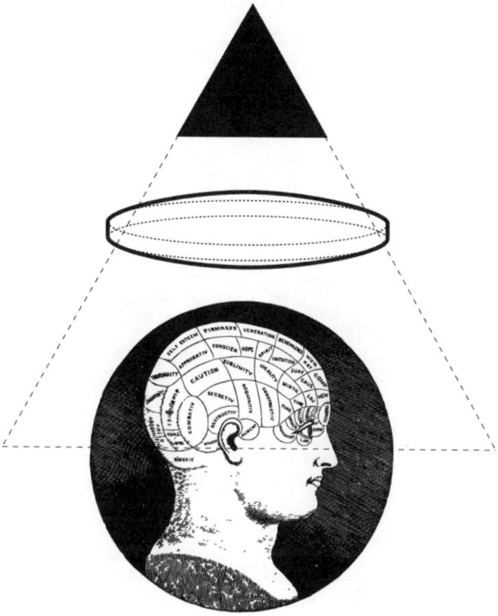
FIRMNESS
VENERATION
SELF ESTEEM
CONSCIEN
HOPE
IMITATION
APPROBATIV
CAUTION
SUBLIMITY
IDEALITY
MIRTH
TIME
SECRETIV
ACQUISITIV
CONSTRUCTIV
TUNE
COMBATIV
DESTRUCTIV

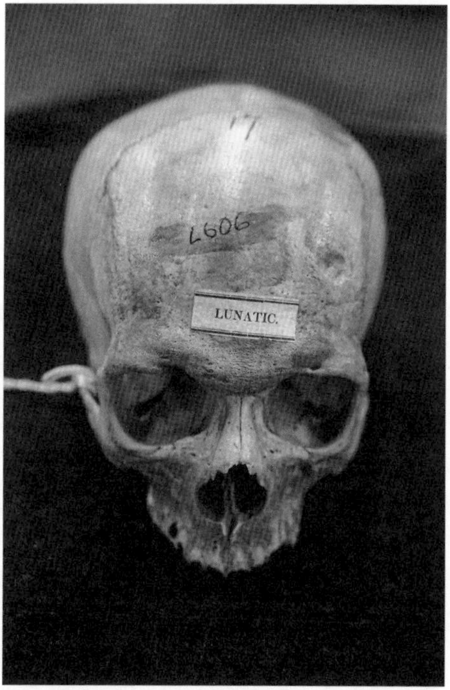


莫頓收集的頭顱中，有一個標示著「瘋子」。Kate Crawford 攝

我的四周全是人類顱骨。這個空間裡約有五百個，收集於十九世紀前半葉，全部上了漆，額骨上以黑色墨水寫下數字。細膩的筆觸圈出顱骨上的幾個區域，那些區域在顱相學上代表某些特質，包括「慈善」和「崇敬」。有些顱骨上有大寫字母寫的描述，例如「荷蘭人」、「印加民族的祕魯人」或「瘋子」。美國顱骨學家莫頓（Samuel Morton）悉心為每一顆頭顱秤重、測量和標記。莫頓是醫生暨自然史學家，也是費城自然科學博物館（Academy of Natural Sciences of Philadelphia）的成員。他與科學家和顱骨獵人組成的網絡進行交

易，這些人從世界各地收集人類顱骨，再把顱骨帶回來讓他做實驗，有時來源甚至是盜墓。[1]莫頓在一八五一年去世時收集到的顱骨超過一千個，是當時世界上最大的顱骨收藏。[2]這些顱骨如今收藏在費城賓州大學考古學與人類學博物館（Penn Museum）的體質人類學區。

莫頓並非傳統的顱相學者，不認為人的個性可透過檢查頭部的形狀來解讀。相反地，他的目標是藉由比較頭骨的實體特徵，「客觀」分類和排列人種。他把顱骨分成世界上的五個「種族」：非洲人、美洲原住民、高加索人、馬來人和蒙古人——這是當時典型的分類法，反映出主導地緣政治的殖民心態。[3]這是人類多重起源說（polygenism）的觀點，認為不同的人種在不同時間分別演化。歐美白人學者把這個觀點正當化，被殖民探險家當作種族暴力和強占的合理化理由。[4]顱骨測量法號稱可準確評估人類的差異和優點，漸漸成為他們採用的主要方法。[5]

我看到的許多顱骨是屬於出生於非洲的人，但這些人在美洲當奴隸時去世。莫頓測量這些頭顱時，在顱腔注入鉛粒，之後再把鉛粒倒回圓柱筒，測量鉛的立方英寸體積。[6]他發表結果，並與從其他地方取得的頭顱相互比較：舉例來說，他聲稱白人的顱骨最大，黑人敬陪末座。莫頓依照種族來繪製的平均頭顱體積表，在當時被視為先進的科學。在十九世紀接下來的時間，大家引用他的研究成果，認為那是客觀的確鑿資料，證明人種的智力是相對的及高加索人種的生物優越性。這項研究在美國成為維護蓄奴和種族隔離合法性的工具。[7]若考量當時的科學技術水平，即使很久沒有人再引用這些研究，它仍賦予了權威以進行種族壓迫。

然而，莫頓的研究並不是其聲稱的那種證據。正如古爾德（Stephen Jay Gould）在其劃時代著作《人的錯誤量度》（*The Mismeasure of Man*）中所描述的：

> 簡言之，說白了，莫頓的總結是把捏造與欺瞞哄騙拼湊起來，只為了掌控**先**驗信念的明確利益。然而我找不到證據，證明他是存心欺騙，這也是他的例子中最有趣之處。……另一方面，無意識欺瞞的盛行，正指出科學所在的社會脈絡所呈現出的總體結論。如果科學家能誠實地自欺到莫頓的程度，那麼先驗偏見可能隨處可見，甚至在測量骨頭和計算總和等基本事項都可能如此。[8]

古爾德和諸多後進重新測量這些顱骨的重量，也重新檢視莫頓的證據[9]，結果發現莫頓犯了錯誤、誤算，而且遺漏了程序，例如忽略身材較高大的人大腦比較大的基本事實。[10]他刻意挑選支持他白人優越信念的樣本，刪除會拉低其群組平均值的子樣本。當代對於賓州大學考古學與人類學博物館顱骨收藏的測量值，看不出人種的顯著差異——即使是使用莫頓的數據。[11]但先驗偏見——一種看待世界的方式——形塑出莫頓心目中的客觀科學，是會自我強化的迴圈，對他研究的影響不亞於以鉛粒灌滿的顱骨本身。

正如古爾德所稱，顱骨測量法是「十九世紀生物決定論中最重要的數值科學」，其依據是有「嚴重錯誤」的核心隱含假設：大腦的大小等同於智力，不同的人種是不同的生物物種，而那些種族可依照智力和先天特質排列出階層。[12]最終，這樣的種族科學被揭穿真面目，但正如美國哲學家韋斯特（Cornel West）所指出的，它的主要隱喻、邏輯和類別不僅支持了白人優越主義，也讓關於種族的特定政治思想成為可能，同時讓其他思想不可行。[13]

莫頓遺留的影響，預示人工智慧的測量和分類有何種知識論問題。把顱骨形態與智力及對合法權利的主張視為相關，成了殖民主義和蓄奴的技術託辭。[14]雖然有越來越多人關注顱骨測量的錯誤和如何修正，但影響更深遠的錯誤在於激發這套方法的潛在世界觀。因此，目標應該不是要求更準確或「公平」的顱骨測量，支持種族主義的智力模型，而是要徹底譴責這種方法。莫頓使用的分類法**本質上**就是政治的，而他關於智力、種族和生物性的假設是站不住腳的，卻有廣泛的社會和經濟影響。

分類的政治是人工智慧領域的核心實務。從大學實驗室到科技產業，分類實務影響如何辨識和產生機器智慧。正如在前一章看到的，世界上的人造物經由提取、測量、標記和排序變成了數據，有意或無意地成為不明確的基準真相，技術系統依照這樣的數據來訓練。當人工智慧系統顯現出在種族、階級、性別、身障或年齡等類別中產生歧視性結果時，公司面對巨大的壓力，必須改革其工具或讓資料多樣化。但結果往往是狹隘的回應，通常是設法處理技術錯誤和偏差數據，讓人工智慧系統看起來更公平。通常受到忽略的是更基本的一組問題：分類在機器學習中到底如何運作？當我們進行分類時，有什麼利害關係？分類與被分類的事物以哪些方式相互作用？有哪些不言而喻的社會和政治理論隱含在世界的分類中，並得到這些分類支持？

鮑克和絲塔在其關於分類的劃時代研究中寫道：「分類是力量強大的科技。嵌入運作的基礎設施中，它們變得比較不可見，卻沒有失去任何力量。」[15]無論是標記人工智慧訓練集中的圖像，以臉部辨識追蹤人們，或把鉛粒灌到顱骨中，分類都是行使權力。但如鮑克和絲塔的觀察，分類可能消失，「進入基礎設施，進入習慣，進入被視為理所當然的事物中」。[16]我們很容易忘記，原本隨意選擇來形塑技術系統的分類，會在形塑社會和實體世界中扮演有力的角色。

關注人工智慧偏誤問題的趨勢，讓我們無法評估人工智慧在分類時的核心作法，也會忽視其伴隨的政治。為了看出這樣的運作，本章將探索二十一世紀的幾個訓練資料集，觀察其社會排序的模式如何讓等級制自然化，放大不平等。我們也會探討人工智慧的偏誤爭議有何侷限，也就是經常提出以數學奇偶性（parity）產生「更公平的系統」，而不是與潛在的社會、政治和經濟結構抗衡。簡言之，我們將思考人工智慧如何運用分類來將權力編碼。

## 循環邏輯系統

十年前，指出人工智慧可能有偏誤問題，是很不正規的說法。但現在歧視性的人工智慧系統例子眾多，Apple的信用等級演算法有性別偏誤、COMPAS犯罪風險評估軟體有種族主義、臉書廣告投放有年齡偏誤。[17]影像辨識工具把黑人臉孔分類錯誤、聊天機器人使用種族主義和厭女的語言、語音辨識軟體無法辨識女性化聲音，以及社群媒體平台把高薪招聘廣告投放給男性的比例高於女性。[18]正如班潔敏和諾波等學者所指出的，在整個科技生態系統中，類似的例子不勝枚舉。[19]有更多例子是從未被發現，或沒人公開承認。

關於人工智慧偏誤的敘事是持續發生的，而這種事件的典型結構，是先由一名調查記者或吹哨者揭露人工智慧系統如何產生歧視性的結果。這則故事被廣為分享，於是身為當事者的公司承諾解決這個問題。之後，這個系統要麼被新的東西取代，要麼進行技術性干預，試著產生更平等的結果。那些結果和技術性解決措施仍是專有且機密的，卻告訴大眾放心，說偏誤的弊病已經「治好了」。[20]但鮮少公開討論**為什麼**這些形式的偏誤和歧視經常反覆發生，是否存在更基本的問題，而不是資料集隱含著不適當或演算法設計不佳那麼單純。

偏誤產生作用較生動的例子之一來自亞馬遜公司的內部員工敘述。二〇一四年，該公司決定實驗自動化推薦和招聘員工的流程。如果自動化能幫助推升產品推薦功能的獲利，也可提升倉庫的安排，那麼依照邏輯，它可以讓招聘更有效率。用一名工程師的話來說：「他們真的希望它成為一具引擎，我給你一百份履歷，它會吐出前五名，然後我們就會雇用那些人。」[21]這套機器學習系統旨在以一到五的等級對人進行排名，反映亞馬遜的產品評分系統。為了建立基礎模型，亞馬遜工程師使用一個取自十年來同事履歷的資料集，然後根據這些履歷中出現的五萬個字詞，訓練了一個統計模型。很快地，這個系統開始把常用的工程術語（例如程式語言）指定為較低重要性，因為每個人都在工作經歷中列出這一項。相反地，模型開始重視求職成功者的履歷上反覆出現的更細微的線索。有些特定動詞獲得強烈偏好。工程師提到的文字例子是「執行」和「奪得」。[22]

招募者開始使用這個系統來輔助平時招聘的流程。[23]很快地，出現了嚴重的問題：系統不推薦女性。它主動調降女子大學畢業的求職者履歷評等，甚至任何履歷只要有「女性」一詞就會遭殃。即使後來修改系統，移除明顯的性別指涉影響，這偏誤依然存在。霸權男子氣概的代理人，持續在性別化的語言使用中出現。這模型對女性有偏見，不僅在類別上如此，對常見的性別化言論形式也是。

不經意地，亞馬遜建立了一個診斷工具。過去十年間，亞馬遜聘用的工程師絕大多數是男性，因此他們創建的模型是靠著求職成功的男性履歷來訓練，學會在未來招聘時推薦男性。過去和現在的雇用作法，影響著未來的招聘工具。亞馬遜的系統意外地揭露出偏誤已經存在的方式，這些偏誤是來自於男子氣概編碼在語言、履歷和公司本身當中的作法。這項工具強化了亞馬遜現有的動態，凸顯出整個人工智慧產業從過去到現在所缺乏的多元性。[24]

亞馬遜最終結束其招聘實驗。但偏誤問題的規模遠比一套單一系統或失敗作法更深層。人工智慧產業對偏誤問題的理解，向來是把它視為要修復的程式錯誤（bug），而不是分類本身的特徵。結果是專注於調整技術系統，在迥然不同的群體間產生更大的量化平等，而我們之後會看到這種作法也產生了自己的問題。

要理解偏誤與分類之間的關係，需要的不只是對知識產製進行分析，例如判定一個資料集是否有偏誤，而是應該觀察知識建構本身的機制，亦即社會學家塞蒂娜所稱的「知識機器」。[25]為了看出這一點，需要觀察歷史上的不平等模式如何影響資源和機會的取得，進而影響數據。之後，這個數據會被提取，供科技系統分類和辨識模式，如此產生的結果被認為稱得上是客觀的。這結果是統計上的「銜尾蛇」（ouroboros）：一個自我強化歧視的機器，假借技術中立之名，放大社會不平等。

## 去偏誤系統的侷限

為了更了解分析人工智慧的偏誤時的侷限性，可先看看修復偏誤的嘗試。二〇一九年，ＩＢＭ試圖藉由建立公司所稱更「包容的」資料集，名為臉部多樣性資料集（Diversity in Faces, DiF），來回應對其人工智慧系統偏誤的憂慮。[26]臉部多樣性資料集是產業對一項開創性研究的回應的一部分，研究者布蘭維妮（Joy Buolamwini）和蓋布魯（Timnit Gebru）在一年前發表研究顯示，有些臉部辨識系統——建立者包括ＩＢＭ、微軟和亞馬遜——對於膚色較深者的辨識錯誤率高得多，對女性尤其如此。[27]因此，這三家公司內部不斷努力展現出修正問題的進展。

「我們期待臉部辨識對我們每一個人都能準確運作，」ＩＢＭ研究人員寫道，但是「要解決多元性的挑戰」，唯一的方法是建立「一個由世界上每一個人的臉組成的資料集」。[28]ＩＢＭ研究人員決定利用先前已經存在的資料集，裡面有一億張取自Flickr的圖像，這是當時網際網路上能公開取得的最大圖片集。[29]然後他們用其中一百萬張照片作為小樣本，測量每張臉特徵點之間的顱面距離：眼睛、鼻寬、嘴唇厚度、眉毛粗細等。正如莫頓測量頭骨，ＩＢＭ的研究人員設法分配頭顱測量值，為差異建立類別。

ＩＢＭ團隊聲稱，他們的目標是建立臉部辨識資料的多元性。雖然立意良善，但他們使用的分類透露出在這脈絡之下，多元性的涵義所蘊含的政治。舉例而言，為了標記一張臉的性別和年齡，團隊指派工作給群眾外包工作者，讓他們用性別二元的有限模型主觀標注。任何看似不在這二元範圍內的，就從資料集中移除。ＩＢＭ對於多元性的想像，強調顱骨眼眶高度和鼻梁有廣泛的選擇，卻忽略了跨性別或非二元性別者的存在。「公平」的意思簡化為機器主導的臉部辨識有更高的準確率，而「多元性」意指使用範圍更廣的臉部來訓練模型。顱骨測量分析的運作就像是誘餌和開關，最終把多元性的觀念去政治化，取而代之的是專注於**變異**。設計者可以決定變數是什麼，以及人們如何被分配到類別中。同樣地，分類的作法是權力集中化：這權力決定哪些差異會產生影響。

ＩＢＭ研究人員接著提出一個更有問題的結論：「我們的傳統的各個面向（包括種族、族群性、文化、地理），以及我們的個人身分（年齡、性別和可見的自我表現形式），都反映在臉上。」[30]這項說法與數十年來的研究相悖，那些研究挑戰了種族、性別和身分全然是生物學類別的觀念，而以政治、文化和社會建構的角度更深入地理解。[31]在技術系統中嵌入身分宣告，彷彿它們是可以從臉上觀察到的事實，這就是西蒙妮．布朗所稱的「數位表皮化」（digital epidermalization）範例，把種族強加在身體上。布朗將其定義為權力的行使，這時監視科技無形的凝視「藉由產生關於身體和一個人的身分（或多個身分）的『真相』，完成讓主體疏離的工作，儘管主體有身分聲明」。[32]

IBM對多元性進行分類的方法，基本問題就是來自於這種集中化的身分製造，且是由該團隊可用的機器學習技術主導。進行膚色偵測是因為做得到，而不是能訴說關於種族的任何事，也不是能產生更深刻的文化理解。同樣地，使用顱骨測量是因為這是**可以**用機器學習完成的方法。工具的預設用途（affordance）成為真相的界線。大規模部署顱骨測量和數位表皮化的能力，促成一項渴望，讓人想在這些方法中尋找意義，即使這種方法和文化、傳統或多元性無關。這些方法的運用，導致對準確性的理解錯誤更嚴重。關於準確性和性能的技術性宣告，通常充滿了對於類別和規範的政治選擇，但很少有人承認這一點。[33]這些作法根植於一種意識形態的前提，認為生物性就是命運，我們的臉孔成了我們的宿命。

## 關於偏誤的多種定義

自古以來，分類這項行為就與權力並行。在神學中，命名和劃分事物的能力是神的神聖行為。「category」（類別）一詞源自古希臘文katēgoría，這個字由兩個字根組成：*kata*（對抗）和*agoreuo*（公開發言）。在希臘文中，這個字可以是合乎邏輯的斷言，或是在審判中的指控——暗指科學和法律的分類方法。

而「bias」（偏誤）作為一個術語的歷史淵源新近得多。這個詞首先出現在十四世紀的幾何學中，指的是斜線或對角線。到了十六世紀，這個詞獲得了「不適當的偏見」之意，類似現在流行的涵義。到了一九〇〇年代，「偏誤」已經在統計學中發展為更具技術性的涵義，指的是樣本與母體之間的系統性差異，這時樣本並不能真正反映出整體。[34]機器學習領域就是從這種統計學傳統中得出對偏誤的理解，它與一組其他概念相關：一般化、分類和變異。

機器學習系統旨在能從龐大的訓練集範例中進行一般化，並把未包含在訓練資料集裡的新觀察結果正確分類。[35]換言之，機器學習系統可執行歸納種類，從特定範例中學習（例如求職者過去的履歷），以決定要在新範例中尋找哪些數據點（例如新求職者履歷中的詞組）。在這種情況下，「偏誤」一詞指的是在這種一般化的預測過程中可能發生的錯誤——亦即給予系統新的範例時，系統表現出的分類錯誤，而這樣的錯誤是系統性或持續再現的。這種類型的偏誤通常與另一種類型的一般化錯誤——變異——形成對比。變異是指演算法對於訓練資料裡的差異的敏感性。偏誤高而變異低的模型可能發生數據擬合不足（underfitting，乏適），未能捕捉數據中所有重要特徵或信號。另一方面，變異高而偏誤低的模型可能會出現數據過度擬合（overfitting，過適），即建立的模型過於接近訓練資料，因此除了資料的重要特徵之外，也捕捉了「雜訊」。[36]

在機器學習之外，「偏誤」還有許多其他涵義。舉例來說，在法律上，偏誤是指一種先入為主的觀念或觀點，一種基於偏見的判斷，而不是來自對案件事實進行公正評估後的決定。[37]在心理學中，特沃斯基（Amos Tversky）和康納曼（Daniel Kahneman）研究「認知偏誤」，亦即人類的判斷有系統地偏離機率期望值的方式。[38]更近期關於「內隱偏見」（implicit bias）的研究，則強調無意識的態度和刻板印象如何「讓一個人的行為偏離了其所宣稱或認可的信念或原則」。[39]在這裡，偏誤不只是技術性錯誤；偏誤還涉及人的信念、刻板印象或歧視形式。這些定義上的區別限制了「偏誤」作為一個術語的效用，尤其是不同學門從業者的運用。

技術設計當然可以改善，這樣更能說明系統為何產生偏差和歧視性的結果。但人工智慧系統為何長期存在種種不平等，則是較困難且往往被跳過的問題，最後急於以處理統計偏誤的狹隘技術性方案來解決，好像如此就足以彌補更深層的結構問題。人工智慧應用知識工具，來反映和服務更廣的榨取型經濟的誘因，但如何處理人工智慧所使用的方法，人們卻束手無策，徒留權力持續維持不對稱。不管設計者的立意為何，技術系統維持、延伸了結構不平等。

用來訓練機器學習系統的每個資料集都含有世界觀，無論是在監督式或無監督式機器學習的背景下，無論是否被視為有技術性偏誤，都是如此。建立一個訓練集就是以幾乎無限複雜和多變的世界為對象，把它固定為各種分類法，這些分類法由個別數據點的離散分類所構成，過程中需要進行本質上為政治、文化和社會的選擇。藉由留意這些分類，我們能窺見建立在人工智慧世界構建架構中的各種形式的權力。

## 訓練集作為分類引擎：以 ImageNet 為例

前一章談過 ImageNet 的歷史，以及這個基準訓練集自二〇〇九年創建之後，如何影響電腦視覺的研究。藉由仔細觀察 ImageNet 的結構，我們可以開始了解資料集如何排序，也能看出其映射世界上的物件的底層邏輯。ImageNet 的結構錯綜複雜、龐大，且充滿奇特性。ImageNet 隱含的語意結構是由 WordNet 導入，這個詞語分類資料庫最早是一九八五年由普林斯頓大學認知科學實驗室開發，美國海軍研究署（U.S. Office of Naval Research）資助。[40] WordNet 的構想是機讀字典，使用者依照語意搜尋，而不是字母相似度，成為計算語言學和自然語言處理領域的重要資源。WordNet 的團隊盡其所能收集許多單詞，從一九六〇年代彙集了一百萬個單詞的布朗語料庫開始。[41] 布朗語料庫的單詞則來自報紙和五花八門的書籍，包括《超心理學的新方法》（*New Methods of Parapsychology*）、《家庭輻射落塵避難所》（*The Family Fallout Shelter*），以及《誰統治房事？》（*Who Rules the Marriage Bed?*）。[42]

WordNet 試圖把整個英語語言安排成同義詞的組合或「同義詞集合」（synset）。ImageNet 的研究人員只選擇名詞，認為名詞是可用圖片表示的東西，這足以訓練機器自動辨識物件。因此，ImageNet 的分類是依據一套源於 WordNet 的嵌套階層結構來安排的，其中每個同義詞集合代表一個不同的概念，同義詞組合在一起（例如「auto」〔汽車〕與「car」〔車〕被視為屬於同一個集合）。階層結構從較廣泛的概念轉變成更特定。舉例而言，「椅子」（chair）這個概念歸屬是這樣：人工製品（artifact）→陳設（furnishing）→家具（furniture）→座位（seat）→椅子（chair）。不出意料，這種分類系統令人想起許多以前的分類階元（rank），從生物分類的林奈系統到圖書館書籍的排序都是。

但能看出 ImageNet 世界觀真正奇異之處的第一點，是它從 WordNet 提取的九個頂層類別：植物、地質層組、自然物件、運動、人工製品、真菌、人、動物和雜項。其他的一切都要依照這些奇怪的類別來排序。在這九個大分類下，產生了成千上萬怪異而特定的嵌套分類，數百萬個圖像就像俄羅斯娃娃一樣放進這些類別。有 apple（蘋果）、apple butter（濃稠蘋果抹醬）、apple dumplings（蘋果布丁）、apple geraniums（蘋果天竺葵）、apple jelly（膠狀蘋果醬）、apple juice（蘋果汁）、apple maggots（蘋果果實蠅）、apple rust（蘋果鏽病）、apple trees（蘋果樹）、apple turnovers（蘋果酥餅）、apple carts（可能中斷的計畫、系統或情境）和 applesauce（泥狀蘋果醬）等類別。還有 hot lines（熱線）、hot pants（熱褲）、hot plates（電烤盤）、hot pots（火鍋）、hot rods（舊車改裝成的高速汽車）、hot sauce（辣醬）、hot springs（溫泉）、hot toddies（熱托迪酒）、hot tubs（熱水浴缸）、hot-air balloons（熱氣球）、hot fudge sauce（巧克力淋醬）和 hot water bottles（熱水瓶）的圖片。這一團亂的文字被安排到怪異的類別中，就像波赫士的神話百科全書裡那些奇怪的分類。[43]從圖片層面來看更是混亂。有些圖像是高解析度的圖庫照片，有些是在光線不足的情況下拍的模糊手機照片。有些是孩子的照片。有些是色情圖片。有些是漫畫。有海報女郎、宗教聖像、知名政治人物、好萊塢名人和義大利諧星。它的含括範圍從專業大幅轉向業餘，也從神聖轉向淫穢。

人類分類是了解這些分類政治運作的好地方。在 ImageNet 的分類中，「人體」類別屬於自然物件→身體→人體的分支。它的子類別包括「男性身體」、「人」、「青少年身體」、「成人身體」和「女性身體」。「成人身體」的類別包括「成人女性身體」和「成人男性身體」的子類別。這裡有個隱含的假設：唯有「男性」和「女性」身體被視為是「自然的」。ImageNet有個「雌雄同體」（Hermaphrodite）一詞的類別，但其分支位置是這樣的：人（Person）→感覺論者（Sensualist）→雙性（Bisexual），與假雌雄同體（Pseudohermaphrodite）和雙性戀（Switch Hitter）並列。[44]

甚至在我們查看ImageNet更具爭議性的類別之前，已可看出這種分類系統（classificatory scheme）的政治性。以這種方式來做性別分類的決定，就是將性別歸化為一種生物構造，且是二元的，跨性別或非二元性別者要麼不存在，要麼置於性向的類別之下。[45]當然，這不是新奇的作法。ImageNet中的性別和性向的階層分類令人想起早期有傷害性的分類形式，例如《精神疾病診斷與統計手冊》（*Diagnostic and Statistical Manual*）把同性戀分類為精神異常。[46]這種極具破壞性的分類用來讓要求人順服於所謂壓抑「治療」合理化，直到經過多年行動倡議，美國精神醫學學會（American Psychiatric Association）才在一九七三年將其移除。[47]

把人簡化為二元性別類別，以及把跨性別者描繪為微不足道或「不正常」，都是機器學習中分類系統的常見特徵。基斯（Os Keyes）關於臉部辨識的自動性別偵測研究指出，該領域有將近百分之九十五的報告把性別視為二元，絕大部分把性別描述為不可改變，是生理性的。[48]雖然有些人可能回應說，這可以靠建立更多類別來輕鬆補救，但卻無法解決在缺乏人的意見和同意的情況下，把人分配到某些性別和種族類別所造成的更深層傷害。這種作法歷史悠久。幾個世紀以來，管理系統試圖透過應用固定標記和明確屬性，讓人易於辨識。以生物性或文化為基礎來闡明事物的本質和秩序的作法，長久以來一直被用來讓暴力和壓迫的形式合理化。

雖然這些分類邏輯被視為好像自然且固定不變的，但它們一直在變動：不僅會影響被分類的人，而且影響人們的方式會反過來改變分類本身。哈金稱此為「迴圈效應」（looping effect），科學牽涉到「為人做安排」時就會產生。[49]鮑克和絲塔也強調，一旦建構了人的分類，這些分類就能以不易看出的方式，讓有爭議的政治類別穩定下來。[50]除非有人積極抵制這些分類，否則它們就會被視為理所當然。我們在人工智慧領域看到了一種現象，亦即極具影響力的基礎設施和訓練資料集被當成是純技術性的，但實際上在其分類法中含有政治干預：它們讓世界上特定的秩序自然化，這種體系產生的效應又會合理化其最初的秩序。

## 對「人」下定義的權力

把秩序強加給一個無差別的群體、把現象歸入一個類別——換言之，為一個事物命名——反過來又是一種讓那個類別具體存在的手段。

在 ImageNet 階層中原本兩萬一千八百四十一個類別裡，諸如「蘋果」或「濃稠蘋果醬」之類的名詞類沒有爭議似乎很合理，但並非所有名詞都是平等的。借用語言學家雷科夫（George Lakoff）的觀點，「蘋果」的概念是比「光」的概念更具**名詞性質**的名詞，而「光」的概念又比

「健康」等概念更有名詞性質。[51]名詞在從具體到抽象、從描述性到判斷性的軸線上占據不同位置。這些梯度在 ImageNet 的邏輯中已經被抹除。一切都被扁平化，並固定在標籤上，就像展示櫃中的蝴蝶標本。雖然這種方法有客觀之美，仍是一種深刻的意識形態活動。

十年來，ImageNet 在「人」這個最上層的類別下，包含兩千八百三十二個子類別。在子類別中，有最多相關圖片的是「姑娘」（gal，一千六百六十四張），其次是「祖父」（一千六百六十二張）、「爸爸」（一千六百四十三張）和執行長（一千六百一十四張——多數是男性）。有了這些高度密集的類別，我們已經可以開始看出某種世界觀的輪廓。ImageNet 包含大量的分類類別，包括種族、年齡、國籍、職業、經濟地位、行為、性格，甚至道德。

ImageNet 的分類法聲稱依照物件辨識的邏輯來分類人的照片，這種作法有許多問題。即使 ImageNet 創建者在二〇〇九年移除了一些明顯有冒犯性的同義詞集合，但種族和國族身分的類別依然存在，包括阿拉斯加原住民、英裔美國人、黑人、非洲黑人、黑人女性（但沒有白人女性）、拉丁美洲人、墨西哥裔美國人、尼加拉瓜人、巴基斯坦人、南美印第安人、西班牙裔美國人、德州人、烏茲別克人、白人、祖魯人。要把這些呈現為符合邏輯的人的配置類別已經令人憂慮，甚至在依據人的外表來分類他們之前就讓人不安。其他人則依據職業或愛好來貼上標籤：有童子軍、啦啦隊隊長、認知神經科學家、理髮師、情報分析員、神話學家、零售商、退休人員等等。這些類別的存在，表明可依據人們的職業進行直觀可見的排序，這種方式似乎讓人想起斯凱瑞（Richard Scarry）的《好忙好忙的小鎮》（*What Do People Do All Day?*）這類童書。ImageNet

還包括對圖像分類毫無意義的類別，例如債務人、老闆、熟人、兄弟、色盲。這些都是描述關係的非視覺概念，無論是與他人的關係、與金融系統或與視野本身的關係。資料集讓這些類別具體化，並把它們連結到圖像，以便未來的系統可以「辨識」類似的圖像。

在 ImageNet 的「人」類別深處，隱藏著許多真正有冒犯性且會造成傷害的類別。有些分類是厭女、種族主義、年齡歧視和身障歧視的。列表中包括壞人、應召女郎、未出櫃同性戀、怪老頭、罪犯、瘋子、屁眼兒、嗑藥者、失敗者、遜色者、混蛋、偽君子、蕩婦、盜竊癖、窩囊廢、憂鬱者、不受重視的人、變態、恃才傲物者、精神分裂者、二流的人、妓女、腦麻無能者、老處女、街頭拉客者、種馬、蠢蛋、無技能的人、放蕩者、搖擺不定的人和懦夫。羞辱、種族主義的詆毀和道德判斷比比皆是。

這些冒犯性的語彙在 ImageNet 中保留了十年。由於 ImageNet 通常用來辨識物件——「物件」的定義很廣泛——「人」這個特定類別很少在技術會議上討論，也沒引起大眾廣泛關注，直到二〇一九年 ImageNet 輪盤（ImageNet Roulette）計畫瘋傳：由藝術家帕格倫（Trevor Paglen）推動，計畫中有個應用程式讓人上傳圖像，看看 ImageNet 會把圖像分類到哪個「人」的類別。[52]這讓媒體的注意力大量聚焦於 ImageNet 影響力深遠的收集當中長期包含種族和性別歧視的詞彙。ImageNet 的創建者不久之後發表了一篇報告，題為〈邁向更公平的資料集〉（Toward Fairer Datasets），試圖「刪除不安全的同義詞集合」。他們要求十二名研究生標記任何看似不安全的類別，因為它們要麼「本質上有冒犯性」（例如包含褻瀆語言或「種族或性別的詆毀」），要麼

「敏感」（並非本質上有冒犯性，但那些詞彙「使用不當可能造成冒犯，例如根據性向和宗教來把人分類」）。[53]儘管這項計畫藉由請研究生標記，嘗試評估 ImageNet 類別的冒犯性，但即使問題相當明顯，當初的建立者仍繼續支持根據照片把人自動分類。

ImageNet 團隊最終刪除了兩千八百三十二個「人」的類別中的一千五百九十三個——大約百分之五十六——認為它們「不安全」，六十萬零四十張相關圖像隨之移除。剩下的五十萬張圖像「暫時被認為安全」。[54]但談到對人進行分類時，究竟什麼是安全的？把焦點放在仇恨類別沒有錯，但它迴避了更大的系統運作該如何解決的問題。ImageNet 的整個分類揭示了人類分類的複雜性和危險。雖然「微觀經濟學家」或「籃球運動員」之類的詞，一開始似乎不像使用「腦殘」、「沒能力的人」、「混血兒」、「鄉巴佬」之類的標記那樣令人擔憂，但我們若細看被標記這些類別的人，就會看到諸多假設和刻板印象，包括種族、性別、年齡和能力。在 ImageNet 的形上學中，「助理教授」與「副教授」有單獨的圖像類別——好像某人一升遷，他的生物辨識檔案就會反映階級的變化。

事實上，ImageNet 沒有中性的類別，因為圖像的選擇總是與單詞的涵義相互作用。政治被融入分類邏輯中，即使這些詞並無冒犯性。從這個意義上來看，ImageNet 是一個教訓，告訴我們如果把人當成物件來分類會發生什麼事。不過這種作法近年來越來越常見，通常出現在科技公司內部。像臉書這樣的公司使用的分類系統更不容易調查和批評：專有系統讓外界難以調查或審核圖像是如何排序或解釋的。

接著還有個問題：ImageNet「人」的類別中的圖像來自哪裡。正如我們在前一章看到的，ImageNet 的創建者從 Google 等圖像搜尋引擎中大量收集圖像，在人們不知情的情況下提取他們的自拍照和度假照片，然後付錢給「土耳其機器人」標記和重新包裝。搜尋引擎回報結果時的所有偏差和偏誤，之後就會影響接下來抓取和標記它們的技術系統。低薪的群眾外包工作者被賦予一項不可能完成的任務，以每分鐘五十張的速度理解圖像，並根據 WordNet 同義詞集合和維基百科的定義把它們歸入各個類別。[55]當我們調查這些標記圖像的基本原則時，會發現圖像充滿刻板印象、錯誤和荒謬，這時或許不該驚訝。躺在沙灘巾上的女性是「竊盜癖」、穿著運動衫的青少年被標記為「窩囊廢」，而演員雪歌妮・薇佛（Sigourney Weaver）出現的圖像被分類為「雌雄同體」。

圖像就像所有形式的資料一樣，充滿各種潛在意義、無解難題和矛盾。為了試著解決這些模糊性，ImageNet 的標記壓縮和簡化了複雜度。透過刪除冒犯性詞彙，專注於讓訓練集「更公平」，無法與分類的權力動態抗衡，也阻礙了更徹底評估隱含的邏輯。即使修正了最嚴重的範例，這個方法基本上仍是建立在與資料的提取關係上，脫離了資料來源的人和地點。之後透過一種技術性的世界觀來呈現它，該世界觀試圖將複雜多樣的文化材料中的單一客觀形式，融合在一起。從這個意義上來說，ImageNet 的世界觀並不稀奇。事實上，許多人工智慧訓練集都是如此，它揭示了由上而下的系統有許多問題，會把複雜的社會、文化、政治和歷史關係扁平化，變成可量化的實體。這個現象最明顯，也是最暗中危害的時候，就是技術系統廣泛嘗試把人依照種族和性別來分類。

## 建構種族和性別

藉由關注人工智慧的分類，我們可以追蹤性別、種族、性向如何被錯誤假定為自然、固定且可偵測的生物性類別。研究監視的學者西蒙妮．布朗說道：「這些技術有某種假設，認為性別認同和種族的類別是清楚明確的，可透過對機器進行程式設計，來分配性別分類，或者判定應該凸顯哪些身體和身體部位的重要性。」[56]的確，機器學習可以自動偵測種族和性別的想法，被視為是假定的事實，很少受到技術學門質疑，雖然這會帶來深刻的政治問題。[57]

以田納西大學諾克斯維爾分校（University of Tennessee at Knoxville）一個小組製作的 UTK-Face 資料集為例，這個資料集有兩萬多張臉部圖像，帶有年齡、性別和種族的注解。[58]資料集作者表示，該資料集可用於各種任務，包括自動臉部偵測、年齡估計和老化進程。每張圖像的注解包含對每個人年齡的估計，以從零到一百一十六的年數表示。性別則只能二擇一：零代表男性，或者一代表女性。其次，種族分類成五類：白人、黑人、亞洲人、印第安人和其他。這裡的性別和種族政治不僅明顯，且會造成傷害。然而，這種危險的化約式分類廣泛用於許多把人分類的訓練集，多年來也是人工智慧生產管線的一部分。

UTKFace 狹隘的分類系統呼應了二十世紀問題叢生的種族分類，例如南非的種族隔離政策。

正如鮑克和絲塔所詳述的，一九五〇年代南非政府通過立法，制定了一項粗略的種族分類方案，將公民分成「歐洲人、亞洲人、混血兒或有色人種，以及班圖族的『土著』或純種人」。[59]這種種族主義式的法律體制支配著人們的生活，尤其是南非黑人的行動受到限制、被迫從自己的土地離開。種族分類政治延伸到人們生活中最私密的部分。不同種族之間不得有性行為，導致到了一九八〇年有一萬一千五百人被定罪，多數為非白人女性。[60]用於這些分類的複雜集中式資料庫是由ＩＢＭ設計和維護，但該公司經常得重新調整系統，把人重新分類，因為實際上沒有單一的純種族類別。[61]

最重要的是，這些分類系統已經對人造成嚴重傷害，而純正「種族」概念的意符向來有爭議。美國哲學家唐娜．哈洛威（Donna Haraway）在其論及種族的文章中說道：「這些分類法終歸是小小的機器，用來清楚說明和區隔各種類別，而總是逃過這個分類器的實體很簡單：種族本身。激發了夢想、科學和恐懼的純粹『類型』不斷從所有的類型分類法中溜走，無窮無盡地繁殖。」[62]然而，在資料集分類法和用這些資料集來訓練的機器學習系統中，純粹類型的迷思再度出現，聲稱科學的權威。媒體學者史塔克在一篇關於臉部辨識危險性的文章中指出，「透過導入各種分類邏輯，無論是具體化現存的種族類別或產生新的類別，臉部辨識系統的自動化模式生成邏輯會複製系統的不平等，同時使之惡化。」[63]

有些機器學習法不只是預測年齡、性別和種族。從交友網站上的照片來偵測性向，以及根據駕照上的大頭照偵測犯罪行為，這些努力已廣為人知。[64]這些作法問題重重的原因很多，尤其是

「犯罪」這樣的特徵——就像種族和性別一樣——是有高度關聯性、由社會判定的類別。這些不是固定的固有特徵，而是講究脈絡的，會依據時間和地點變化。為了做出這樣的預測，機器學習系統正尋求將完全相關的事物分類為固定的類別，無怪乎其科學上和倫理上的缺失受到批評。[65]

機器學習系統確實**建構**了種族和性別：它們正在依照其設定的條件來定義這個世界，而這對被分類的人產生長期的衍生影響。當這樣的系統被譽為預測身分和未來行動的科學創新時，也抹除了系統建立方式的技術弱點、設計安排優先順序的原因，以及影響分類的諸多政治過程。長期以來，研究身障的學者一直指出所謂正常身體的分類方式，以及這種方式本身，如何使差異汙名化。[66]正如一份報告所指出的，身障史本身就是一則「故事，訴說各種分類系統（即醫學、科學和法律）如何與社會體制及其權力和知識的構連相互作用」。[67]在諸多層面上，為何謂常態的類別和觀念下定義的行動，創造了一個外界：各種形式的異常、差異和他者。技術系統在為個人身分這種變動多又講究關係的事物命名時，就是正在進行政治和規範性的干預，且通常使用一套簡化的可能性來作為人的定義。這限制了人們如何被理解及如何自我呈現的範圍，也縮小了可辨識身分的範圍。

正如哈金所觀察到的，對人進行分類是當務之急：帝國征服臣民之後把他們分類，再由機構和專家安排成「一類人」。[68]這些命名行為是在主張權力和殖民控制，而分類的負面影響可能比帝國本身更久遠。分類是產生認知方式並予以限制的技術，而它們內建於人工智慧的邏輯中。

## 測量的侷限性

那麼，究竟該怎麼做？如果訓練資料和技術系統中這麼多的分類層是各種形式的權力和政治，以客觀測量來表現，我們該如何改正這個問題？在某些情況下，系統設計者該如何負起責任，處理奴役、壓迫和數百年來對某些族群的歧視，以造福其他族群？換言之，人工智慧系統該如何表述社會？

要做出選擇，以決定將哪些資訊提供給人工智慧系統來產生新分類，是一個作用強大的決策時刻：但誰可以選擇？根據什麼基準？計算機科學的問題在於，在人工智慧系統中，正義永遠不會是可編碼或計算的東西。它需要改變評估系統，使之不僅是最佳化指標和統計均等，還要了解數學和工程的框架導致出現問題的原因。這也表示，要了解人工智慧系統如何與資料、工作者、環境和個人相互作用，這些人的生活會因人工智慧的使用而受影響，而且要決定何時不該使用人工智慧。

鮑克和絲塔提出結論，分類系統的衝突密密麻麻，需要一種新的方法，敏銳感受「事物的地形學，例如模糊性的分布、分類系統如何彙集的流體動力學——板塊構造，而非靜態地質」。[69]不過，這也需要留意利益和苦果的配置不均，因為「如何做出這些選擇，以及我們可能如何思考那個無形的匹配過程，是這項倫理計畫的核心」。[70]未經當事人同意的分類存在嚴重的風險，關於身分的規範性假設也是如此，但這些作法已變成標準。那必須改變。

在本章中，我們已看到分類的基礎設施為何有缺陷和矛盾：它們必然會減少複雜性，並移除重要的脈絡，以便讓世界更容易計算。然而，這些基礎設施也在機器學習平台中以安伯托・艾可（Umberto Eco）所謂的「混亂列舉」的方式增生。[71]在某種粒度級別，相似與不相似的事物變得足夠相稱，因此它們的相似度與相異度是機器可讀的，但實際上它們的特徵難以捉摸。在這裡，問題遠不只是某個東西是否分類錯誤或分類正確。在機器類別與人相互作用、改變彼此的過程中，我們看到了奇怪且不可預測的曲折，因為它們設法在不斷變化的地形中找到易讀性，以擬合正確的類別，添加到最有利可圖的饋入中。在機器學習的地景中，這些問題同樣緊迫，因為它們是很難察覺的。這涉及的風險並不僅是一種歷史上罕見之事，或者我們可能在我們的平台和饋入資料中窺見虛線輪廓之間不匹配而感覺怪異。每一種分類都有自己的後果。

分類的歷史告訴我們，最具危害的人類分類形式——從種族隔離制度到同性戀的病態化——沒有因為科學研究和倫理批判而消失。相反地，變革還需要多年的政治組織、持續抗爭和公共宣導。分類系統制定和支持當初形成分類的權力結構，如果沒有足夠的努力是不會改變的。用十九世紀美國廢奴暨社會改革家弗雷德里克・道格拉斯（Frederick Douglass）的話來說：「沒有要求，權力不會讓步。以前不會，以後也不會。」[72]在機器學習無形的分類制度中，提出要求和對抗其內部邏輯更加困難。

諸如 ImageNet、UTKFace 和 DiF 等公開的訓練集讓我們有了一些深入了解，一探在整個產業的人工智慧系統和研究實務中大量出現的分類類型。但真正龐大的分類引擎，是由私人科技公司在全球範圍內運作，包括臉書、Google、抖音和百度。這些公司在運作時，很少有人監督他們如何分類和定位用戶，且他們無法為公開競爭提供有意義的途徑。當人工智慧的匹配過程真正被隱藏，而且人們依舊不知道他們為什麼或如何獲得各種形式的優勢或劣勢，集體的政治回應是必要的——即使它變得越來越困難。

---

**注釋**

1. Fabian, *Skull Collectors*.
2. Gould, *Mismeasure of Man*, 83.
3. Kolbert, "There's No Scientific Basis for Race."
4. Keel, "Religion, Polygenism and the Early Science of Human Origins."
5. Thomas, *Skull Wars*.
6. Thomas, 85.
7. Kendi, "History of Race and Racism in America."
8. Gould, *Mismeasure of Man*, 88.
9. Mitchell, "Fault in His Seeds."
10. Horowitz, "Why Brain Size Doesn't Correlate with Intelligence."

11. Mitchell, "Fault in His Seeds."
12. Gould, *Mismeasure of Man*, 58.
13. West, "Genealogy of Modern Racism," 91.
14. Bouche and Rivard, "America's Hidden History."
15. Bowker and Star, *Sorting Things Out*, 319.
16. Bowker and Star, 319.
17. Nedlund, "Apple Card Is Accused of Gender Bias"; Angwin et al., "Machine Bias"; Angwin et al., "Dozens of Companies Are Using Facebook to Exclude."
18. Dougherty, "Google Photos Mistakenly Labels Black People 'Gorillas'"; Perez, "Microsoft Silences Its New A.I. Bot Tay"; McMillan, "It's Not You, It's It"; Sloane, "Online Ads for High-Paying Jobs Are Targeting Men More Than Women."
19. 參見 Benjamin, *Race after Technology*; and Noble, *Algorithms of Oppression*。
20. Greene, "Science May Have Cured Biased AI"; Natarajan, "Amazon and NSF Collaborate to Accelerate Fairness in AI Research."
21. Dastin, "Amazon Scraps Secret AI Recruiting Tool."
22. Dastin.
23. 這是朝向招聘自動化的大趨勢的一部分。詳細說明參見 Ajunwa and Greene, "Platforms at Work"。
24. 關於運算中的不平等和歧視的歷史，有幾篇傑出的描述。下面幾篇影響了我對這些議題的思考：Hicks, *Programmed Inequality*; McIlwain, *Black Software*; Light, "When Computers Were Women"; and Ensmenger, *Computer Boys Take Over*。
25. Cetina, *Epistemic Cultures*, 3.

26. Merler et al., "Diversity in Faces."

27. Buolamwini and Gebru, "Gender Shades"; Raj et al. "Saving Face."

28. Merler et al., "Diversity in Faces."

29. "YFCC100M Core Dataset."

30. Merler et al., "Diversity in Faces," 1.

31. 有許多關於這些議題的卓越著作，但特別值得參見 Roberts, *Fatal Invention*, 18–41; and Nelson, *Social Life of DNA*, 43，亦參見 Tishkoff and Kidd, "Implications of Biogeography"。

32. Browne, "Digital Epidermalization," 135.

33. Benthall and Haynes, "Racial Categories in Machine Learning."

34. Mitchell, "Need for Biases in Learning Generalizations."

35. Dietterich and Kong, "Machine Learning Bias, Statistical Bias."

36. Domingos, "Useful Things to Know about Machine Learning."

37. *Maddox v. State*, 32 Ga. 5S7, 79 Am. Dec. 307; *Pierson v. State*, 18 Tex. App. 55S; *Hinkle v. State*, 94 Ga. 595, 21 S. E. 601.

38. Tversky and Kahneman, "Judgment under Uncertainty."

39. Greenwald and Krieger, "Implicit Bias," 951.

40. Fellbaum, WordNet, xviii. 我在下面引用的 ImageNet 研究是與帕格倫一起進行的。參見 Crawford and Paglen, "Excavating AI"。

41. Fellbaum, xix.

42. Nelson and Kucera, *Brown Corpus Manual*.

43. Borges, "The Analytical Language of John Wilkins."

44. 這些是截至二〇二〇年十月一日已完全從 ImageNet 刪除的一些類別。
45. 參見 Keyes, "Misgendering Machines"。
46. Drescher, "Out of DSM."
47. 參見 Bayer, *Homosexuality and American Psychiatry*。
48. Keyes, "Misgendering Machines."
49. Hacking, "Making Up People," 23.
50. Bowker and Star, *Sorting Things Out*, 196.
51. 引自 Lakoff, Women, *Fire, and Dangerous Things*。
52. 藝術家帕格倫與我合作研究多年，ImageNet 輪盤是成果之一。我們研究了人工智慧多個基準訓練集裡的隱含邏輯。ImageNet 輪盤這個應用程式由帕格倫領導、萊吉（Leif Ryge）製作，可以讓人和一個類神經網路互動，這個網路是用 ImageNet 的「人」類別來訓練的。人們可以上傳自己的圖像——或者新聞圖像或歷史照片——看看 ImageNet 會如何標記。人們還可以看到有多少標記是奇異的、種族主義的、厭女的，以及其他有問題的。這個應用程式旨在讓人們看看這些相關的標記，同時預先警告他們潛在的結果。所有上傳的圖像資料在處理過程中會立即被刪除。參見 Crawford and Paglen, "Excavating AI"。
53. Yang et al., "Towards Fairer Datasets," paragraph 4.2.
54. Yang et al., paragraph 4.3.
55. Markoff, "Seeking a Better Way to Find Web Images."
56. Browne, *Dark Matters*, 114.
57. Scheuerman et al., "How We've Taught Algorithms to See Identity."
58. UTKFace Large Scale Face Dataset, https://susanqq.github.io/UTK Face.

59. Bowker and Star, *Sorting Things Out*, 197.

60. Bowker and Star, 198.

61. Edwards and Hecht, "History and the Technopolitics of Identity," 627.

62. Haraway, *Modest_Witness@Second_Millennium*, 234.

63. Stark, "Facial Recognition Is the Plutonium of AI," 53.

64. 範例依序參見 Wang and Kosinski, "Deep Neural Networks Are More Accurate than Humans"; Wu and Zhang, "Automated Inference on Criminality Using Face Images"; and Angwin et al., "Machine Bias"。

65. Agüera y Arcas, Mitchell, and Todorov, "Physiognomy's New Clothes."

66. Nielsen, *Disability History of the United States*; Kafer, *Feminist, Queer, Crip; Siebers, Disability Theory.*

67. Whittaker et al., "Disability, Bias, and AI."

68. Hacking, "Kinds of People," 289.

69. Bowker and Star, *Sorting Things Out*, 31.

70. Bowker and Star, 6.

71. Eco, *Infinity of Lists*.

72. Douglass, "West India Emancipation."

第五章

# 情感

在巴布亞紐幾內亞山區高地的一個偏遠村落，一位名叫保羅·艾克曼的年輕美國心理學家帶著許多閃卡和一套新理論前來。[1]當時是一九六七年，艾克曼聽說奧卡帕縣（Okapa）的法雷人（Fore）遺世獨立，會是他理想的測試對象。就和先前許多西方研究者一樣，艾克曼來到巴布亞紐幾內亞，從原住民群體提取資料。他正在蒐集證據，支持一項有爭議的假設：所有人都表現出少數普遍的情緒或情感，這些情緒或情感是自然、與生俱來、跨文化的，普世皆然。雖然這項主張仍缺乏證據，卻產生了深遠的影響：艾克曼關於情緒的假設已發展成一個不斷擴大的產業，價值超過一百七十億美元。[2]這個故事訴說情感辨識（affect recognition）如何成為人工智慧的一部分，以及它顯示的問題。

奧卡帕縣位於熱帶，在醫學研究者蓋杜謝克（D. Carleton Gajdusek）和人類學家索倫森（E. Richard Sorenson）的帶領下，艾克曼希望能進行實驗，評估法雷人如何辨識臉部表情所傳達的情緒。由於法雷人鮮少接觸西方人或大眾媒體，艾克曼推論，他們對核心表情的辨識和展現將證明這些表情是普遍存在的。他的方法很簡單：給他們看臉部表情的閃卡，再看看他們描述的情緒是否跟他一樣。用艾克曼自己的話來說：「我做的只是展示有趣的圖片。」[3]

不過，艾克曼沒有學過法雷人的歷史、語言、文化或政治。他藉由翻譯嘗試進行閃卡實驗卻陷入困境，他和研究對象在過程中筋疲力竭，他形容那就像拔牙一樣。[4]艾克曼離開巴布亞紐幾內亞，初次嘗試的跨文化情緒表達研究令他十分洩氣。不過，這只是開始。

如今情感辨識工具會出現在國安系統和機場、新創公司的教育和招聘，從聲稱偵測精神疾病的系統到宣稱能預測暴力的警務程式都能找到。藉由探索以計算機為基礎的情緒偵測的歷史，可以了解情緒偵測的方法如何引發倫理問題和科學疑慮。正如之後會看見的，聲稱可以靠著分析臉部來準確評估一個人的內在感受狀態，這種假設缺乏穩固的證據。[5]事實上，二〇一九年發表的研究完整回顧從臉部動作來推斷情緒的現有科學文獻，明確指出：**沒有可靠的證據**，顯示你可以從一個人的臉上準確預測他的情緒狀態。[6]

這些有爭議的主張和實驗方法，如何聚集演變成一種方法，驅動情感人工智慧產業的諸多部分？為什麼人工智慧領域輕易接受存在一小組普遍的情緒，而這些情緒很容易從臉部解讀，即使有大量證據反對這個觀念？要了解這一點，需要追溯這些想法是如何發展的。那是很久以前，人工智慧情緒偵測工具尚未內建到日常生活基礎設施中的時候。

情感辨識背後的理論有許多人做出貢獻，艾克曼只是其中之一。但艾克曼的研究有豐富且令人驚奇的歷史，闡明了推動該領域的一些複雜力量。從美國情報單位在冷戰期間透過電腦視覺領域的基礎設施資助人文科學，到九一一事件之後用於識別恐怖分子的安全程式，以及當前人工智慧情緒辨識熱潮，都與艾克曼的研究有關。這是一部編年史，結合意識形態、經濟政策、基於恐懼的政治，以及渴望從人們身上提取比他們願意提供的更多資訊。

## 情緒先知：當感覺化為利益

對於世界上的軍隊、企業、情報機構和警察機關來說，自動情感辨識的想法很誘人又有利可圖。它承諾可靠篩選出敵方與朋友，區分謊言與真相，並運用科學工具來觀察內在世界。

科技公司已擷取大量的人類表情圖，這些圖像都是表象層級的，包括數十億張ＩＧ自拍、Pinterest 肖像、抖音視頻和 Flickr 照片。這些大量圖像使許多事情成為可能，其中之一是嘗試利用機器學習來提取所謂內在情緒狀態的隱藏真相。從最大的科技公司到小型新創公司，好幾個臉部辨識平台正在建構情感辨識。臉部辨識設法識別**特定的**個體，情感偵測的目標則是藉由分析**任何**臉部來偵測並分類情緒。這些系統或許做的和其表面說詞不同，但仍然可以成為影響行為和訓練人們以可辨識的方式去執行的強大代理人。這些系統已經在形塑人們的行為方式和社會體制的運作方式上發揮作用，儘管缺乏大量的科學證據來證明它們是行得通的。

自動情感偵測系統現在廣泛配置，特別在招聘方面。倫敦一家名為「人類」（Human）的新創業者，使用情緒辨識來分析求職者的面試影片。根據《金融時報》的報導，「該公司聲稱它可以看出潛在候選者的情緒表達，並將其與人格特質相匹配」；接著，該公司根據誠實和對工作的熱情等人格特質為應徵者評分。[7] HireVue 是運用人工智慧提供招聘服務的公司，客戶包括高盛（Goldman Sachs）、英特爾和聯合利華（Unilever），它使用機器學習來評估臉部的線索，推論人們是否適合某份工作。二〇一四年，該公司推出人工智慧系統，從視訊面試中提取微表情、語調和其他變數，將求職者與公司表現最頂尖的員工做比較。[8]

二〇一六年一月，Apple 收購新創公司 Emotient，這間新創公司聲稱已做出可從臉部影像來偵測情緒的軟體。[9]Emotient 從加州大學聖地牙哥分校所進行的學術研究起家，是該領域眾多新創公司之一。[10]情緒偵測領域的龍頭或許是總部位於波士頓的 Affectiva，這間公司從麻省理工學院的學術研究中嶄露頭角。在麻省理工學院，羅莎琳・皮卡德（Rosalind Picard）和同事一起研究一個包羅更廣的新興領域，稱為情感運算（affective computing），該領域描述「與情緒或其他情感現象相關、源於此或刻意影響」的運算。[11]

Affectiva 主要使用深度學習技巧，為各種與情緒相關的應用程式編碼。這些應用程式含括的範圍，從偵測道路上分心和「有風險」的駕駛到測量消費者對廣告的情緒反應。該公司建立了他們所稱世界上最大的情緒資料庫，由來自八十七個國家的一千多萬個人類表情組成。[12]他們收集了極大量的人們表達情緒的影片，由主要位於開羅的群眾外包工作者手動標記。[13]如今有更多公司取得 Affectiva 產品的授權，開發形形色色的產品，從評估求職者的應用程式到分析學生是否專心上課，所有這些都是藉由捕捉和分析他們的臉部表情和肢體語言來完成。[14]

除了新創產業，亞馬遜、微軟和ＩＢＭ等人工智慧巨擘，都設計了情感和情緒偵測系統。微軟在 Face API 中提供情緒偵測，聲稱可偵測一個人在各種情緒中的感受，這些情緒包括「憤怒、輕蔑、厭惡、恐懼、快樂、中立、悲傷和驚訝」，並稱「可以理解到這些情緒透過特定的臉部表情，進行跨文化和普遍的溝通」。[15]亞馬遜的 Rekognition 工具同樣聲稱可識別「七大情緒」，並「測量這些情緒如何隨著時間改變，例如建構一名演員的情緒時間軸」。[16]

但這些技術是如何運作的？情緒辨識系統是從人工智慧科技、軍事優先事項和行為科學（尤其是心理學）之間的空隙發展出來。這些領域共享一組類似的藍圖和基本假設：有少量清楚有別且普遍的情緒類別，我們不自覺地在臉上透露出這些情緒，而機器可以偵測到它們。某些領域廣泛接受這些信條，甚至幾乎對它們渾然不察，更遑論質疑。這些信條如此根深柢固，已形成「共同觀點」。[17]但如果探討情緒是如何被分類的——整齊地排序和標記——就能看出問題四伏。而這種方法背後的領軍人物，就是艾克曼。

## 「世界上最著名的臉部解讀者」

艾克曼幸運遇到湯金斯（Silvan Tomkins），展開研究生涯。湯金斯當時是普林斯頓大學知名的心理學家，一九六二年出版巨著《情感意象的意識》（*Affect Imagery Consciousness*）第一卷。[18]艾克曼投入大半工作生涯研究湯氏理論的可能意義，深受湯金斯的情感研究影響。有個面向扮演了格外吃重的角色：如果情感是一組與生俱來的演化反應，它們會是普遍的，在各文化中皆能辨識出來。這些理論廣泛應用於今天的人工智慧情緒辨識系統，原因在於深受這種對普遍性的渴望影響：它提供一小組可以在任何地方應用的原則，一種容易複製、將複雜性簡化的方式。

在《情感意象的意識》引言中，湯金斯將他基於生物性的普遍性情感理論構建為解決人類主權劇烈危機的理論。他正挑戰行為主義和精神分析的發展，認為這兩個學派的思想把意識只視為其他力量的副產品，並為其他力量服務。他指出，人類意識已「一再受到挑戰和削弱，始作俑者是哥白尼」——他把人類從宇宙中心移除——「然後是達爾文」——他的演化論打破人類是依照基督教上帝形象創造的觀念——「最重要的是佛洛伊德」——他把人類意識和理性去中心化，不再視之為動機背後的驅力。[19]湯金斯繼續說：「對自然最大控制並對人性最小控制這個弔詭的說法，部分是由於忽視了意識作為一種控制機制的作用。」[20]簡言之，**意識很少告訴我們，我們為什麼有這樣的感受和行動**。對於日後情感理論的各種應用來說，這是至關重要的主張，強調人類無法辨識情感帶來的感受和表達。如果我們人類無法真正偵測到自己的感受，那麼或許人工智慧系統可以代勞？

湯金斯以情感理論來探討人類動機的問題。他認為動機受兩個系統支配：情感和驅力。湯金斯主張，驅力往往與立即的生物性需求密切相關，例如飢餓和口渴。[21]驅力是工具性的；飢餓的痛苦可以用食物來緩解。但支配人類動機和行為的主要系統是情感系統，牽涉到正面和負面的**感受**。在人類動機中扮演最重要角色的情感，會增強驅力訊號，但它們複雜得多。舉例來說，哭泣表達出沮喪和痛苦的情感，很難知道導致寶寶哭泣的確切因素或理由。寶寶可能「飢餓、寒冷、潮溼、疼痛或因為高溫〔哭泣〕」。[22]同樣地，有一些方法可以控制這種情感感受：「可以藉由餵食、擁抱、讓房間更暖或變涼、別讓尿布上的別針扎到皮膚等等，讓他停止哭泣。」[23]

湯金斯提出結論：「為這種彈性付出的代價，是模稜兩可和錯誤。一個人可能會或可能不會正確識別他恐懼或喜悅的『原因』，可能會或可能不會學會減少他的恐懼，或者保持或重拾他的喜悅。在這方面，情感系統不像驅力系統那樣是單純的訊號系統。」[24]情感與驅力不同，嚴格來說不是工具；它們高度獨立於刺激和物體之外，這表示我們通常可能不知道為什麼自己覺得憤怒、恐懼或快樂。[25]

所有這種模稜兩可可能意味著情感的複雜性是不可能解開的。對於一個因果、刺激與反應之間的連結如此薄弱和不確定的系統，我們怎麼能有任何了解？湯金斯提出一個答案：「主要情感……似乎與生俱來就以一對一的方式，與一個非常明顯可見的器官系統有關聯。」換言之，就是臉。[26]他在十九世紀出版的兩部著作中，找到這種強調臉部表情的先例：達爾文的《人類與動物的情感表達》（*The Expression of the Emotions in Man and Animals*, 1872），以及法國神經學家杜興・德・布倫（Guillaume-Benjamin-Amand Duchenne de Boulogne）一本晦澀難解的著作《面相學機制，或熱情表情之電生理學分析於造型藝術的應用》（*Mécanisme de la physionomie humaine ou Analyse électro-physiologique de l'expression des passions applicable à la pratique des arts plastiques*, 1862）。[27]

湯金斯假定臉部的情感表現是人類普遍存在的。「情感，」湯金斯認為，「是位於臉部的肌肉、血管、腺體的反應組合，並廣泛分布於全身，產生感覺反饋……這些整合的反應組合在皮層下中樞觸發，而皮層是每種不同情感的特定『程式』儲存之處。」——這是以運算來比喻人體系統的早期例子。[28]

但湯金斯承認，情感表現的**詮釋**，依據個人、社會和文化因素而異。他承認，在不同社會，臉部語言的「方言」差異很大。[29]就連這位情感研究的先驅也指出，辨識情感和情緒可能要視社會和文化脈絡而定。文化方言與生物性、普遍存在的語言之間有潛在的衝突，深深影響關於臉部表情和後來情緒辨識形式的研究。有鑑於臉部表情在各種文化中有差異，以臉部表情來訓練機器學習系統，不免將各種不同脈絡、訊號和期望混淆。

一九六〇年代中期，機會敲響艾克曼的大門，美國國防部的國防高等研究計劃署上門。回顧這段時期，他承認：「做這〔情感研究〕並不是我的點子。有人來要求、強迫的。甚至連研究計畫都不是我寫的。是那個付我錢的人幫我寫的。」[30]一九六五年，他正在研究臨床情境下的非語言表達，並為他在史丹佛大學推進的研究計畫找經費。他安排在華盛頓特區，與國防高等研究計劃署行為科學部門負責人霍夫（Lee Hough）會面。[31]霍夫對於艾克曼如何描述他的研究沒興趣，但看出理解跨文化的非語言溝通的可能性。[32]

艾克曼自己承認，唯一的問題是，他不知道怎麼做跨文化研究：「我甚至不知道論點是什麼，文獻或方法都不知道。」[33]無怪乎艾克曼決定不再尋求國防高等研究計劃署資助。不過霍夫倒是堅持下去，根據艾克曼的說法，霍夫「在我的辦公室坐了一天，寫下提案，給了經費，讓我做我最知名的研究——證明關於情緒的某些臉部表情的普遍性，以及手勢的文化差異」。[34]艾克曼獲得國防高等研究計劃署大量經費挹注，約一百萬美元，相當於今天超過八百萬美元。[35]

當時艾克曼很納悶，為什麼霍夫那麼急於資助這項研究，無視於他的反對和缺乏專業。原來，霍夫希望盡快把錢分配出去，以防引起參議員丘奇（Frank Church）的疑心。丘奇曾逮到霍夫以社會科學研究為掩護，取得智利情報，可用來推翻阿言德總統（Salvador Allende）領導的左翼政府。[36]艾克曼後來得出結論說自己只是個幸運的人，「可以做些海外研究而不會讓他〔霍夫〕惹上麻煩的人！」[37]在國防高等研究計劃署之後，又有一長串來自國防、情報和執法部門的機構資助艾克曼的職業生涯，以及更廣泛的情感辨識領域。

在豐沛的經費支援下，艾克曼展開初期的研究，證明臉部表情的普遍性。整體而言，這些研究依循的設計，日後會在早期人工智慧實驗室被仿效。他大量複製湯金斯的方法，甚至使用湯金斯的照片，去測試來自智利、阿根廷、巴西、美國和日本的受試者。[38]他要求研究參與者模擬一種情緒的表情，然後與「在野外」（意指實驗室條件之外）收集來的表情比較。[39]受試者會看到擺出臉部表情的照片，這些照片由設計者選出，以體現或表達一種特別「純粹」或強烈的情感。接著，要求受試者在這些情感類別中選擇並標記擺拍表情的圖像。這項分析測量的，是受試者與設計者選擇的標記之間的相關程度。

從一開始，這種方法學就有問題。艾克曼強迫性的選擇反應法後來受到批評，因為它提醒受試者，讓他們察覺到設計者已在臉部表情與情緒之間建立聯繫。[40]不僅如此，這些情緒是偽造或擺拍出來的這項事實，讓人對這些結果的效度大有疑慮。[41]艾克曼用這種方法，發現一些跨文化的一致性，但人類學家博懷斯特爾（Ray Birdwhistell）挑戰了艾克曼的發現，認為這種一致性或許無法反映與生俱來的情感狀態，因為他們可能是接觸電影、電視、雜誌等大眾媒體，得到文化洗禮。[42]就是因為這一點爭議，迫使艾克曼前往巴布亞紐幾內亞，特地研究那個高地區的原住民。他認為，若很少接觸西方文化和媒體的人，能認同他對於擺拍的情感表達所做的分類，就能提供有力的證據，證明其模式的普遍性。

艾克曼從初次嘗試研究巴布亞紐幾內亞法雷人返回之後，設計了另一套方法來證明他的理論。他讓美國的研究受試者看一張照片，然後請他們從六種情感概念中選擇一個：快樂、恐懼、厭惡—輕蔑、憤怒、驚訝和悲傷。[43]結果與其他國家的受試者夠接近，因此艾克曼認為，他可以聲稱「特定的臉部行為普遍與特定的情緒有關聯」。[44]

## 情感：從面相學到攝影

能從外部跡象可靠地推論出內部狀態的想法，部分來自於面相學的歷史。面相學的前提是研究一個人的臉部特徵，以找出他的性格的跡象。在古希臘世界，亞里斯多德認為：「從人的外貌可判斷出此人的性格……因為人們認為身體與靈魂會共同受到影響。」[45]希臘人也使用面相學作為早期種族分類的形式，應用於「人類本身，只要在外表和性格上不同，就把他劃分為不同種族（例如埃及人、色雷斯人〔Thracians〕和斯基泰人〔Scythians〕）」。[46]他們假定身體與靈魂之間有連結，因此依據一個人的外表來解讀內在性格是有道理的。

十八世紀和十九世紀，面相學在西方文化中達到鼎盛，當時被視為解剖科學的一部分。這項傳統的關鍵人物是瑞士牧師拉瓦特（Johann Kaspar Lavater），他曾寫下《論面相學：促進知識與人類之愛》（*Essays on Physiognomy; For the Promotion of Knowledge and the Love of Mankind*），最初於一七八九年以德文出版。[47]拉瓦特採用面相學取徑，將它們與最新的科學知識融合。他用的是剪影而不是藝術家的版畫，設法為臉部創造出更「客觀」的比較，因為剪影比較機械化，能把每張臉的位置固定為熟悉的側面形式，有可供比較的觀點。[48]他認為骨骼結構是外貌與性格類型之間的潛在連結。就算臉部表情稍縱即逝，顱骨也為推斷面相提供了更可靠的材料。[49]正如我們在前一章看到的，顱骨測量被用來支持新興的民族主義、種族主義和仇外情結。這項研究在整個十九世紀由顱相學家加爾（Franz Joseph Gall）和史普漢（Johann Gaspar Spurzheim）等人加以闡述而臭名昭著，龍布羅梭（Cesare Lombroso）也在科學犯罪學研究中援引——所有這些導致的推論分類類型，在當代人工智慧系統中反覆出現。

不過，艾克曼描述為「奇才觀察者」的法國神經學家杜興，規範了人臉研究運用的攝影和其他技術手法。[50]在《面相學機制》中，杜興為達爾文和艾克曼奠定重要基礎，把面相學和顱相學的舊有觀念，與更現代的生理學和心理學研究相連。他更限定於研究表情和內在的心態或情緒狀態，取代關於性格的模糊主張。[51]

杜興在巴黎硝石庫精神病院（Salpetrière）任職，這裡收容了多達五千名被診斷為患有各種心理疾病和神經疾病的病人。有些人會成為他的實驗對象，忍受令人痛苦的實驗——這是醫學和技術實驗悠久傳統的一部分，以最脆弱、無力拒絕的病人為對象。[52]在科學界沒沒無聞的杜興決定發展電擊技巧，刺激人臉上孤立的肌肉運動。他的目標是要從解剖學和生理學觀點，更完整理解臉部。杜興使用這些方法，把新興的心理科學與古老得多的面相學跡象或強烈情感研究聯繫起來。[53]他主要採用最新的攝影技術，例如火棉膠攝影，以縮短曝光時間，這樣杜興就能捕捉到圖像中稍縱即逝的肌肉運動和臉部表情。[54]

即使在這些非常早期的階段，這些臉孔也從來不是自然發生或社會上發生的人類表情，而是透過對肌肉粗暴施加電力來產生的**模擬**。無論如何，杜興認為運用攝影和其他技術系統會將軟弱無力的表現形式，轉變為客觀且可作證據的事物，更適合科學研究。[55]在《人類與動物的情感表達》序言中，作者達爾文讚揚杜興的「精采照片」，還在自己的著作中納入翻印的照片。[56]由於情感是暫時的，甚至稍縱即逝，攝影可以把臉上可見的表情固定下來，讓人加以比較和分類。然而，杜興的真實圖像卻是高度虛構的。

艾克曼會追隨杜興，進行實驗時相當仰賴攝影。[57]他認為許多臉部表情在人類感知的極限下運作，因此慢動作攝影對他的研究方法至關重要。他的目標是尋找所謂的微表情——臉部微小的肌肉運動。在他看來，微表情持續的時間「非常短，位於辨識的閾值，除非使用慢動作投影」。[58]後來幾年，艾克曼還會堅稱，任何人都可學習辨識微表情，不需要特殊訓練或慢動作捕捉，約一個小時就能學會。[59]不過，如果這些表情快得讓人來不及辨識，又該怎麼理解它們？[60]

艾克曼早期研究時懷抱著雄心壯志，其中一項計畫是建立一個偵測和分析臉部表情的系統。[61]一九七一年，他與人合作發表了一篇記述，說明他所謂的「臉部動作評分技巧」（Facial Action

杜興的底片，取自《面相學機制，或熱情表情之電生理學分析於造型藝術的應用》。Courtesy U.S. National Library of Medicine

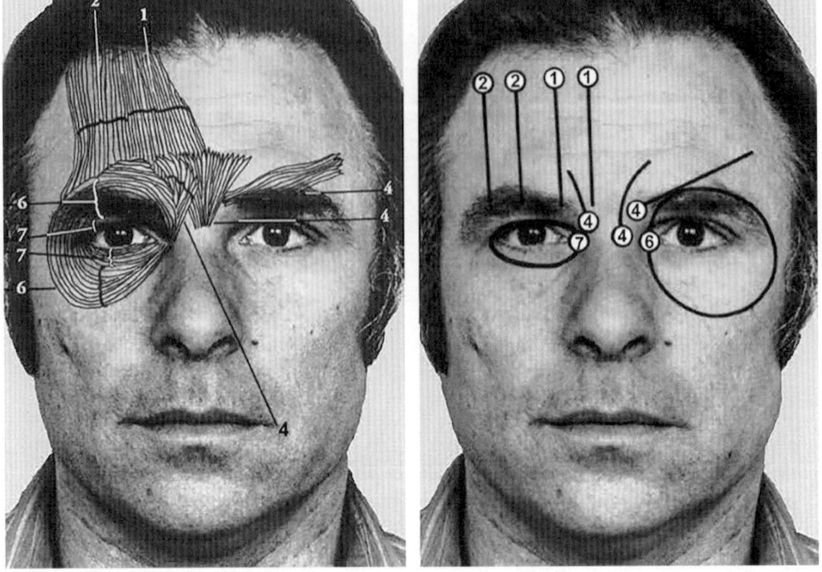


臉部動作編碼系統的元素。來源：Paul Ekman and Wallace V. Friesen

Scoring Technique, FAST）。這個方法是靠著擺拍的照片來進行，使用了六種主要源自艾克曼直覺的基本情緒類型。[62]不過，臉部動作評分技巧很快遇到問題，因為其他科學家能做出未包含在這些類型中的臉部表情。[63]因此，艾克曼決定下一套測量工具要以臉部肌肉組織為基礎，令人想起杜興最初的電擊研究。艾克曼識別出大約四十種不同的臉部肌肉收縮，稱每一種臉部表情的基本構成要素為一個「動作單元」（Action Unit）。[64]經過一些測試和驗證之後，艾克曼和弗里森（Wallace Friesen）在一九七八年發表「臉部動作編碼系統」（Facial Action Coding System, FACS）；更新版本依然廣獲使用。[65]臉部動作編碼系統是一套使用時非常耗費人力的測量工具。艾克曼說，要使用臉部動作編碼系統的方法，得花上七十五至一百小時訓練，而對一分鐘的臉部鏡頭評分需要一小時。[66]

在一九八〇年代初的一場學術會議中，艾克曼聽到一個研究報告，該報告為臉部動作編碼系統過於費工的問題帶來解決之道：使用計算機進行自動測量。雖然艾克曼在回憶錄中並未提及是哪位研究者發表這篇報告，但他確實指出該系統被稱為「Wizard」，是倫敦布魯內爾大學（Brunel University）開發。[67]這可能就是亞歷山德（Igor Aleksander）早年開發的機器學習物件辨識系統「WISARD」，利用的是當時已不時興的神經網路。[68]有些消息來源指出，WISARD是以「已知足球流氓資料庫」來訓練，預示了當代廣泛使用嫌犯大頭照來訓練臉部辨識技術的作法。[69]

由於臉部辨識在一九六〇年代成為人工智慧的基礎應用，無怪乎該領域的早期研究者與艾克曼分析臉部的方法有共同之處。[70]艾克曼自稱，透過從受國防高等研究計劃署資助開始，在國防和情報機構的昔日人脈，讓他能扮演積極的角色，推動自動化形式的情感辨識。他協助兩組運用臉部動作編碼系統資料的團隊進行非正式的競爭，這似乎帶來長久的影響。此後，兩組團體都在情感運算領域占據顯著地位。其中一組團隊的成員包括謝諾夫斯基（Terry Sejnowski）和其學生巴特蕾特（Marian Bartlett），後者後來成為計算機科學情緒辨識領域的重要人物，也是Emotient首席科學家，Apple在二〇一六年收購了這間公司。[71]另一組團隊位於匹茲堡，由匹茲堡大學心理學家傑佛瑞·柯恩（Jeffrey Cohn）和卡內基美隆大學知名電腦視覺研究者金出武雄（Takeo Kanade）率領。[72]兩人長期鑽研情感辨識，並開發出知名的CK（Cohn-Kanade）情緒表情資料集及後續產物。

艾克曼的臉部動作編碼系統為日後的機器學習應用提供兩項要件：一個穩定、離散、有限的標記集，可以用來分類臉部照片，以及一個用於生成測量值的系統。它承諾要把闡明內在生命的困難工作，從藝術家和小說家的範疇移開，並將其置於一種理性、可知和可衡量的評分準則保護之下，而這種準則適用於實驗室、公司和政府。

## 捕捉感覺：表現情緒的詭計

隨著使用計算機進行情感辨識的工作開始成形，研究者體認到需要收集標準化圖像來實驗。一九九二年，艾克曼等人為國家科學基金會撰寫的報告建議，「一個由不同臉部研究社群共享、容易存取的多媒體資料庫，將是解決並擴展臉部理解相關問題的重要資源」。[73]正如我們在第三章所見，一年內，國防部就會開始資助臉部辨識科技計畫，以收集臉部照片。過了差不多十年，機器學習研究人員已開始組合、標記和公開資料集，催生今日的機器學習研究。

艾克曼的臉部動作編碼系統指南直接形塑了CK資料集。[74]依循艾克曼擺拍的臉部表情傳統，「實驗者指示受試者，做出一系列二十三種臉部表情」，然後臉部動作編碼系統專家進行編碼，為資料做標記。實驗室在打造新的表情辨識系統時，CK資料集可以對結果進行基準測試，比較進度。

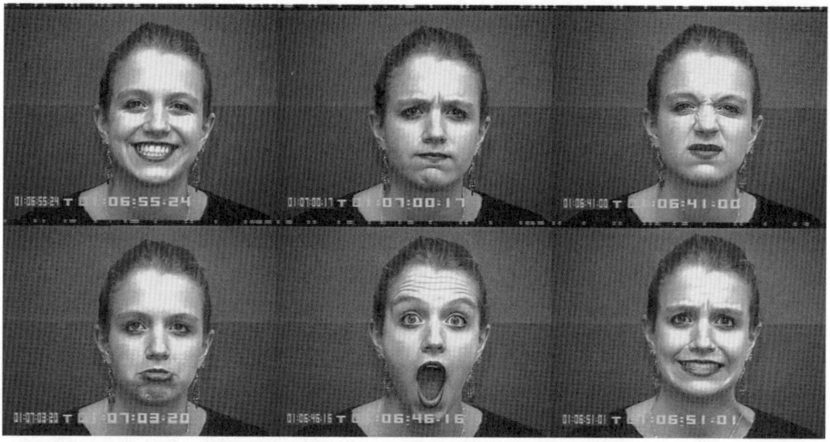


CK 資料集的臉部表情：快樂、憤怒、厭惡、悲傷、驚訝和恐懼。圖像來源：*T. Kanade et al., Yearbook of Physical Anthropology* (2000). © Cohn & Kanade

其他實驗室和公司進行並行的計畫，建立大量的照片資料庫。例如，瑞典實驗室的研究人員建立了「卡羅琳情緒臉部」資料庫（Karolinska Directed Emotional Faces）。這個資料庫由個人圖像組成，依照相應於艾克曼的類別來擺拍情緒表情。[75]他們依據六種基本情緒狀態，以自己的臉擺出表情。如果細看這些訓練集，其極端的程度很難不讓人印象深刻：**超級驚喜！樂翻天！嚇傻！**這些受試者確實做出機器可讀的情緒。

隨著這個領域的規模和複雜性提升，用來做情感辨識的照片類型也增加。研究者開始運用臉部動作編碼系統來標記資料，這些資料並非來自擺拍表情的照片，而是自發的臉部表情，有時是在實驗室條件之外收集的。舉例來說，CK資料集釋出大獲成功後十年，一組研究者釋出第二代的CK擴充資料集（Extended Cohn-Kanade〔CK+〕Dataset）[76]，包含常見的擺拍表情，並開始納入所謂非擺拍或自發的表情，那些是取自影片裡的受試者所做的未經提示的表情。

二〇〇九年，麻省理工學院媒體實驗室（Media Lab）成立 Affectiva，旨在捕捉現實生活情境下「自然與自發的臉部表情」。[77]這家公司蒐集資料時，讓使用者主動選擇進入一套系統，當他們觀看一系列廣告時，使用網路攝影機記錄他們的臉部。這些圖像之後會以手動標記，由受過艾克曼臉部動作編碼系統訓練的編碼員以客製化軟體進行。[78]但在這裡，出現了另一個問題循環。臉部動作編碼系統是從艾克曼大量擺拍照片的檔案庫開發而來[79]，即使圖像是在自然背景下收集，通常也根據擺拍圖像的衍生模式來分類。

艾克曼的研究產生了無遠弗屆的深遠影響，從測謊軟體到電腦視覺的一切領域都有其蹤跡。《紐約時報》將艾克曼描述為「世界上最著名的臉部解讀者」，《時代雜誌》也將他列入全球百大影響人物。他後來會替五花八門的客戶提供諮詢，包括達賴喇嘛、聯邦調查局、中央情報局、美國特勤局，甚至動畫公司皮克斯（Pixar），因為皮克斯想創造更栩栩如生的卡通人物臉孔效果。[80]他的思維成為流行文化的一部分，葛拉威爾（Malcolm Gladwell）的《決斷 2 秒間》（*Blink*）等暢銷書曾提到艾克曼，電視劇《謊言終結者》（*Lie to Me*）請艾克曼擔任主角顧問，顯然主角或多或少以他為原型。[81]

艾克曼的事業如日中天：出售測謊技術給安全機構，例如美國運輸安全管理局（Transportation Security Administration）用這些技術開發出「旅客篩檢觀察技巧」計畫（Screening of Passengers by Observation Techniques, SPOT）。九一一攻擊事件之後的幾年裡，「旅客篩檢觀察技巧」

用來監測搭機旅客的臉部表情，試圖「自動」偵測出恐怖分子。這套系統應用一套九十四條準則，據稱所有這些準則都是壓力、恐懼或欺騙的跡象。但尋找這些回應意味著有些族群立刻處於不利地位。任何有壓力、在詢問之下不自在，或對警方和邊境巡警有負面經驗的人，分數都可能較高。這產生了它自己的「種族定性」（racial profiling）形式。「旅客篩檢觀察技巧」計畫因為缺乏科學方法，遭美國政府問責署（Government Accountability Office）和公民自由團體批評，雖然耗資九億美元，卻沒有明顯成果。[82]

## 關於艾克曼理論的多項批評

隨著艾克曼的名氣大增，質疑他研究的聲量也越來越大，不少領域提出了批評。一項早期的批評來自文化人類學家瑪格麗特・米德（Margaret Mead）。她在一九六〇年代後期與艾克曼爭辯情緒的普遍性問題，不僅雙方激烈交鋒，其他人類學家也批評艾克曼絕對普遍性的觀念。[83]艾克曼相信行為有普遍、生物性的決定因素，但米德對此不以為然，認為應該考慮文化因素。[84]特別是艾克曼傾向把情緒分解為過度單純、互斥的二元性：情緒是普遍的，或者不普遍的。米德等批評者指出，應該要有更細微的定位。[85]她採取中間立場，強調「人類可能有共同的與生俱來行為核心……**同時**情緒表達可能受到文化因素高度制約的想法」，兩者間並無本質上的矛盾。[86]

幾十年來，更多不同領域的科學家紛紛附和。更近期，心理學家詹姆斯・羅素（James Russell）和費南德茲—多爾斯（José-Miguel Fernández-Dols）指出，這項科學最基本的層面仍未解決：「最基本的問題，例如『情緒的臉部表情』是否確實傳達出情緒，仍是爭議很大的主題。」[87]社會科學家詹德隆（Maria Gendron）和巴瑞特（Lisa Feldman Barrett）指出人工智慧產業使用艾克曼理論的具體危機：臉部表情自動偵測無法可靠指出內在心理狀態。[88]正如巴瑞特的觀察，「公司可以想說什麼就說什麼，但數據很清楚。他們可以偵測到皺著眉頭的臉，但這和偵測憤怒並非同一回事。」[89]

更令人憂心的是，在情緒研究領域，研究者對於情緒到底是什麼並無共識。情緒是什麼、如何在我們內心形成和表達、具備何種生理或神經生物學功能、與刺激的關係，甚至如何定義它們——所有這些整體上仍懸而未解。[90]

對於艾克曼情緒理論最重要的批評或許來自科學史學家露絲·雷斯（Ruth Leys）。在《情感的演化》（*The Ascent of Affect*）一書中，雷斯徹底剖析「艾克曼的研究所隱含的基本面相學假設的涵義……亦即，根據我們獨處時所做的表情與我們和他人在一起時所做的表情之間的差異，可以嚴格區分出真實的情緒表達與虛假的情緒表達」。[91]雷斯看出艾克曼的方法基本上是一種循環。首先，他使用的擺拍或模擬式照片，是要表達一組基本的情感狀態「已不受文化影響」。[92]其次，這些照片是用來在不同人群中引出標記，說明臉部表情的普遍性。雷斯指出嚴重的問題：艾克曼假設「他在實驗中使用的照片裡，臉部的表情一定沒有文化汙染，因為它們是普遍可辨識的。在此同時，他認為那些臉部表情是普遍可辨識的，因為它們沒有文化汙染」。[93]這種方法基本上是在繞圈圈。[94]

當艾克曼的想法應用到技術系統中，其他問題變得更清楚。正如我們所見，該領域所隱含的許多資料集，是來自行動者模擬情緒狀態，在鏡頭前表演而成。這表示人工智慧系統受到的訓練，是辨識假的感覺表達。雖然人工智慧系統聲稱能取得自然內在狀態的基準真相，但人工智慧的訓練卻是依賴必定為建構出來的材料。即使圖像捕捉到人們對廣告或影片的反應，那些人也知道自己正被觀看，這可能會改變他們的反應。

要自動連結臉部運動與基本情緒類別是很困難的，而這引發更大的問題，也就是情緒是否可以充分地分組到少數各異的類別中。[95]這種觀點可以追溯到湯金斯，他認為「每一種情緒都可透過體內或多或少獨特的標誌性反應來識別」。[96]不過，這點沒有多少一致性的證據來支持。心理學家多次審查已發表的證據，雖然研究者認為情緒狀態可測量的反應是存在的，他們卻找不到其間的關聯。[97]最後還有個揮之不去的問題：臉部表情不太能顯示我們真正的內在狀態。任何曾帶著微笑卻未感到真正快樂的人，都能證實這一點。[98]

雖然艾克曼的主張的依據有這些嚴重的問題，卻完全阻止不了他的研究在當前人工智慧應用上享有特殊的地位。大量的研究報告引用艾克曼認為臉部表情可以解釋的觀點，彷彿這是毫無疑問的事實，即使科學爭議已存在數十年。幾乎沒有計算機科學家甚至承認這種文獻的不確定性。舉例而言，情感運算研究者卡帕斯（Arvid Kappas）直接指出缺少基本的科學共識：「在這些情況下，我們對臉部和可能的其他表達活動的複雜社會調節因素了解得太少，無法從表達出來的行為可靠地衡量情緒狀態。**這不是用更好的演算法就能解決的工程難題。**」[99]該領域許多人信心滿滿地支持情感辨識，但卡帕斯不同。他不認為讓電腦嘗試感知情緒是個好主意。[100]

其他背景的研究者花越多時間研究艾克曼的理論，反對它的證據就越強而有力。二〇一九年，巴瑞特領導了一個研究團隊，針對透過臉部表情來推論情緒的文獻進行廣泛的回顧。他們堅定地得出結論，臉部表情絕不是無可爭論的，也「不是『指紋』或診斷顯示」，能可靠地表明情緒狀態，更遑論跨文化和背景。該團隊表示，根據目前所有的證據，「不可能信心十足地從微笑中推論出快樂、從愁容中推論出憤怒、從皺眉中推論出悲傷，目前諸多科技所嘗試的就是如此，應用的是被誤認為是科學事實的東西。」[101]

巴瑞特的團隊批評聲稱能自動推論情緒的人工智慧公司：「舉例來說，科技公司正耗費數百萬美元研究經費來打造從臉部解讀情緒的裝置，誤把普遍看法視為具強而有力科學依據的事實……事實上，我們回顧科學證據時可看出，對於某些臉部運動如何及為何表達出情緒的實例所知甚少，特別是沒有足夠的細節，可使這類結論用於現實生活中重要的應用。」[102]

為什麼有這麼多批評，從臉部「解讀情緒」的作法持續存在？藉由分析這些想法的歷史，我們可以開始了解軍事研究經費、警政優先事項和獲利動機如何塑造這個領域。一九六〇年代以來，美國國防部的龐大經費促成多種系統開發，這些系統在測量臉部運動方面越來越準確。一旦出現可藉由測量臉部運動來評估內在狀態的理論，加上開發了測量它們的技術，人們就願意接受這個基本的前提。該理論吻合了工具的能力。艾克曼的理論似乎很適合新興的電腦視覺領域，因

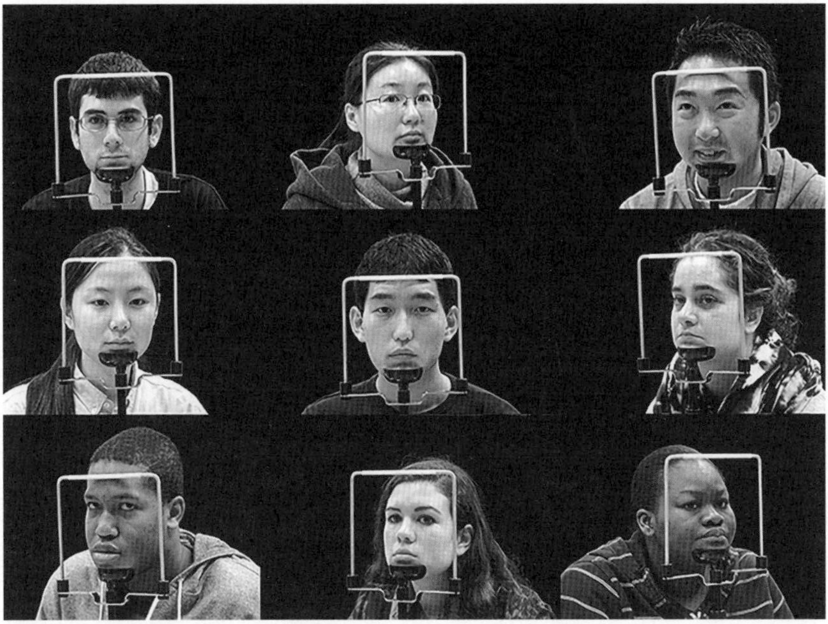

哥倫比亞視線資料集（Columbia Gaze Dataset）。取自 Brian A. Smith et al., "Gaze Locking: Passive Eye Contact Detection for Human-Object Interaction," *ACM Symposium on User Interface Software and Technology (UIST)*, October 2013, 271–80. Courtesy of Brian A. Smith

為它們可以大規模自動化。

機構和企業大力投資，驗證艾克曼的理論和方法學的效度。承認情緒不容易分類，或無法從臉部表情可靠地偵測，可能會削弱一個不斷擴大的產業的基礎。人工智慧領域經常引用艾克曼的理論，彷彿問題已經解決，接下來就是直接處理工程挑戰。背景脈絡、條件、相關性和文化因素等較複雜的問題，很難與當今計算機科學的學科方法或商業科技產業的企圖心相協調。因此，艾克曼的基本情緒分類成了標準。諸如米德的中間立場等更微妙的方法，很大程度被忽視。重點一直放在提高人工智慧系統的準確率，而不是解決更大的問題，也就是關於我們體驗、表現和隱藏情緒的諸多方式，以及我們如何解釋他人的臉部表情。

正如巴瑞特所寫的：「我們科學中許多最具影響力的模型都假設情緒是自然加諸的生物性類別，因此情緒類別是由人類心智**辨識**的，而不是建構的。」[103]偵測情緒的人工智慧系統就是以這個想法為前提。思考情緒時，辨識可能完全是錯誤的框架，因為辨識假定情緒類別是既定的，而不是自然發生的和有相關性的。

## 臉部的政治

相對於嘗試建立更多系統，把表情分組為機器可讀的類別，我們應該質疑那些類別本身的起源，以及其造成的社會和政治後果。情感辨識工具已被部署來進行政治攻擊。舉例而言，有個保守派的部落格聲稱要建立一個「虛擬測謊系統」，評估美國國會女議員奧馬爾（Ilhan Abdullahi Omar，美國首位索馬利亞裔眾議員）的影片。[104]這位部落客使用亞馬遜 Rekognition、XRVision Sentinel AI 和 IBM Watson 的臉部與語音分析，聲稱奧馬爾的謊言分析得分超過她的「實話基線」，而且在壓力、輕蔑和緊張方面指標很高。幾家保守派媒體報導了這個故事，稱奧馬爾是「病態的騙子」，對國家安全造成威脅。[105]

我們已經知道，這些系統對女性的言語情感標示與男性不同，對黑人女性尤其如此。正如第三章所見，從沒有代表性的訓練資料建構「平均值」，這種作法一開始就有知識論疑慮，具有明顯的種族偏誤。馬里蘭大學進行的一項研究顯示，某個臉部辨識軟體把黑人臉孔解釋為比白人臉孔有更多負面情緒，特別是把他們顯示為更憤怒、更輕蔑，甚至控制他們的微笑程度。[106]

這就是情感辨識工具的危險。正如我們所見，它們帶我們回到過往的顱相學，提出謬誤的主張，允許這種謬誤成立，並用以支持現有的權力系統。幾十年來，圍繞從人臉推論不同情緒的想法引來科學爭議，這凸顯出的核心是：一體適用的辨識模型並不是識別情緒狀態正確的比喻。情緒是複雜的，它們隨著我們的家庭、朋友、文化和經歷而發展和變化，如此多樣的脈絡都存在於人工智慧的框架之外。在許多情況下，情緒偵測系統並未像它們聲稱的那樣行事。這些系統並非直接測量人的內在心理狀態，而僅是在統計上最佳化臉部圖像中某些身體特徵的相關性。自動情緒偵測的科學基礎受到質疑，但新一代的情感工具已在越來越多攸關利害的環境中進行推論，從警政到招聘都是。

即使現在有證據指出情感偵測不可靠，企業仍持續尋求新資源，以探勘臉部影像，在可望獲得數十億美元利潤的產業中，爭奪名列前茅的市占率。巴瑞特系統性地回顧這些從人臉來推論情緒背後的研究，在結論中毫不留情地指出，「更普遍而言，科技公司很可能是問一個基本上錯誤的問題。僅是努力從臉部運動的分析就想『讀出』人們的內在狀態，而未考量脈絡的各種面向，充其量是不完整的，最糟則完全缺乏效度，無論計算的演算法多麼複雜。使用這項技術，依據人們的臉部運動得到關於他們的感受的結論，為時尚早。」[107]

除非我們抗拒把情感辨識自動化的欲望，否則都冒著風險：求職者因為他們的微表情與其他員工不匹配，受到不公平的評判；學生因為他們的臉顯示缺乏熱情，得到比同學差的成績；顧客因為人工智慧系統依據臉部線索，把他們標記為可能的竊賊，因而被拘留。[108]這些系統不僅是技術不完善，而且是根據有問題的方法建立，而承擔系統成本的卻是上述這些人。

有這些系統在運作的生活領域正在擴增，成長速度之快，就跟實驗室和企業可以為它們創造新市場一樣。然而，它們都仰賴對於情緒的狹隘理解——從艾克曼最初的憤怒、快樂、驚訝、厭惡、悲傷和恐懼發展而來——取代人類跨越時空的感受和表情遼闊無垠的範圍。這讓我們回到以單一分類模式捕捉世界的複雜性，會產生嚴重侷限的問題。這也使我們回到反覆看見的相同問題：渴望將複雜難解的問題過度簡化，以便讓它可以輕鬆計算，再包裝送到市場上。人工智慧系統正在尋求提取我們軀體自我變化多端、私密和分歧的體驗，成果卻成了卡通素描，無法捕捉世上情緒體驗的細微差異。

## 注釋

1. 特別感謝坎波洛（Alex Campolo），我的研究助理和本章對談者，也感謝他對艾克曼和關於情緒的歷史的研究。
2. "Emotion Detection and Recognition"; Schwartz, "Don't Look Now."

3. Ohtake, "Psychologist Paul Ekman Delights at Exploratorium."
4. Ekman, *Emotions Revealed*, 7.
5. 有些研究者發現情緒表達是普遍的且可由人工智慧預測這種主張有瑕疵，相關概述參見 Heaven, "Why Faces Don't Always Tell the Truth"。
6. Barrett et al., "Emotional Expressions Reconsidered."
7. Nilsson, "How AI Helps Recruiters."
8. Sánchez-Monedero and Dencik, "Datafication of the Workplace," 48; Harwell, "Face-Scanning Algorithm."
9. Byford, "Apple Buys Emotient."
10. Molnar, *Robbins, and Pierson*, "Cutting Edge."
11. Picard, "Affective Computing Group."
12. "Affectiva Human Perception AI Analyzes Complex Human States."
13. Schwartz, "Don't Look Now."
14. 參見如 Nilsson, "How AI Helps Recruiters"。
15. "Face: An AI Service That Analyzes Faces in Images."
16. "Amazon Rekognition Improves Face Analysis"; "Amazon Rekognition—Video and Image."
17. Barrett et al., "Emotional Expressions Reconsidered," 1.
18. Sedgwick, Frank, and Alexander, *Shame and Its Sisters*, 258.
19. Tomkins, *Affect Imagery Consciousness*.
20. Tomkins.
21. Leys, *Ascent of Affect*, 18.

22. Tomkins, *Affect Imagery Consciousness*, 23.
23. Tomkins, 23.
24. Tomkins, 23.
25. 對雷斯來說，這種「感覺與認知之間的徹底解離」是這個理論吸引人文學科理論家的主要原因，尤其是賽菊寇（Eve Kosofsky Sedgwick），她希望將我們錯誤或困惑的經驗重新賦予價值，使之成為新的形式的自由。Leys, *Ascent of Affect*, 35; Sedgwick, *Touching Feeling*.
26. Tomkins, *Affect Imagery Consciousness*, 204.
27. Tomkins, 206; *Darwin, Expression of the Emotions*; Duchenne (de Boulogne), *Mécanisme de la physionomie humaine*.
28. Tomkins, 243，引自 Leys, *Ascent of Affect*, 32。
29. Tomkins, *Affect Imagery Consciousness*, 216.
30. Ekman, *Nonverbal Messages*, 45.
31. Tuschling, "Age of Affective Computing," 186.
32. Ekman, *Nonverbal Messages*, 45.
33. Ekman, 46.
34. Ekman, 46.
35. Ekman, 46.
36. Ekman, 46.
37. Ekman, 46.
38. Ekman and Rosenberg, *What the Face Reveals*, 375.
39. Tomkins and McCarter, "What and Where Are the Primary Affects?"

40. Russell, "Is There Universal Recognition of Emotion from Facial Expression?" 116.
41. Leys, *Ascent of Affect*, 93.
42. Ekman and Rosenberg, *What the Face Reveals*, 377.
43. Ekman, Sorenson, and Friesen, "Pan-Cultural Elements in Facial Displays of Emotion," 86, 87.
44. Ekman and Friesen, "Constants across Cultures in the Face and Emotion," 128.
45. Aristotle, *Categories*, 70b8–13, 527.
46. Aristotle, 805a, 27–30, 87.
47. 再怎麼強調這部作品的影響力都不為過，即使這本書後來聲名狼藉：到一八一〇年，德文版已經有十六版，英文版有二十版。Graham, "Lavater's Physiognomy in England," 561.
48. Gray, *About Face*, 342.
49. Courtine and Haroche, *Histoire du visage*, 132.
50. Ekman, "Duchenne and Facial Expression of Emotion."
51. Duchenne (de Boulogne), *Mécanisme de la physionomie humaine*.
52. Clarac, Massion, and Smith, "Duchenne, Charcot and Babinski," 362–63.
53. Delaporte, *Anatomy of the Passions*, 33.
54. Delaporte, 48–51.
55. Daston and Galison, *Objectivity*.
56. Darwin, *Expression of the Emotions in Man and Animals*, 12, 307.
57. Leys, *Ascent of Affect*, 85; Russell, "Universal Recognition of Emotion," 114.
58. Ekman and Friesen, "Nonverbal Leakage and Clues to Deception," 93.

59. Pontin, "Lie Detection."

60. Ekman and Friesen, "Nonverbal Leakage and Clues to Deception," 94. 在一處注腳中，艾克曼和弗里森解釋：「我們自己的研究和視覺感知神經生理學的證據強烈表明，短如電影影格（五十分之一秒）的微表情是可以感知到的。這些微表情不那麼常見，往往是因為它們嵌入其他讓人分散注意力的表情、它們不那麼頻繁，或者一些後天學習到的忽略快速臉部表情的感知習慣。」

61. Ekman, Sorenson, and Friesen, "Pan-Cultural Elements in Facial Dis- plays of Emotion," 87.

62. Ekman, Friesen, and Tomkins, "Facial Affect Scoring Technique," 40.

63. Ekman, *Nonverbal Messages*, 97.

64. Ekman, 102.

65. Ekman and Rosenberg, *What the Face Reveals*.

66. Ekman, *Nonverbal Messages*, 105.

67. Ekman, 169.

68. Eckman, 106; Aleksander, *Artificial Vision for Robots*.

69. "Magic from Invention."

70. Bledsoe, "Model Method in Facial Recognition."

71. Molnar, Robbins, and Pierson, "Cutting Edge."

72. Kanade, *Computer Recognition of Human Faces*.

73. Kanade, 16.

74. Kanade, Cohn, and Tian, "Comprehensive Database for Facial Expression Analysis," 6.

75. 參見 Kanade, Cohn, and Tian; Lyons et al., "Coding Facial Expressions with Gabor Wavelets"; and Goeleven et al., "Karo-

linska Directed Emotional Faces”。

76. Lucey et al., “Extended Cohn-Kanade Dataset (CK+).”

77. McDuff et al., “Affectiva-MIT Facial Expression Dataset (AM-FED).”

78. McDuff et al.

79. Ekman and Friesen, *Facial Action Coding System (FACS).*

80. Foreman, “Conversation with: Paul Ekman”; Taylor, “2009 Time 100”; Paul Ekman Group.

81. Weinberger, “Airport Security,” 413.

82. Halsey, “House Member Questions $900 Million TSA ‘SPOT’ Screening Program.”

83. Ekman, “Life’s Pursuit”; Ekman, *Nonverbal Messages*, 79–81.

84. Mead, “*Review of Darwin and Facial Expression*,” 209.

85. Tomkins, *Affect Imagery Consciousness*, 216.

86. Mead, “Review of *Darwin and Facial Expression*,” 212. 亦參見 Fridlund, “Behavioral Ecology View of Facial Displays”。後來，艾克曼承認了米德的諸多論點。參見 Ekman, “Argument for Basic Emotions”; Ekman, *Emotions Revealed*，以及 Ekman, “What Scientists Who Study Emotion Agree About”。也有支持艾克曼論點的人，參見 Cowen et al., “Mapping the Passions”，以及 Elfenbein and Ambady, “Universality and Cultural Specificity of Emotion Recognition。

87. Fernández-Dols and Russell, *Science of Facial Expression*, 4.

88. Gendron and Barrett, *Facing the Past*, 30.

89. Vincent, “AI ‘Emotion Recognition’ Can’t Be Trusted.’” 研究身障的學者還指出，關於生物學和身體功能的假設也會引起對於偏誤的憂心，尤其是透過科技自動化時。參見 Whittaker et al., “Disability, Bias, and AI”。

90. Izard, “Many Meanings/Aspects of Emotion.”

91. Leys, *Ascent of Affect*, 22.
92. Leys, 92.
93. Leys, 94.
94. Leys, 94.
95. Barrett, “Are Emotions Natural Kinds?” 28.
96. Barrett, 30.
97. 參見如 Barrett et al., “Emotional Expressions Reconsidered”。
98. Barrett et al., 40.
99. Kappas, “Smile When You Read This,” 39, emphasis added.
100. Kappas, 40.
101. Barrett et al., 46.
102. Barrett et al., 47–48.
103. Barrett et al., 47, emphasis added.
104. Apelbaum, “One Thousand and One Nights.”
105. 參見如 Hoft, “Facial, Speech and Virtual Polygraph Analysis”。
106. Rhue, “Racial Influence on Automated Perceptions of Emotions.”
107. Barrett et al., “Emotional Expressions Reconsidered,”48.
108. 參見如 Connor, “Chinese School Uses Facial Recognition”; and Du and Maki, “AI Cameras That Can Spot Shoplifters”。

第六章

# 國家

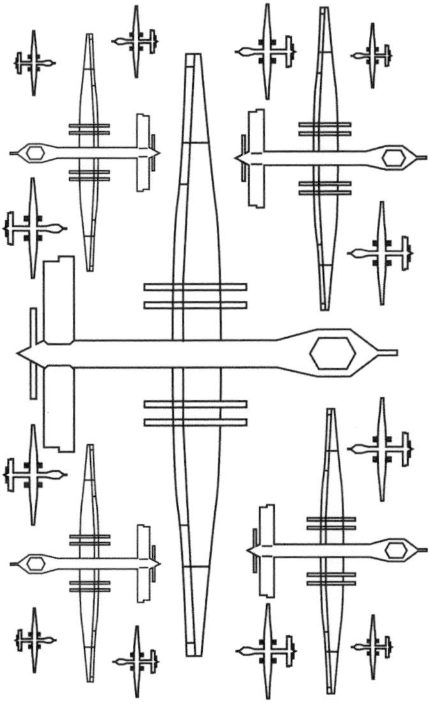

我坐在紐約一棟倉庫建築的十樓，面前擺著一台使用氣隙技術（air-gapping）〔譯注：指電腦完全離線，包括 Wi-Fi、藍芽等連線功能全數關閉〕的筆電。螢幕上的軟體程式通常用來做數位鑑識，一種調查證據和驗證硬碟裡儲存的資訊的工具。我來到這裡研究一個檔案庫，裡頭有一些最具體的細節，說明在世界上幾個財力最雄厚的政府主導下，機器學習如何開始用於情報領域。這是史諾登檔案庫（Snowden archive）：二〇一三年，前美國國安局外包技術員暨吹哨者史諾登（Edward Snowden）洩漏的所有文件、PowerPoint 簡報、內部備忘錄、新聞通訊、技術手冊。每一頁都有標題，注記著不同的分類形式。TOP SECRET // SI // ORCON // NOFORN。[1]每一項都是警告，也是命名。

二〇一四年，紀錄片製作人柏翠絲最早讓我接觸到這個檔案庫。閱讀量極為龐大：這個檔案庫保存了十多年的情報思維和交流，包括美國國安局、英國政府通信總部和國際網絡五眼聯盟的內部文件。[2]這些資訊嚴格禁止那些沒有高級別許可的人接觸。它是資訊「機密帝國」的一部分，其資訊增加速度曾估計比可公開取得的快五倍，但現在誰也說不準。[3]史諾登檔案庫讓人注意到幾年來資料收集在擴散：手機、瀏覽器、社群媒體平台和電郵，都成為國家的資料來源。這些文件揭示了情報體系對於今日稱為人工智慧的許多技術如何做出貢獻。

史諾登檔案庫揭示了一個並行的人工智慧產業，一個祕密發展的領域。這裡使用的方法有許多相似處，但從影響範圍、目標和結果來看，兩者存在顯著的差異。任何為提取和擷取提供合理理由的修辭結構都不見了：每個軟體系統都被簡單描述為某種要擁有、要打敗的東西；所有資料

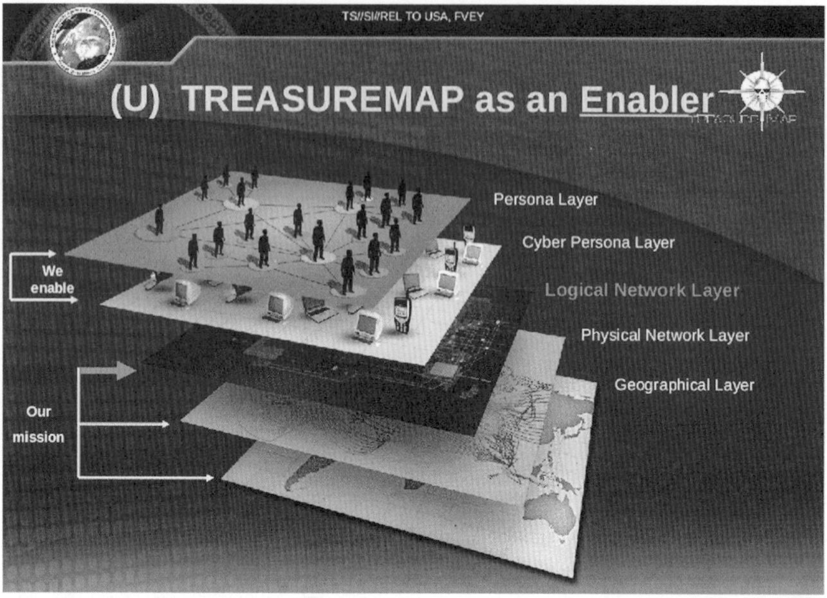


「TREASUREMAP 作為推動者」。史諾登檔案庫

平台都是公平賽局，鮮少有被指定要保護的事物。國安局一份PowerPoint簡報概述了TREASUREMAP計畫，這項計畫旨在建立一個近乎即時、互動的網際網路地圖。[4]它聲稱可追蹤任何連線的電腦、行動裝置或路由器的位置和所有者：「繪製出整個網際網路的地圖——任何裝置，隨時隨地」，投影片誇口道。幾張寫著「TREASUREMAP作為推動者」的投影片，提供訊號分析的分層圖。在地理層和網絡層上方，有「網路人物誌層」（cyber persona layer）——投影片上以懷舊的iMac和諾基亞（Nokia）功能型手機古怪地呈現——然後是與個人人脈相連的「人物誌層」（persona layer）。這是為了以一個「三十萬英尺的網際網路角度」，描繪世界各地所有使用連線裝置的人。它看

起來也非常像映射和操縱社交網絡的公司所做的工作，例如劍橋分析公司。

史諾登檔案庫的文件在二〇一三年釋出，但它們讀起來仍然像今日的人工智慧行銷手冊。如果TREASUREMAP是臉書上帝之眼網絡視圖的前驅，那麼名為FOXACID的程式在家用電腦的功能則讓人想起亞馬遜Ring安控系統：記錄日常活動。[5]投影片解釋：「如果我們可以讓目標在某種瀏覽器中造訪我們，或許就能掌握他們。」[6]一旦有人受到誘惑點擊垃圾郵件或造訪被占領的網站，國安局就會透過瀏覽器放進檔案，那些檔案會永久存在於裝置中，悄悄把使用者的一舉一動回報基地。有一張投影片描述分析師如何「部署高度針對性的電郵」，這需要對目標「一定程度的自知有罪（guilty knowledge）」。[7]國安局收集這種自知有罪的資料時有何限制（至少在談到收集美國公民的資料時），鮮少有人討論。一份文件指出，國安局正在多方努力，「積極尋求法定權威和更全面映現資訊時代的政策框架」。[8]換言之，就是改變法律以適應這些工具，而非相反。

美國情報機構是大數據的長期捍衛者。一九五〇年代以降，他們和國防部高等研究計劃署一起，一直是人工智慧研究的主要推動者。正如科學史學家愛德華茲（Paul Edwards）在《封閉的世界》（*The Closed World*）中所描述的，軍事研究機構從非常早期就積極打造這個新興領域，亦即後來所稱的人工智慧。[9]舉例來說，美國海軍研究署在一九五六年提供部分經費給達特茅斯學院（Dartmouth College）進行第一次夏季人工智慧研究計畫（Summer Research Project on Artificial Intelligence）。[10]軍事支援且往往是軍事優先的項目向來強力引導人工智慧領域，早在顯然人工智慧可以大規模應用之前就是如此。正如愛德華茲所言：

由於這項計畫很少有立即的效用，且無比雄心勃勃，人工智慧開始異常仰賴國防高等研究計劃署的經費。因此，人工智慧研究剛開始發展的二十年，國防高等研究計劃署成為主要贊助者。前署長史普羅（Robert Sproull）自豪地總結：「一整個世代的計算機專家，都是從國防高等研究計劃署的資助下起步」，而且「所有進入〔一九八〇年代中期〕第五代〔高階計算〕計畫的觀念──人工智慧、平行計算、語音理解、自然語言程式設計──說到底，都是從國防高等研究計劃署資助的研究開始」。[11]

指令和控制、自動化和監視，這些軍事優先事項深刻形塑了人工智慧的樣貌。來自國防高等研究計劃署資助的工具和方法，已成為該領域的標誌，包括電腦視覺、自動翻譯和自駕車都是。不過這些技術方法有更深的涵義。某些類型的分類思考，融入了人工智慧的整體邏輯當中──從明確戰場導向的觀念，例如目標、資產和異常偵測，到更微妙的高、中、低風險類別。持續性狀態意識（situational awareness）和目標鎖定的概念，將驅動人工智慧研究數十年，建立會影響產業和學界的知識架構。

從國家的觀點來看，轉向大數據和機器學習擴展了資訊提取的模式，並形成一種如何追蹤和理解人們的社會理論：**應該透過他們的後設資料來了解他們**。誰收到了訊息、造訪哪些地點、讀了什麼、裝置何時啟動和啟動的原因——這些分子的行動變成得以判斷威脅識別和評估、有罪或無罪。遠距收集和測量大量的群集資料，成了發展所謂對群體和社群的洞察，以及評估要殺害的潛在目標的首選方式。美國國安局和英國政府通信總部並非獨一無二的——中國、俄羅斯、以色列、敘利亞和許多其他國家都有類似機構。主權監視和控制的系統眾多，大量的戰爭機器從不停歇。史諾登檔案庫強調國家和企業行為人如何合作，以推動姆邊貝所稱的「基礎設施戰」。[12]

然而，國家軍隊與人工智慧產業之間的關係，已經超出安全範疇。曾經只有情報機構才能使用的技術——其設計就是**不受法律支配**——已滲透到國家的內政機構：各級政府和執法機關。儘管美國國安局一直是隱私疑慮的關注焦點，卻較少人注意到越來越龐大的商業監視產業，這些企業積極推銷其工具和平台給警政部門和公共機構。人工智慧產業同時挑戰和重塑國家的傳統角色，也用以支撐和擴張地緣政治權力的舊有形式。用演算法來治理既是傳統的國家治理的一部分，又超越傳統。套用理論家布萊頓的話，國家正扮演機器的盔甲，因為機器已承擔起國家的角色，也成了國家的記錄器。[13]

## 進行第三次抵銷

網際網路的創生故事，向來以美國軍事和學術界的創新與主宰為核心。[14]但在人工智慧領域，我們看不到純粹的國家系統。相反地，人工智慧系統是在複雜交織的網絡中運作，有多國和多邊的工具、基礎設施和勞力。以貝爾格勒街道上推出的臉部辨識系統為例[15]，警察首長下令在全市八百個地點裝設兩千支攝影機，拍攝臉部和車牌。塞爾維亞政府與中國電信巨擘華為簽署了一項協議，由後者提供錄影監視、4G網路支援，以及統一的數據和指揮中心。這種交易很常見。地方系統通常相當混雜，基礎設施來自中國、印度、美國和其他地方，邊界漏洞百出、安全協定不同，可能還有數據後門。

但圍繞人工智慧的修辭千篇一律：我們一再被告知自己正置身一場人工智慧的戰爭中。主要的關注課題是超級大國美中的投入，不時被提醒中國已聲明要致力成為全球人工智慧霸主。[16]中國最重要的幾家科技公司，包括阿里巴巴、華為、騰訊和字節跳動，資料實務通常直接依中國國家政策來架構，因此讓人認為在本質上比亞馬遜、臉書等美國私人企業更具威脅性，即使國家和企業的命令與激勵措施之間的界線錯綜複雜。然而，戰爭語言不只是常見的仇外、相互猜疑、國際間諜活動和網路駭客攻擊等表述。正如全喜卿和胡彤暉等媒體學者所指出的，全球數位公民平等參與網絡抽象空間的自由派願景，已轉向要保護國家雲端抵禦種族化敵人的偏執願景。[17]對於外國威脅的恐懼縈繞心頭，於是主張一種對人工智慧的主權權力，將科技公司（其基礎設施和影響力是跨國的）的權力所在，重新劃定到民族國家的邊界內。

然而，技術優勢的國有化競賽既是修辭上的，也是真實的，創造了商業與軍事部門之間和內部的地緣政治競爭的動力，使兩者之間的界線越來越模糊。民用和軍用領域的人工智慧應用雙重用途，也產生了能密切合作和帶來資金的強烈誘因。[18]在美國，我們可以看見這如何成為明確的戰略：尋求國家對人工智慧的控制，以及對人工智慧的國際主導地位，以便鞏固軍事和企業的優勢。

這項戰略最近期的版本，出現在二〇一五年至二〇一七年擔任美國國防部長的艾希頓・卡特（Ashton Carter）領導期間。卡特在讓矽谷與軍方關係更密切方面扮演了重要角色，他使科技公司相信國家安全和外交政策仰賴美國在人工智慧的主導地位。[19]他稱此為「第三次抵銷戰略」（Third Offset strategy）。抵銷通常理解為透過改變條件來彌補潛在軍事劣勢的方式，或如美國前國防部長哈羅德・布朗（Harold Brown）在一九八一年所稱，「技術可以成為戰力倍增器，一種可用以協助抵銷敵手數量優勢的資源。卓越的技術是平衡軍事能力非常有效的方式，而不是透過與敵方的坦克或士兵一對一競爭。」[20]

一般認為，「第一次抵銷」是一九五〇年代核武的使用。[21]「第二次抵銷」是一九七〇年代和一九八〇年代擴張祕密武器、後勤武器和傳統武器。根據卡特的說法，第三次應該是結合人工智慧、運算戰和機器人。[22]但和已有強大監視能力的國安局不同，美國軍方缺乏美國科技領導業者的人工智慧資源、專業和基礎設施。[23]二〇一四年，國防部副部長羅伯特・沃克（Robert Work）概述了「第三次抵銷」，稱其為試圖「運用人工智慧和自主性方面的所有進展」。[24]

為了打造人工智慧戰爭機器，國防部需要巨大的提取基礎設施。然而，要獲得高薪的工程勞動力和尖端的開發平台，與產業合作是必要的。國安局已運用稜鏡計畫（ＰＲＩＳＭ）等系統，鋪好合作之路，與電信公司及科技公司合作，並暗地裡進行滲透。[25]不過這些比較隱蔽的方法，在史諾登揭露之後面臨了新的政治阻力。二〇一五年，國會通過《美國自由法案》（USA Freedom Act），對於美國國安局從矽谷取得即時資料加諸一些限制。然而，圍繞資料和人工智慧建立更大的軍工複合體的可能性仍然非常大。矽谷已建立推動新抵銷戰略所需的人工智慧邏輯和基礎設施，並因此獲利。但首先必須讓科技產業相信，合作建立戰爭基礎設施是值得的，不會疏離公司員工，也不會加深大眾的不信任。

## 行家計畫的實行

二〇一七年四月，美國國防部公布了一份備忘錄，宣布成立「演算法戰跨職能小組」（Algorithmic Warfare Cross-Functional Team），代號為「行家計畫」（Project Maven）。[26]「國防部必須更有效地將人工智慧和機器學習整合到整個行動當中，以保持對越來越強的敵人和競爭對手的優勢。」國防部副部長寫道。[27]這項計畫的目標是讓最佳演算法系統盡快上戰場，即使它們只完成了百分之八十。[28]這隸屬於一個更大的計畫「聯合企業防禦基礎設施」雲端計畫（Joint Enterprise Defense Infrastructure, JEDI）——大規模的重新設計國防部整體的資訊科技基礎設施，從五角大廈到戰場支援都包括在內。行家計畫是這個大圖像的一小部分，目的是創建一套人工智慧系統，讓分析者能選擇一個目標，查看無人機鏡頭對同一個人或車輛拍下的每個現有片段。[29]國防部最終想要的是自動化的無人機影片搜尋引擎，以偵測和追蹤敵方戰鬥員。

演算法戰跨職能小組的公章，代號為「行家計畫」。圖中拉丁格言意為「協助乃是我們的工作」。美國國防部製作

行家計畫所需的技術平台和機器學習技能，集中於商業科技產業。國防部決定付費給科技公司，請他們分析在美國國內隱私法不適用的地方從衛星和戰場無人機收集的軍事資料。這將使軍方和美國科技業圍繞人工智慧的財務利益一致，不會像國安局所做的那樣，直接觸動憲法隱私的引線。想要贏得行家計畫合約的科技公司之間展開競價戰，參與者包括亞馬遜、微軟和 Google。

第一份行家計畫的合約到了 Google 手上。根據協議，五角大廈會利用 Google 的 TensorFlow 人工智慧基礎設施，梳理無人機鏡頭，偵測在各個地點間移動的物件和個人。[30]當時在 Google 擔任人工智慧／機器學習首席科學家的李飛飛已是建立物件辨識資料集的專家，過去曾創建

ImageNet，並有運用衛星資料偵測和分析汽車的經驗。[31]但她堅定表示，這項計畫應該保密。「不惜一切代價避免提到或暗示人工智慧，」李飛飛在給 Google 同事的電子郵件中寫道，但後來郵件洩漏出去。「將人工智慧武器化，或許是人工智慧最敏感的話題之一，即使不是最敏感的那個。媒體會見獵心喜，想盡辦法傷害 Google。」[32]

但二〇一八年，Google 員工發現公司在這個計畫的涉入程度。對於自己的工作被用於戰爭目的，他們感到非常憤怒，尤其是得知行家計畫的圖像識別目標包括車輛、建物和人等物件。[33]超過三千一百名員工簽署抗議信，主張 Google 不應參與戰爭事務，要求取消合約。[34]由於壓力越來越大，Google 正式終止行家計畫的工作，並退出五角大廈百億美元的「聯合企業防禦基礎設施」合約的競爭。同年十月，微軟總裁布拉德．史密斯（Brad Smith）在部落格貼文中宣布：「我們相信美國強大的防禦能力，我們希望捍衛它的人能得到這個國家最好的科技，包括來自微軟的。」[35]最後合約交給出價高於亞馬遜的微軟。[36]

內部強烈反彈後不久，Google 發布其「人工智慧準則」（Artificial Intelligence Principles），其中一節是「我們不會追求的人工智慧應用」。[37]內容包括製造「主要目的或實施是造成或直接促成對人的傷害的武器或其他技術」，以及「收集或使用違反國際公認規範的監視資訊的技術」。[38]雖然開始處理人工智慧倫理平息了一些內部和外部的疑慮，但倫理約束的可執行性和參數仍不清楚。[39]

Google 前執行長施密特（Eric Schmidt）在回應時，把對於行家計畫的抵制描述為「科技界普遍的憂心，擔心軍工複合體以某種方式使用我們的東西錯殺了人——如果要這麼說的話」。[40]從辯論究竟是否要在戰爭中使用人工智慧，到辯論人工智慧是否能協助「正確殺人」，這種轉變相當具有策略性。[41]它將焦點從人工智慧作為軍事科技的基本倫理，轉變為精度和技術準確性的問題。但科學和科技人類學教授薩琪曼指出，自動化戰爭的問題遠不只是殺人是否準確或「正確」。[42]薩琪曼問道，特別是在物件偵測的情況下，是誰在建構訓練集、使用何種資料，以及事物為何標記為迫在眉睫的威脅？使用何種分類學來決定什麼足以構成異常活動，觸發合法的無人機攻擊？這些不穩定且本質上是政治性的分類會導致生死攸關的後果，我們為何要容忍？[43]

行家計畫的這段插曲，以及出現的人工智慧準則，指出了人工智慧產業在軍用與民用領域之間的關係有深刻的分歧。無論是真實的或想像的人工智慧戰爭，都灌輸了一種恐懼和不安全感的政治，創造一種氛圍，用來扼殺內部異議，促成對於國族議題毫無疑問的支持。[44]行家計畫的餘波漸漸消退後，Google的法務長肯特．沃克（Kent Walker）說，該公司正在尋求更高的安全認證，以便與國防部更密切合作。「我想說清楚，」他說道：「我們是一家自豪的美國公司。」[45]科技公司把愛國主義清楚表達為政策，越來越常表達與民族國家的利益強烈一致，即使他們的平台和能力超出了傳統的國家治理。

## 委外的國家

國家與人工智慧產業之間的關係，遠遠不僅止於國家軍隊。曾是戰區和間諜活動專用的科技，如今運用到地方政府的層級，從福利機構到執法部門都是。促成這種轉變的原因，是將國家的關鍵職能委外給科技承包商。表面上，這似乎與通常透過洛克希德·馬丁或哈里伯頓（Halliburton）等公司，將政府職能委外給私部門沒什麼不同，但現在軍事化形式的模式偵測和威脅評估正大規模進入內政層級的服務和機構。[46]這種現象一個重要的例子是帕蘭泰爾科技公司（Palantir），該公司以《魔戒》（*Lord of the Rings*）中的魔視石「真知晶球」命名。

帕蘭泰爾科技公司成立於二〇〇四年，其中一位創辦人是億萬富翁泰爾（Peter Thiel），他也是PayPal的共同創辦人、川普總統的顧問和金主。泰爾後來在一篇評論文章中論道，人工智慧最重要的就是一種軍事科技：「忘了科幻小說的奇思幻想吧；實際存在的人工智慧，厲害之處在於它可應用到相對平凡的任務，例如電腦視覺和資料分析。雖然沒有科學怪人那麼不可思議，這些工具對任何軍隊來說仍是很有價值的，例如取得情報優勢……機器學習工具無疑也可作為民用。」[47]

雖然泰爾肯定機器學習的非軍事用途，但他特別相信**中介空間**：在這個空間裡，商業公司生產軍事化工具，提供給任何想要獲得情報優勢並願意為此付費的人。他和帕蘭泰爾執行長卡普（Alex Karp）都描述該公司是「愛國的」，卡普還指責其他拒絕與軍事機構合作的科技公司是

「邊緣型懦夫」。[48]在一篇富洞見的文章中，作家韋格爾（Moira Weigel）研究了卡普的大學學位論文，該論文透露出卡普早期對於侵略的求知興趣，以及「犯下暴力之行的渴望是人類生命中一個不變的基礎事實」的信念。[49]卡普的論文標題是〈現實生活中的侵略〉。

帕蘭泰爾原本的客戶是聯邦層級的軍事和情報單位，包括國防部、國安局、聯邦調查局和中情局。[50]正如移民維權組織米研提（Mijente）在一項調查中揭示的，川普當選總統後，帕蘭泰爾和美國政府機構的合約超過十億美元。[51]但帕蘭泰爾並未將自己定位為洛克希德·馬丁那種典型的國防承包商。它有矽谷新創公司的特點，總部位於帕拉奧圖，職員多是年輕工程師，並得到中情局資助的創投公司IQT（In-Q-Tel電信公司）支持。除了最初的情報機構客戶之外，帕蘭泰爾還開始與避險基金、銀行、沃爾瑪等企業合作。[52]不過其DNA的塑造是為了在國防圈內，為國防圈工作。它採用在史諾登文件中看到的相同方法，包括在各處設備提取資料，滲透網絡，以追蹤與評估人和資產。帕蘭泰爾很快成為受青睞的委外監視服務提供商，包括為美國移民和海關執法局（Immigration and Customs Enforcement）設計資料庫和管理軟體，推動驅逐出境的機制。[53]

帕蘭泰爾的商業模式是基於使用機器學習來進行資料分析與偵測模式的組合，並結合了更一般性的諮詢。帕蘭泰爾派工程師到一家公司，提取包羅萬象的資料——電郵、通話紀錄、社群媒體、員工進出建築物的時間、訂機票的時間，該公司準備分享的一切事物——然後尋找模式，提供下一步該怎麼做的建議。一種常見的作法是尋找當前或潛在的所謂「搗蛋鬼」，也就是可能洩漏資訊或欺騙公司的不滿員工。帕蘭泰爾的工具中內建的潛在世界觀令人想起國安局：收集一切，然後尋找資料中的異常之處。然而，國安局的工具是用來監視和鎖定國家的敵人，無論是在傳統的戰爭或祕密戰事中都是如此，而帕蘭泰爾的作法都是針對平民。正如二〇一八年彭博社一項大型調查所描述的，帕蘭泰爾是「一個為全球反恐戰爭設計的情報平台」，現在「成了對付國內一般美國人的武器」：「帕蘭泰爾是靠著為五角大廈以及在阿富汗和伊拉克為中情局工作而起家……美國衛生及公共服務部（Department of Health and Human Services）則利用帕蘭泰爾來偵測聯邦醫療保險詐欺。聯邦調查局用它來進行刑事偵查。國土安全部部署它來篩查航空旅客和密切注意移民。」[54]

不久之後，對無證工人的密切注意演變成在學校與工作場所進行逮捕和遣送。為了促進這項目標，帕蘭泰爾製作了一款名為「獵鷹」（FALCON）的手機應用程式，其功能就像巨大的拖網，從多個執法部門和公共資料庫收集資料，其中列出人們的移民史、家庭關係、就業資訊和學校詳細資訊。二〇一八年，美國移民和海關執法局特工運用「獵鷹」來引導，對全美近百家 7-Eleven 進行突襲，被稱為「川普時代針對單一雇主的最大行動」。[55]

雖然帕蘭泰爾努力對該公司構建的內容或系統的運作方式保密，但其專利應用程式讓我們稍微了解該公司以人工智慧來進行驅逐的方法。在一個聽來無害、名為「動態和互動行動圖像分析與識別的資料庫系統和使用者介面」（Database systems and user interfaces for dynamic and interactive mobile image analysis and identification）應用程式中，帕蘭泰爾吹噓這種應用程式能在短時間

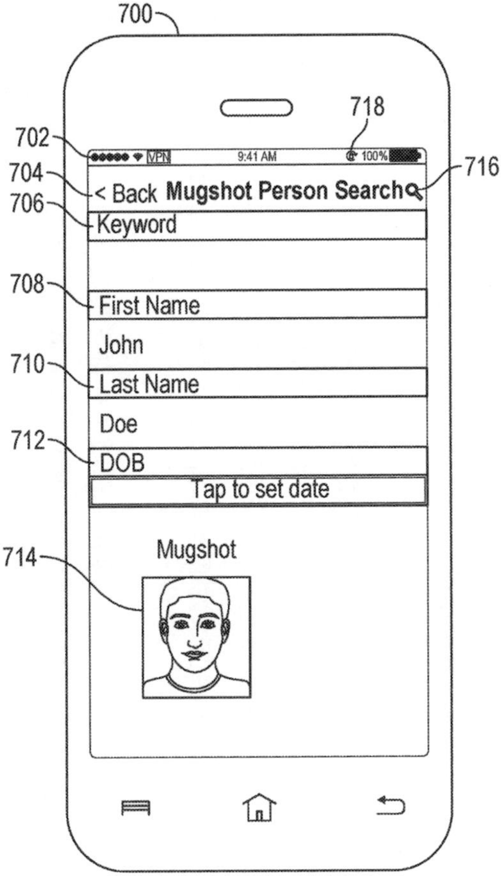


帕蘭泰爾專利 US10339416B2 圖示。Courtesy U.S. Patent and Trademark Office

內拍攝遇到的人物，無論他們是否受到懷疑，都能把他們的圖像與所有可用的資料庫進行對比。本質上，這套系統是運用臉部辨識和後端處理來創建一個框架，作為任何逮捕或驅逐的基礎。

雖然帕蘭泰爾系統與國安局系統在結構上有相似之處，但它們已經轉移到地方社區層次，出售給連鎖超市，也賣給地方執法部門。這代表從傳統警政，轉向與軍事情報基礎設施更相關的目標。誠如法學教授佛格森（Andrew Ferguson）所解釋的：「我們正進入一個檢警雙方會說『演算法叫我這樣做，我就照做，我不知道自己在做什麼』的狀態。而這將會發生在範圍廣泛的層次，幾乎沒有監督。」[56]

社會學家布蕾恩（Sarah Brayne）是最早直接觀察帕蘭泰爾資料平台如何在現地使用的學者之一，具體來說是洛杉磯警察局的使用情形。花了兩年多時間和警方一起搭車巡邏、在辦公桌旁觀察他們，並進行多次訪談之後，布蕾恩的結論是，在某些領域，這些工具只是強化了過去警察的作法，但在其他方面，它們正在改變整個監視流程。簡言之，警方正在變成情報員：

從傳統的監視轉變為監視大數據，與執法行動移往情報活動有關。執法與情報的基本區別如下：執法通常是在犯罪事件發生後才干預。在法律上，除非有相當理由，否則警方不能搜查和收集個人資訊。相反地，情報基本上是預測性的。情報活動涉及收集資料；識別可疑模式、地點、活動和個人；並根據取得的情報，先發制人地干預。[57]

雖然人人都受到這些類型的監視，但有些人比其他人更容易受到監視：移民、無證者、窮人、有色人種社區。正如布蕾恩在研究中觀察到的，使用帕蘭泰爾的軟體會複製不平等，讓那些在以窮人、黑人和拉美裔為主的社區的人受到更多監視。帕蘭泰爾的計分系統給人一種客觀的感覺：用一位警官的話來說，它「只是數學」。但它創造了強化的邏輯迴圈。[58]布蕾恩寫道：

> 儘管計分系統宣稱的目的是避免警方執行勤務時存在有法律爭議的偏誤，但它隱藏了警務中有意和無意的偏誤，並創造了一個自我延續的循環：如果個人的分數值很高，會受到加強監視，因此更可能被攔下來，進而提高分數值。這種作法妨礙了已在刑事司法系統中的個人避免進一步捲入監視網的能力，同時模糊了執法在影響風險評分方面的作用。[59]

帕蘭泰爾等類似組織的機器學習法可能導致反饋迴圈，那些納入刑事司法資料庫中的人更可能受到監視，因此又更可能納入更多關於他們的資訊，於是讓警方有合理的理由進一步審查。[60]如此不僅加深不平等，而且被科技洗白了，看似免於錯誤的系統把不平等合理化，但實際上加劇了過度執法和監視時帶有種族偏見的問題。[61]這種始於國家政府機構的情報模型，如今已成為地方鄰里警務的一部分。警察部門越來越像國安局，導致歷史上的不平等惡化，並徹底改變和擴張警方的實務運作。

儘管政府大量增加人工智慧系統的合約，卻很少關注一個問題，也就是這些技術的私人供應商是否應該對政府使用他們的系統時所產生的危害負起法律責任。考量政府頻繁委請承包商來為國家決策提供演算法架構，無論是警政或福利系統都是，這麼一來，像帕蘭泰爾這樣的技術承包商應該對歧視和其他違法行為負責。目前州政府採購的人工智慧系統出問題時，大多試圖否認任何責任，理由是「我們不能對我們不懂的事情負責」。這表示商業演算法系統在政府決策過程中發揮作用，卻缺乏有意義的問責機制。法律學者舒茲（Jason Schultz）和我曾主張，直接影響政府決策的人工智慧系統開發者，應被認定為國家行為者（state actor），在某些情況下出於憲法責任的目的而行動。[62]換言之，他們應該對造成的危害承擔法律責任，就像國家所做的一樣。若非如此，廠商和承包商幾乎沒有動機確保其系統不會強化歷史危害，或不產生全新的危害。[63]

這種現象的另一個例子是二〇〇五年成立的 Vigilant Solutions（直譯「警戒方案」）。該公司的營運基於一個單一前提：採用若由政府執行可能需要司法監督的監視工具，將其轉變為蓬勃發展的私營企業，不受憲法保障的隱私限制。Vigilant 在全美多個城市展開投資，從汽車、路燈柱、停車場到公寓大樓，到處安裝自動車牌辨識（automatic license-plate recognition, ALPR）攝影機。這個大量部署、形成網絡的攝影機拍攝每輛經過的汽車，將車牌圖像儲存在一個龐大的永久資料庫。然後 Vigilant 將資料庫訪問權賣給警方、私人投資者、銀行、保險公司和其他想訪問該資料庫的人。如果警察想追蹤一輛車在整個州的足跡並標記它去過的每一個地方，Vigilant 可以出示給他們看。同樣地，如果銀行想要收回一輛車，以一定的價格付費給 Vigilant，後者就會顯示汽車的位置。

總部位於加州的 Vigilant 在行銷時，將自己標榜為「值得信賴的打擊犯罪工具之一，幫助執法部門找出線索，更快解決犯罪」。該公司與德州、加州、喬治亞州的一些政府單位合作，為他們的警方提供一套自動車牌辨識系統在巡邏時使用，還可訪問 Vigilant 的資料庫。[64]作為交換，地方政府向 Vigilant 提供未執行的拘票，以及逾期法庭費用的紀錄。任何車牌的標記若與資料庫中未繳罰款的相關紀錄匹配，車牌資訊就會輸入警察的行動系統，提醒警察要求駕駛把車停到路邊。然後駕駛有兩項選擇：當場支付未繳的罰款，或者被逮捕。除了收取百分之二十五的附加費，Vigilant 還保留每一筆讀到的車牌紀錄，提取該資料，加入其龐大的資料庫。

Vigilant 與美國移民和海關執法局簽訂了一項重要合約，讓該機構可以取得私營企業收集的五十億筆車牌紀錄，以及全美八十個地方執法機關提供的十五億個數據點——包括人們在哪裡生活和工作。這些資料可能源於地方警察與美國移民和海關執法局的非正式協議，並且可能已經違反國家的資料分享法。美國移民和海關執法局自己的隱私政策限制在「敏感地點」附近收集資料，例如學校、教堂和抗議活動。但在這個例子中，美國移民和海關執法局並未收集資料或維護資料庫，只是購買對 Vigilant 系統的訪問權，後者的限制少得多。這事實上是把公共監視私有化，私人承包商與國家實體之間模糊化，而它產生了不透明的資料收集形式，超出傳統的保護準則。[65]

自此之後，Vigilant 就將其「解決犯罪」的套件擴展到車牌解讀器之外，納入聲稱可識別臉部的工具。此舉即是 Vigilant 試圖把人臉變成等同於車牌，然後將其饋入警務生態中。[66]就像私人偵探網絡一樣，Vigilant 創造出上帝視角，觀看美國交織的街道和公路，以及沿途每一個移動的人，同時仍不受任何有意義的監管或問責形式約束。[67]

如果從警察巡邏車轉移到屋子前廊，又會看見另一個地方，在那裡，公共部門與私營部門的資料實務之間的差異正逐漸消失。新一代的社群媒體報案應用程式，例如 Neighbors、Citizen 和 Nextdoor，可讓使用者即時收到當地事件發生時的警告，然後討論這些事件，以及傳送、分享和標記監視器畫面。Neighbors 是亞馬遜的產品，仰賴其 Ring 門鈴攝影機，它將自己定義為「新型態鄰里監視」，並把鏡頭分類為犯罪、可疑或陌生人等類別。影片通常會與警方共享。[68]在這些住宅監視生態系統中，TREASUREMAP 與 FOXACID 的邏輯結合起來，還連結到住家、街道及兩者之間的所有地方。

對亞馬遜來說，每售出一台新的 Ring 裝置，都有助於建立住家內外更多大規模的訓練資料集，其正常與異常行為的分類邏輯，和戰場上盟友與敵人的分類邏輯是一樣的。舉例而言，Ring 有個功能是使用者可通報亞馬遜包裹遭竊。根據一項新聞調查，其中許多貼文帶有種族主義的評論，而影片張貼不成比例地把有色人種描述為可能的竊賊。[69]除了報案，Ring 也可以用來通報被視為績效不佳的亞馬遜員工，例如對包裹不夠小心——創造了新一層勞工監視和懲罰。[70]

為了完善其公私監視基礎設施，亞馬遜一直積極向警政部門推銷 Ring 系統，給予折扣，並提供一個入口網站，讓警方可看見 Ring 攝影機在當地區域的位置，還能直接聯絡屋主，在沒有搜查令的情況下非正式地索取影片。[71]亞馬遜已經與六百多個警察部門協商，建立 Ring 影片分享的合作關係。[72]

一個案例是，記者哈金絲（Caroline Haskins）有一次提交申請公共紀錄時，發現亞馬遜與佛羅里達州一個警察部門協商一份諒解備忘錄，該備忘錄顯示警方受到激勵推廣 Neighbors 應用程式，而且每一次合法下載，警方就能獲得換取免費 Ring 攝影機的點數。[73]結果就是一個「自我延續的監視網絡：更多人下載 Neighbors、更多人得到 Ring，監視影片激增，於是警方可以想要什麼就要什麼」，哈金絲寫道。[74]監視能力曾經是由法院管轄，現在在 Apple 的 App Store 提供，當地街頭警察也會推廣。正如媒體學者胡彤暉的觀察，藉由使用這樣的應用程式，我們「成了國家安全機構的自由工作者」。[75]

胡彤暉描述為何鎖定目標——典型的軍事用語——在所有形式中都該一起被視為一個相互連接的權力系統，從定向廣告、矛頭指向可疑鄰居到瞄準無人機都是如此。「我們不能僅思考一個個彼此孤立的鎖定形式；結合資料主權，它們呼籲我們以不同方式理解雲端時代的權力。」[76]曾經只屬於情報機構執掌範圍的觀察方式已經粒化，到處分散在許多社會系統中——嵌入工作場所、住家和汽車——並由科技公司推動，這些公司存在於商業與軍事人工智慧領域重疊的交叉線空間裡。

在鎖定目標的軍事邏輯背後，是**特徵標記**的概念。小布希總統第二任任期即將結束時，中情局主張，他們應能只依據觀察到的個人「行為模式」或「特徵」，即發動無人機攻擊。[77]發動「人物襲擊」牽涉到鎖定特定個人，「特徵襲擊」則是某個人因為自己的後設資料特徵而喪命；換言之，沒有人知道他們的身分，但資料顯示他們可能是恐怖分子。[78]正如史諾登的文件所顯示的，在歐巴馬執政的幾年，國安局的全球後設資料監視程式會對嫌犯的ＳＩＭ卡或手機進行地理位置定位，然後美軍就會進行無人機襲擊，殺了擁有這項裝置的個人。[79]「我們根據後設資料來殺人，」前美國國安局暨中情局局長海登將軍（General Michael Hayden）說。[80]據說國安局地理定位室部門的用詞比較多采多姿：「我們追蹤他，你們做掉他。」[81]

特徵襲擊聽起來可能精準且獲得授權，暗示著一個人身分的真正標記。但在二〇一四年，法律組織「暫緩執行」（Reprieve）公布一份報告，顯示企圖殺害四十一人的無人機襲擊，造成了估計約一千一百四十七人死亡。「無人機襲擊對美國大眾宣傳時聲稱是『精準』的。但情報有多精準，攻擊最多只會這麼精準。」該報告的負責人吉布森（Jennifer Gibson）說。[82]不過，特徵襲擊這種形式不是關注於精準，而是相關性。一旦在資料中發現某種模式，並達到某個閾值，這種嫌疑程度就足以讓軍方採取行動，即使沒有明確證據。這種透過模式辨識而來的裁決模式出現在許多領域，最常見的是打分數的形式。

以二〇一五年敘利亞難民危機為例。數百萬人逃離野火燎原般的內戰和敵人的占領，期盼能在歐洲找到庇護之處。難民冒著生命危險，搭上橡皮艇和過於擁擠的船隻。九月二日，三歲男孩艾蘭・庫迪（Alan Kurdi）於地中海溺斃，他五歲的哥哥也身亡，當時他們的船翻覆了。一張他的遺體被沖上土耳其海灘的照片成為國際頭條新聞，強烈點出人道危機的規模：一張照片成為集體恐慌的代表。不過，有人認為這是越來越強的威脅。大約就在這個時候，有人找ＩＢＭ洽談新計畫，想問該公司是否能利用其機器學習平台，偵測到可能與聖戰主義有關的難民資料特徵。簡言之，ＩＢＭ能不能自動分辨出恐怖分子和難民？

ＩＢＭ策略方案主管波林（Andrew Borene）向軍事網站「第一防禦」（Defense One）說明這項計畫背後的緣由：「我們的全球團隊（包含歐洲成員）收到了回饋，說有人擔憂在這些挨餓沮喪的尋求庇護者當中，有些男性的年齡是適合戰鬥的，他們下船之後看起來非常健康。這讓人擔心，他們是不是和伊斯蘭國（ＩＳＩＳ）有關？若是如此，這種解決方案是否有幫助？」[83]

ＩＢＭ的資料科學家在距離遙遠、安全無虞的企業辦公室檢視這項問題，認為最好的處理方式是運用資料提取和社群媒體分析。難民營的克難環境和數十種用來分類恐怖分子行為的假設蘊含諸多變數，而ＩＢＭ先放下這些考量，建立一套實驗性的「恐怖分子信用評分」，將伊斯蘭國戰士從難民中剔除。分析師收集的非結構化資料可說是大雜燴，從推特到在希臘、土耳其海岸附近許多翻覆船隻旁的溺斃者正式名單都有。ＩＢＭ還以邊防機構可取得的後設資料類型為模型，組成一個資料集，運用這些迥然不同的方法，開發出一套假設性的威脅分數：ＩＢＭ指出，這不是有罪或清白的絕對指標，而是深刻「洞悉」個人，包括過去的地址、工作場所和社會連結。[84]同時，敘利亞難民不知道自己的個人資料正被收集，去試驗一套可能將他們視為潛在恐怖分子而剔除他們的系統。

這只是眾多案例之一，運用難民的屍體作為測試案例，開發出由國家控制的新技術系統。這些軍事和警政邏輯現在充滿了金融化思維：社會建構的信用等級模型已經進入許多人工智慧系統，從獲得貸款的能力到跨境許可，全都在影響範圍之內。現在全世界使用數以百計這樣的平台，從中國、委內瑞拉到美國，獎勵預先決定的社會行為，並懲罰那些不願遵守者。[85]用社會學家富凱德和希利的話來說，這種「道德化的社會分類新體制」有利於傳統經濟體的「高成就者」，同時進一步讓最弱勢的族群處於不利的處境。[86]最廣義來說，信用評分已成為軍事與商業特徵結合之處。

這種人工智慧的評分邏輯，與執法部門及邊境控管等原屬於國家的領域緊密相連，還影響另一項國家職能：讓人取得公共利益。正如政治學家厄班克絲在其著作《自動化不平等》（*Automating Inequality*）一書中寫道，福利國家若採用人工智慧系統，它們主要會成為一種監視、評估和限制人民取得公共資源的方式，而不是提供更大的支援。[87]

這種動態的重要範例是共和黨的前密西根州州長史奈德（Rick Snyder）。曾擔任電腦硬體公司捷威科技（Gateway）董事長的史奈德，決定執行兩項演算法驅動的撙節方案，打著州預算縮減的名號，試圖破壞貧窮公民的經濟安全。首先，他指示以匹配演算法執行該州的《逃亡重罪犯法》政策，依據尚未執行的重罪令狀，自動讓不合格的人無法取得食物援助。二〇一二年至二〇一五年間，這套新系統將一萬九千多名密西根州居民錯誤匹配，自動讓他們每一個人喪失食物援助的資格。[88]

第二項方案稱為密西根州整合數據自動系統（Michigan Integrated Data Automated System, MiDAS），建立該系統是為了「機器人裁定」（robo-adjudicate），對系統認定為會詐領州政府失業保險金的人施以懲罰。密西根州整合數據自動系統的設計是將資料差異與不一致之處，視為非法行為的潛在證據。系統識別出超過四萬名密西根州居民有詐騙嫌疑，但這識別並不精準，後果也非常嚴重：沒收退稅、扣押薪資，並施加民事懲罰，其金額是人們遭控欠款的四倍之多。最終，兩個系統都是龐大的財務損失，密西根州得不償失。那些蒙受損害的人可成功控訴使用這些系統的州政府，但在這之前已有成千上萬的人受到影響，許多人宣告破產。[89]

如果檢視州政府推動的人工智慧系統整體背景，可看出鎖定恐怖分子或無證工人的邏輯，和把人視為逃亡重罪犯或詐騙嫌疑者的鎖定邏輯是一致的。即使食物援助和失業津貼的立意是支援窮人，促進社會和經濟穩定，但使用軍事性的指揮和控制系統，達到懲罰和排除的目的，危及了這些系統的整體目標。本質上，這些系統是懲罰性的，依據威脅鎖定模式來設計。評分和風險的基本模式已經深深滲透到州政府的官僚體系結構，而由那些機構想出的自動化決策系統推動一套邏輯，深刻影響想像、評估、評分與服務社群和個人的方式。

## 纏結的乾草堆

我花了漫長的一天在史諾登檔案庫中搜尋，即將離去之前意外找到一張投影片，這張投影片把這星球描述為「資訊的乾草堆」；在這裡，理想的情報是一根遺失在乾草中某處的針。投影片上有張令人愉悅的美工圖案圖像：田裡有座巨大的乾草堆，上方一片藍天。這是關於資訊收集的陳腔濫調，但手段高明：修剪乾草是對農場有利，乾草收集起來可創造價值。這喚起了人們的想像，彷彿有一片資料農業的田園美景，令人感到療癒——好好照料農田，進一步延續有序的採掘和生產週期。美國人工智慧研究者阿格雷（Phil Agre）曾主張，「目前的科技是隱蔽的哲學；重點在於，要讓它的哲學性更公開。」[90]這裡的哲學是指應該在全世界提取資料並賦予結構，才能維持美國霸權。但我們已看到這些故事多麼禁不起細部檢視。

行星運算的重疊網格相當複雜，交叉滋生企業和國家的邏輯，超越傳統國界和治理的限制，混雜程度遠超過贏者全拿可能隱含的概念。正如布萊頓所稱，「行星規模運算的骨架有個決定性的邏輯，這邏輯就算稱不上自我實現，也是自我強化，並且透過自身基礎設施運作的自動化，它超越了國家的任何設計，即使它也用來代替國家形式。」[91]主權人工智慧是極端的愛國主義，認為人工智慧能安全位於國界內，這觀念是個迷思。人工智慧基礎設施已是一種混合體，正如胡彤暉所主張，支撐這項基礎設施的勞動力也是：從製造電子元件的中國工廠工人、提供雲端勞力的俄羅斯程式設計師，到篩檢內容和標記圖像的摩洛哥自由工作者。[92]

整體來看，從軍事到內政層級，國家使用的人工智慧和演算法系統經由把資料提取技術、目標鎖定邏輯和監視結合在一起，揭示了**全體**基礎設施的指令和控制所隱含的哲學。這些目標幾十年來一直是情報機構的核心，但現在已擴散到許多其他的國家職能，從地方執法到福利分配都是。[93]這只是透過提取式行星運算讓國家、內政、企業邏輯深度混合的冰山一角。不過，這是個令人不自在的交易：各州正與他們無法掌控，甚至不完全了解的科技公司交易，而科技公司正承擔他們不適合履行的國家職能和超國家（extrastate）職能。未來有一天，他們或許要負起責任。

史諾登檔案庫顯示，這些重疊和矛盾的監視邏輯會擴大到多大範圍。一份文件提到，一名國安局雇員描述一種症狀，亦即對資料似乎能提供上帝視角上了癮：「登山者稱這種現象為『登頂狂熱』，也就是『一個人如此執著於抵達山頂，其他一切都不在他的意識中』。」我認為追求訊號情報的人就像世界級的登山者，不能免於登頂狂熱。很容易忽視惡劣的天氣，持續不懈地前進，尤其是對某件事物投入大量金錢、時間和資源之後。[94]

無間斷的監視所耗費的所有金錢和資源，是集中化控制這個狂熱夢想的一部分，但代價卻是犧牲社會組織的其他願景。史諾登揭露文件是個分水嶺，揭示了當國家與商業界合作時，提取文化能走到何種地步，而網路圖表和 PowerPoint 的美工圖案，若與此後發生的所有事情相比，可能令人感覺詭異。[95]國安局的獨特方法和工具已滲入教室、警察局、工作場所和失業救濟處。這是巨額投資的結果，也是實際上的私有化形式所造成，以及讓風險和恐懼安全化的後果。目前不同形式的力量的深層糾葛，為第三次抵銷帶來希望。它已經遠不只是在戰場作戰中取得戰略優勢為目標，而轉為涵蓋日常生活中所有可追蹤和評分的部分，這些評分是從好公民應如何溝通、行動和花費的規範性定義而來。這種轉變帶來了不同的國家主權願景，由企業演算法治理來調整，並進一步強化國家代理人與他們要服務的人民之間極度的權力失衡。

---

## 注釋

1. 「NOFORN」代表「禁止釋放給外國」（Not Releasable to Foreign Nationals）。“Use of the ‘Not Releasable to Foreign Nationals’ (NOFORN) Caveat.”
2. 五眼聯盟是由澳洲、加拿大、紐西蘭、英國和美國組成的全球情報聯盟。Five Eyes Intelligence Oversight and Review Council.”
3. Galison, “Removing Knowledge,” 229.
4. Risen and Poitras, “N.S.A. Report Outlined Goals for More Power”; Müller-Maguhn et al., “The NSA Breach of Telekom and Other German Firms.”
5. FOXACID 是特定入侵行動辦公室（Office of Tailored Access Operations）開發的軟體，該單位現名電腦網路運作處（Computer Network Operations），美國國安局下轄的網路戰情報收集單位。
6. Schneier, “Attacking Tor.” 文件可在 “NSA Phishing Tactics and Man in the Middle Attacks” 找到。
7. Swinhoe, “What Is Spear Phishing?”

8. "Strategy for Surveillance Powers."
9. Edwards, *Closed World*.
10. Edwards.
11. Edwards, 198.
12. Mbembé, *Necropolitics*, 82.
13. Bratton, *Stack*, 151.
14. 關於美國網際網路歷史的精采敘述，參見 Abbate, *Inventing the Internet*。
15. SHARE Foundation, "Serbian Government Is Implementing Unlawful Video Surveillance."
16. Department of International Cooperation Ministry of Science and Technology, "Next Generation Artificial Intelligence Development Plan."
17. Chun, *Control and Freedom; Hu, Prehistory of the Cloud*, 87–88.
18. Cave and ÓhÉigeartaigh, "AI Race for Strategic Advantage."
19. Markoff, "Pentagon Turns to Silicon Valley for Edge."
20. Brown, *Department of Defense Annual Report*.
21. Martinage, "Toward a New Offset Strategy," 5–16.
22. Carter, "Remarks on 'the Path to an Innovative Future for Defense'"; Pellerin, "Deputy Secretary."
23. 美國軍事抵銷政策的起源可追溯至一九五二年十二月，當時蘇聯的常規軍事師幾乎是美國的十倍。艾森豪總統將核威懾變成「抵銷」這些不利條件的一種方式。這項戰略不僅涉及美國的核武報復力量威嚇，還牽涉到加速美國武器儲備大幅增加，並開發遠程噴射轟炸機、氫彈，以及最後發展洲際彈道飛彈。這也包括更仰賴間諜活動、蓄意破壞和隱蔽行動。在一九七〇年代和一九八〇年代，美國軍事戰略轉向分析和後勤在計算方面的進步，這是建立在軍事架構者麥納馬拉（Robert McNamara）等人尋求軍事霸權的影響下。「第二次抵銷」可從一九九一年波灣戰爭的「沙漠風暴」（Operation Desert Storm）等軍事行動中看出，當時偵察、壓制敵方防禦、精確導引武器主導美國戰事，而思考和談論戰爭的方式也圍繞於此。然而，隨著俄羅斯和中國開始採用這些能力，並部署了數位戰網路，引發更多人憂心，主張重新建立一種新的戰略優勢。參見 McNamara and Blight, *Wilson's Ghost*。

24. Pellerin, "Deputy Secretary."
25. Gellman and Poitras, "U.S., British Intelligence Mining Data."
26. Deputy Secretary of Defense to Secretaries of the Military Departments et al.
27. Deputy Secretary of Defense to Secretaries of the Military Departments et al.
28. Michel, *Eyes in the Sky*, 134.
29. Michel, 135.
30. Cameron and Conger, "Google Is Helping the Pentagon Build AI for Drones."
31. 舉例來說，Gebru et al., "Fine-Grained Car Detection for Visual Census Estimation"。
32. Fang, "Leaked Emails Show Google Expected Lucrative Military Drone AI Work."
33. Bergen, "Pentagon Drone Program Is Using Google AI."
34. Shane and Wakabayashi, "'Business of War.'"
35. Smith, "Technology and the US Military."
36. 「聯合企業防禦基礎設施」合約最後交給微軟時，微軟總裁史密斯解釋，微軟贏得這份合約的原因是，它被視為「不僅是一個銷售機會，而實際上是一個非常大規模的工程計畫」。Stewart and Carlson, "President of Microsoft Says It Took Its Bid."

37. Pichai, "AI at Google."
38. Pichai.「行家計畫」隨後被安杜里爾公司（Anduril Industries）接手，這家保密科技新創公司的創辦人是製作虛擬實境頭戴式顯示器 Oculus Rift 的拉奇（Palmer Luckey）。Fang, "Defense Tech Startup."
39. Whittaker et al., *AI Now Report 2018*.
40. 施密特的引文出自 Scharre et al., "Eric Schmidt Keynote Address"。
41. 正如薩琪曼所言，「根據戰爭法『正確殺人』，需要遵守區分原則，並識別立即的威脅。」Suchman, "Algorithmic Warfare and the Reinvention of Accuracy," n. 18.
42. Suchman.
43. Suchman.
44. Hagendorff, "Ethics of AI Ethics."
45. Brustein and Bergen, "Google Wants to Do Business with the Military."
46. 關於為什麼內政機構應該更仔細評估演算法平台風險的更多資訊，參見 Green, *Smart Enough City*。
47. Thiel, "Good for Google, Bad for America."
48. Steinberger, "Does Palantir See Too Much?"
49. Weigel, "Palantir goes to the Frankfurt School."
50. Dilanian, "US Special Operations Forces Are Clamoring to Use Software."
51. "War against Immigrants."
52. Alden, "Inside Palantir, Silicon Valley's Most Secretive Company."
53. Alden, "Inside Palantir, Silicon Valley's Most Secretive Company."
54. Waldman, Chapman, and Robertson, "Palantir Knows Everything about You."

55. Joseph, "Data Company Directly Powers Immigration Raids in Workplace"; Anzilotti, "Emails Show That ICE Uses Palantir Technology to Detain Undocumented Immigrants."

56. Andrew Ferguson，與作者的談話，二〇一九年六月二十一日。

57. Brayne, "Big Data Surveillance." 布蕾恩也提到，從執法部門移轉到情報部門的發生時間，甚至比轉換到預測性分析還早，因為「特里訴俄亥俄州案」（Terry v. Ohio）和「瑞恩訴美國案」（Whren v. United States）〔譯注：這兩項案件都是最高法院認為，警方若懷疑理由可進行攔阻，並不違憲〕等法院判決讓執法部門更容易規避相當理由，也讓攔車的狀況劇增。

58. Richardson, Schultz, and Crawford, "Dirty Data, Bad Predictions."

59. Brayne, "Big Data Surveillance," 997.

60. Brayne, 997.

61. 參見如 French and Browne, "Surveillance as Social Regulation"。

62. Crawford and Schultz, "AI Systems as State Actors."

63. Cohen, *Between Truth and Power*; Calo and Citron, "Automated Ad- ministrative State."

64. "Vigilant Solutions"; Maass and Lipton, "What We Learned."

65. Newman, "Internal Docs Show How ICE Gets Surveillance Help."

66. England, "UK Police's Facial Recognition System."

67. Scott, *Seeing Like a State*.

68. Haskins, "How Ring Transmits Fear to American Suburbs."

69. Haskins, "Amazon's Home Security Company."

70. Haskins.

71. Haskins. "Amazon Requires Police to Shill Surveillance Cameras."
72. Haskins, "Amazon Is Coaching Cops."
73. Haskins.
74. Haskins.
75. Hu, *Prehistory of the Cloud*, 115.
76. Hu, 115.
77. Benson, "'Kill 'Em and Sort It Out Later,'" 17.
78. Hajjar, "Lawfare and Armed Conflicts," 70.
79. Scahill and Greenwald, "NSA's Secret Role in the U.S. Assassination Program."
80. Cole, "'We Kill People Based on Metadata.'"
81. Priest, "NSA Growth Fueled by Need to Target Terrorists."
82. Gibson quoted in Ackerman, "41 Men Targeted but 1,147 People Killed."
83. Tucker, "Refugee or Terrorist?"
84. Tucker.
85. O'Neil, *Weapons of Math Destruction*, 288–326.
86. Fourcade and Healy, "Seeing Like a Market."
87. Eubanks, *Automating Inequality*.
88. Richardson, Schultz, and Southerland, "Litigating Algorithms," 19.
89. Richardson, Schultz, and Southerland, 23.
90. Agre, *Computation and Human Experience*, 240.

91. Bratton, *Stack*, 140.
92. Hu, *Prehistory of the Cloud*, 89.
93. Nakashima and Warrick, "For NSA Chief, Terrorist Threat Drives Pas-sion."
94. Document available at Maass, "Summit Fever."
95. 史諾登檔案庫的未來並不明朗。二〇一九年三月，葛林華德（Glenn Greenwald）、柏翠絲、斯卡希爾（Jeremy Scahill）報導史諾登事件而獲頒普立茲獎之後共同創辦的線上新聞網站《攔截》（*Intercept*），宣布不再資助史諾登檔案庫。Tani, "Intercept Shuts Down Access to Snowden Trove."

結語

# 權力

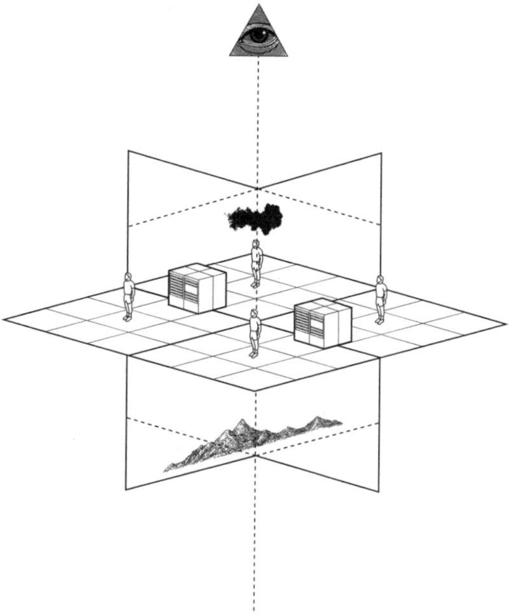

人工智慧並非客觀、通用或中立的運算技術，它在沒有人類指導的情況下做決定。它的系統根植於社會、政治、文化和經濟世界，由人類、機構和命令形塑，這些要素決定系統該做什麼和如何做。它們旨在做出區別、強化階層，以及為狹隘的分類編碼。應用於諸如警務、法院系統、醫療保健和教育的社會環境時，這些系統會複製、最佳化和放大現有的結構性不平等。這並不令人意外：人工智慧系統的建造，就是要觀察和干預世界，而採取的方式主要是有利於它們所服務的國家、機構和企業之利益。從這個意義上來說，人工智慧系統表達的是來自更廣泛的經濟和政治力量的權力，建立人工智慧系統是為了增加獲益，讓系統運用者能集中控制權。但是，人工智慧的故事通常不會這樣訴說。

訴說人工智慧時，標準的作法通常集中在一種演算法例外論——這觀念是說，因為人工智慧系統可以執行不可思議的運算絕技，一定比有缺陷的人類創造者更聰明客觀。看看次頁的AlphaGo Zero的圖解。這是由Google DeepMind設計的人工智慧程式，可以玩策略遊戲。[1]這張圖顯示它如何「學會」下圍棋這種源自中國的策略遊戲，過程中每一步都會評估逾千種選項。在宣布這項進展的報告中，作者寫道：「我們的新程式AlphaGo Zero從白板開始，實現了超人的表現。」[2]DeepMind共同創辦人哈薩比斯（Demis Hassabis）把這些遊戲引擎描述為類似外星智慧。「它下棋時不像人類，也不像計算機引擎。它以第三種、幾乎是外星人的方式下棋……就像來自另一個維度的圍棋。」[3]當下一次迭代三天內就掌握了圍棋，哈薩比斯說這是「在七十二小時內，重新發現人類三千年的知識！」。[4]

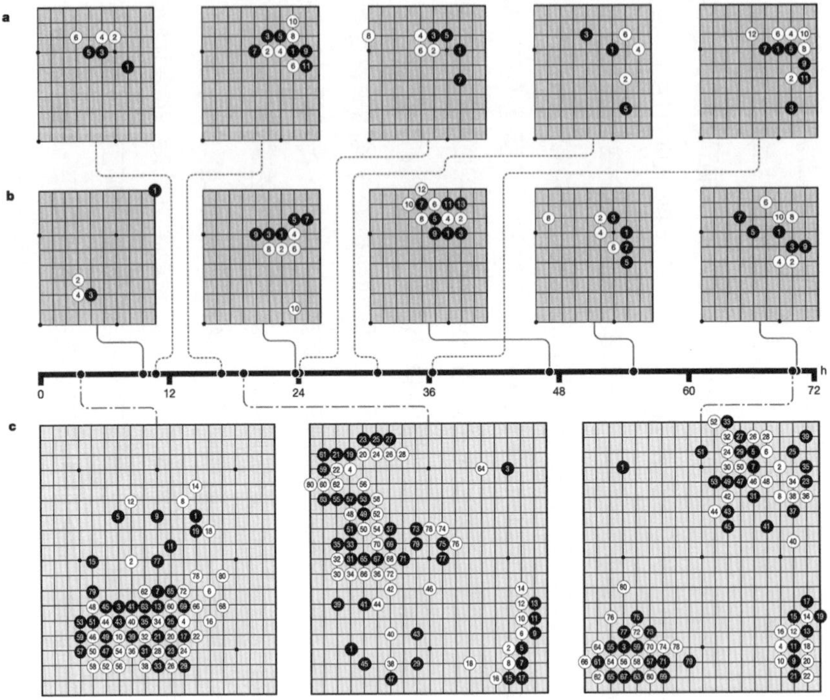


AlphaGo Zero 學到的圍棋知識。Courtesy of DeepMind

這張圍棋圖解當中看不到機器、人工、資本投資、碳足跡，只是以規則為基礎的抽象系統，具有超凡的技能。在人工智慧的歷史上，關於神奇和神祕的描述一再出現，為圍繞速度、效率和運算推理的精采展示畫上光環。[5]無怪乎當代人工智慧代表性的例子之一，是一種遊戲。

## 沒有邊界的遊戲

自一九五〇年代以來，人工智慧程式一直偏好以遊戲作為試驗場。[6]和日常生活不同，遊戲提供封閉的世界，有明確的參數和清楚的獲勝條件。二次大戰中人工智慧的歷史淵源，源自於軍方資助的訊號處理和最佳化研究，試圖簡化世界，使之更像一種戰略遊戲。這形成了對合理化和預測的強烈重視，以及相信數學的形式主義能幫助我們了解人類和社會。[7]相信準確預測根本上就是減少世界的複雜性，這促成了一種隱含的社會理論：發現雜訊中的訊號，從無序中建立秩序。

在知識論上把複雜性扁平化，使訊號變得清楚以供預測，現在是機器學習的中心邏輯。科技歷史學家坎波洛（Alex Campolo）和我稱此為**著魔決定論**（enchanted determinism）：把人工智慧系統視為被施了魔法，超出已知世界，而稱之為「決定論」是因為它們發現了模式，這些模式具備可以預測的確定性，能應用到日常生活。[8]討論深度學習系統時，機器學習技術透過將資料的抽象呈現相互疊加而擴展，於是著魔決定論取得了近乎神學的特質。深度學習方法通常是無法解釋的，連負責創建它們的工程師也無能為力，於是為這些系統冠上光環，變成複雜得無法監管，力量強大得難以抵擋。正如社會人類學家貝利（F. G. Bailey）所指出的，「藉由神話化（mystification）來模糊」的技術，經常應用在公共背景之下，論證某種現象是難以避免的。[9]我們總聽人說，要關注這種方法的創新性，而不是著重該方法主要是什麼：事物本身的目的。最重要的是，著魔決定論模糊了權力，不讓受其影響的人進行公共討論、批判性檢視或公開拒絕。

著魔決定論有兩大分支，彼此映照。其中一派走的是科技烏托邦，認為運算干預是適用於任何問題的通用解方。另一派抱持科技反烏托邦觀點，歸責演算法的負面結果，就像它們是獨立的代理人，不會與形塑它們和它們運行所在的環境抗衡。在極端的情況下，科技反烏托邦的敘述終結在奇點（singularity）或超智慧（superintelligence）——這理論是說，可能出現最終將主宰或摧毀人類的機器智慧。[10]這種觀點鮮少論爭一項現實：世界上有很多人**已經**被提取式的行星運算系統主宰。

這些反烏托邦與烏托邦的論述，是形而上的孿生手足：一個相信人工智慧可以解決所有問題，另一個憂心人工智慧是最大的危害。兩者的觀點都拋棄了深層的歷史脈絡，僅把權力定位於科技本身。無論人工智慧被抽象化為萬能的工具或無所不能的霸主，結果都是科技決定論。人工智慧占據社會救贖或毀滅的中心位置，讓我們能忽視不受約束的新自由主義、撙節政治、種族不平等，以及廣泛的勞力剝削的系統性力量。科技烏托邦與反烏托邦都以科技為中心來建構問題，不可避免地擴展到生活中的每一個部分，與它放大和服務的各種形式的權力脫鉤。

AlphaGo 擊敗人類特級大師時，我們不禁想像某種超凡的智慧已出現。但有個更簡單，也更準確的解釋。人工智慧遊戲引擎設計成玩不計其數的遊戲，運行統計分析，以便讓獲勝結果最佳化，然後再玩數百萬次。這些程式產生在人類比賽中不常見的意想不到招數，理由很簡單：它們可以用比任何人類更快得多的速度玩和分析更多遊戲。這不是魔法，而是大規模的統計分析。然而，超自然的機器智慧的傳說仍在持續。[11]我們一再看到笛卡兒的二元論意識形態在人工智慧中出現：這份幻想是把人工智慧系統想像成無實體的大腦，獨立於其創造者、基礎設施和整個世界之外，來吸收和產生知識。這些幻想轉移了對更為相關的問題的注意力：這些系統到底是為誰服務？它們的政經結構是什麼？更廣泛的行星的後果又是什麼？

## 人工智慧的管線

想想一個不同的人工智慧實例：Google擁有和營運的第一個資料中心的藍圖，這個資料中心位於奧勒岡州達勒斯（Dalles）。藍圖上描繪著三座一千九百三十一坪的建築，這個巨大的設施在二〇〇八年使用的能源估計足以為八萬兩千個家庭，或相當於華盛頓州塔科馬（Tacoma）大小的城市供電。[12]資料中心現在分布在哥倫比亞河（Columbia River）沿岸，那裡大量使用北美一些最便宜的電力。Google的遊說者花了六個月時間與當地官員協商，以達成一項協議，包括免稅、廉價能源保證、使用該市建構的光纖環狀網路。和圍棋遊戲的抽象願景不同，工程計畫透露出Google的科技願景多麼仰賴公共設施，包括輸氣幹線、汙水管線，以及折價電力通過的高壓電線。用作家絲特蘭德（Ginger Strand）的話來說：「YouTube用的是城市基礎設施、國家的福利歸還和聯邦電力補貼，可說是由我們買單。」[13]

這張藍圖提醒我們，人工智慧產業的擴張多麼仰賴公共補貼：從國防資金和聯邦研究機構到公共事業和減稅，再到從所有使用搜尋引擎或線上張貼圖像的人那裡取得的資料和無償勞動。人工智慧起初是二十世紀的重大公共計畫，後來持續被私有化，為在採掘作業金字塔頂端的極少數人帶來巨大的財務獲利。

這些圖表展示兩種不同的方式，供理解人工智慧如何運作。我說過，我們如何定義人工智慧、它的界線為何、由誰來決定它們，攸關重大：它形塑可以看見什麼、該爭論什麼。AlphaGo

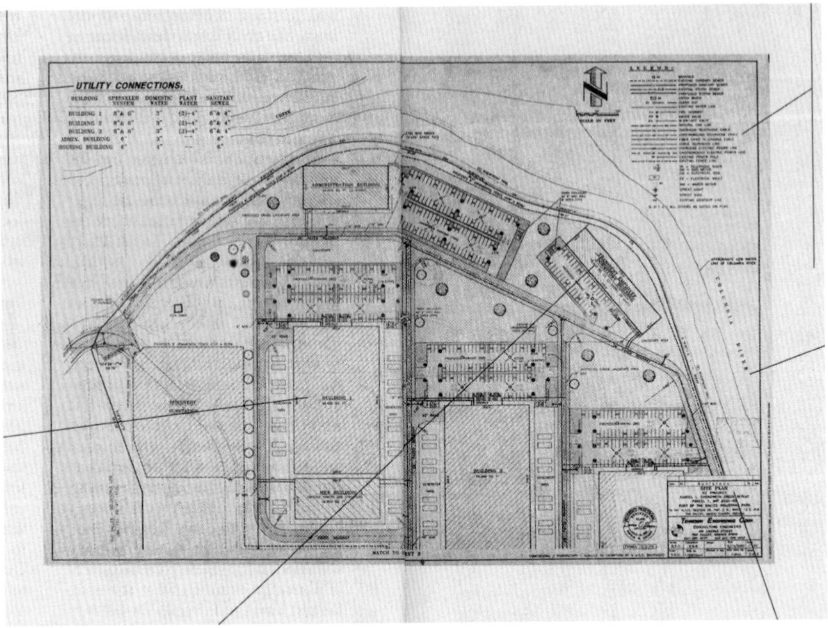


Google 資料中心的藍圖。Courtesy of *Harper's*

圖表說的是抽象運算雲端的產業敘述，和生產它所需的地球資源打不著關係。在這個典範中，推崇技術創新、拒絕監管，從不揭露真正的成本。這張藍圖為我們指出實體的基礎結構，卻沒有提到完整的環境影響，以及為了實現這藍圖而做的政治交易。這些偏頗的人工智慧敘述呈現出哲學家哈特（Michael Hardt）和奈格里（Antonio Negri）所稱的資訊資本主義中的「**抽象**與**提取**雙重運作」：讓實體的生產條件變抽象，同時提取更多資訊和資源。[14]把人工智慧描述為從根本上來說是抽象的，就能讓人工智慧與生產時所需的能源、勞工、資本，以及使其成為可能的許多不同類型採礦保持距離。

本書探索了人工智慧作為採掘業的行星基礎設施：從實體創生開始，論及人工智慧運作的政治經濟學，再談到支持人工智慧非物質性和必然性光環的論述。我們已經看到，在訓練人工智慧系統辨識世界時的內在政治。我們也觀察到系統性形式的不公平，造就出今天的人工智慧。科技、資本和權力的深度糾結是核心議題，而其最新的表現就是人工智慧。這些系統不是高深莫測的異類，而是更大的社會和經濟結構的產物，具有深遠的實體後果。

## 地圖不是領土

該如何看待人工智慧的整個生命週期，以及驅動它的權力動態？我們必須超越傳統的人工智慧地圖，把它放到更廣闊的地景中。地圖集可以引發規模的變化，以了解空間如何相互連結產生關聯。本書提出，人工智慧真正的利害關係，在於全球互聯的提取和權力系統，而不是技術官僚對人工製造、抽象和自動化的想像。如果要了解人工智慧為何物，我們需要認識其所服務的權力結構。

人工智慧是從玻利維亞鹽湖和剛果礦藏誕生，由群眾外包工作者標記的資料集建構而成，試圖對人類的行動、情感和身分進行分類。人工智慧用來導航葉門上空的無人機，指導美國的移民警察，調整世界各地的人類價值和風險的信用評分。我們需要對人工智慧抱持廣角、多尺度的觀點，才能處理這些層層疊疊的制度。

本書從地底下開始，在那裡可以看到人工智慧的採掘政治最直接的表現。我們探討了稀土礦物、水、煤炭和石油：科技產業挖鑿地面，為高度能源密集的基礎設施提供燃料。科技產業從未完全承認或說明人工智慧的碳足跡，在擴張資料中心網絡的同時，協助石油和天然氣產業尋找及耗盡剩餘的化石燃料藏量。更大的整體運算供應鏈的不透明性，尤其是人工智慧，隸屬於長期以來建立的商業模式的一部分。這套模式是從共有財中提取價值，避免對持久的損害進行補償。

勞力代表了另一種形式的採掘。在第二章，我們勇於超越高薪的機器學習工程師，思考為了讓人工智慧系統運作，需要哪些其他形式的工作。從印尼採掘錫礦的礦工到印度完成「亞馬遜土耳其機器人」任務的群眾外包工作者，再到中國富士康的 iPhone 工廠工人，人工智慧的勞動力規模遠超出我們一般的想像。即使在科技公司內部，也有大量的約聘工作者影子勞動力，他們的人數大幅超過全職員工，但福利較少，沒有工作保障。[15]

在科技業的物流節點，我們發現人類完成機器做不到的任務。要支撐自動化的假象，得動用成千上萬的人：標記、修正、評估和編輯人工智慧系統，使這些系統看起來天衣無縫。其他人則扛起包裹、為叫車應用程式開車和送餐點。人工智慧系統監視著全部，同時從人體基本功能中榨取最多的輸出：手指的複雜關節、眼睛和膝窩都比機器人更便宜、更容易取得。在那些空間裡，未來的工作看起來更像過去的泰勒式工廠，但工人犯錯時腕帶會震動，太常如廁也會受罰。

在工作場所使用人工智慧，藉由把更多控制權交到雇主手上，進一步讓權力的失衡更扭曲。應用程式用於追蹤員工，輕推他們延長工時，並即時為他們排名。亞馬遜就是典型的範例，說明權力的微觀物理學——規訓身體和身體在空間中的運動——如何連結到權力的宏觀物理學，也就是行星尺度的時間和資訊的物流。人工智慧系統利用不同市場的時間和工資的差異，加速資本循環。突然間，住在都會中心的每個人可以擁有——並期待——當日送達。而系統再次加速，實體後果隱藏在紙箱、送貨卡車和「放入購物車」按鍵後面。

在資料層，我們可以看到不同的採掘地理。「我們正在打造一面現實世界的鏡子，」一名Google街景的工程師在二〇一二年說道：「你在現實世界看到的任何東西，都需要在我們的資料庫裡。」[16]自此之後，現實世界的收集行為只是越來越強化，以深入以前難以捕捉的空間。正如在第三章所見，公共空間廣受掠奪；街上的人臉被捕捉來訓練臉部辨識系統；社群媒體的貼文被取用來建構語言預測模型；人們存放個人照片或參與線上辯論的網站也被抓取，以訓練機器視覺和自然語言演算法。這種作法已經變得如此普遍，以至於在人工智慧領域鮮少有人質疑它。部分原因在於，非常多的職業和市場估值仰賴它。這種「全面收集」的心態曾經是情報機構的職權範圍，它不僅被正常化，而且被道德化——不盡可能收集資料就會被視為浪費。[17]

一旦資料被提取出來，並排序到訓練集中，就成為知識基礎，人工智慧系統就是依照這個基礎來分類世界。從ImageNet、MS-Celeb或美國國家標準暨技術研究院的收集等基準訓練集來看，圖像被用來表示想法，那些想法比標記可能顯示的更具關聯性和爭議性。在第四章，我們看到標記分類法如何把人們分配到強制的性別二元、簡單又具冒犯性的種族分組，以及高度規範化和符合刻板印象的性格、優點和情緒狀態的分析。這些分類無可避免地充滿價值觀，在聲稱科學中立的同時，強行施加一種看待世界的方式。

人工智慧中的資料集從來不是饋入演算法的原料：它們本質上是政治干預。收集資料、分類和標記資料，然後用它來訓練系統，這整個作法就是一種政治。它帶來了一種轉變，即所謂的「操作用影像」（operational image）——呈現出的世界是只供機器使用的。[18]偏誤是更深層次痛苦的症狀：一種範圍廣泛而集中的規範邏輯，用來決定該如何看待和評估這世界。

第五章描述的情感偵測就是這方面的重要例子。它借鑑的觀念是有爭議性的，認為臉部與情緒有關聯，並把這些觀念應用到測謊機測試的演繹邏輯。這門科學仍有很大的爭議。[19]制度往往把人分類為身分類別，窄化人格，並將其分割成精準測量的欄位。機器學習讓這種情況大規模發生。從巴布亞紐幾內亞的山城，到美國馬里蘭州的軍事實驗室，人們已經開發出技術，減少感覺、內在狀態、偏好和識別的混亂程度，使之成為可量化、可偵測和可追蹤的事物。

要讓機器學習系統能夠解讀世界，需要何種認識論的暴力？人工智慧試圖把不可系統化的東西系統化、將社會性的東西形式化，並把無限複雜、不斷變化的宇宙轉化為機器可讀的林奈式秩序表格。人工智慧的許多成就是仰賴將事物歸結為一套基於代理物的簡潔形式主義：識別和命名一些特徵，同時忽略或掩蓋無數其他特徵。借用哲學家芭比奇（Babette Babich）的話來說，機器學習利用其所知來預測其所不知：一種反覆近似的遊戲。資料集也是**代理物**——代表其聲稱要衡量的東西的替代品。簡言之，這是把差異轉化成可計算的同一性。這種知識基模令人想起尼采所稱的「把五花八門、不可計算的東西偽造成相同的、類似的和可計算的東西」。[20]當這些代理物被視為基準真相，固定的標記應用於流動的複雜性時，人工智慧系統就成了決定性的。我們在人工智慧的案例中看到這一點，也就是人工智慧被用來從一張臉部的照片預測性別、種族或性向。[21]這些方法類似顱相學和面相學，它們希望依據外表來闡明身分的本質，並強加到人身上。

正如我們在第六章看到的，在國家權力的背景下，人工智慧系統的基準真相問題更顯著。情報機構帶頭大規模收集資料，其中後設資料特徵足以促成致命的無人機攻擊，而手機定位成為某個未知目標的代理。即使在這裡，後設資料和外科手術式精準打擊的無情語言，也與無人機導彈不經意的殺戮直接產生矛盾。[22]正如薩琪曼所問的：「物件」如何被識別為迫在眉睫的威脅？我們知道「伊斯蘭國皮卡車」這個類別是依據手動標記的資料分類，但誰選擇了這些類別並識別車輛？[23]我們看見物件辨識訓練集的知識混淆和錯誤，諸如 ImageNet 就有這樣的問題；而軍事人工智慧系統和無人機攻擊，建立在同樣不穩定的領域。

科技產業與軍方之間深刻的相互連結，如今被框定在一個強大的民族主義議題中。中美之間關於人工智慧戰爭的修辭，驅動了科技龍頭的利益，運作時有更大的政府支援，少有限制。與此同時，美國國安局和中情局等機構使用的監視設備，現已透過與帕蘭泰爾之類的公司簽約，在商業與軍事契約的中介空間運作，部署到國內的市政層次。無證移民受到全面的資訊控制和擷取的後勤系統追捕，這些系統曾經專為法律管轄之外的間諜活動使用。福利決策系統用來追蹤異常的資料模式，目的是讓人們無法取得失業救濟金，並指控這些人詐欺。居家監視系統正在使用車牌閱讀器技術，廣泛整合先前各自獨立的監視網絡。[24]

結果是，在回扣和祕密交易的推動下，監視作法迅速深遠擴張，也模糊了私人承包商、執法部門和科技產業的邊界。這是徹底重新描繪公民生活，權力中心藉由符合資本、警政和軍事化的邏輯工具而鞏固。

## 邁向正義的連結運動

如果人工智慧目前服務的是現有的權力結構，一個明顯的問題可能是：我們不該設法將人工智慧民主化嗎？難道沒有為人民服務的人工智慧，將目標重新導向正義和平等，而不是產業採掘和歧視？這似乎很吸引人，但正如我們在整本書中看到的，作為人工智慧催生者和受惠者的基礎設施和權力形式，強烈偏向集中化控制。提出我們要讓人工智慧民主化，以減少權力不對稱，有點像主張讓武器製造民主化，以促進和平。正如美國女權主義者洛德（Audre Lorde）提醒我們的，主人的工具拆不了主人的房子。[25]

科技產業應該負起責任。到目前為止，產業常見的回應是簽署人工智慧的倫理原則。正如歐盟議會議員莎克（Marietje Schaake）所觀察到的，二〇一九年，光在歐洲就有一百二十八項人工智慧倫理框架。[26]這些文件通常作為人工智慧倫理「更廣泛共識」的產物存在。但它們絕大多數是由經濟發達國家提出，鮮少代表非洲、中南美洲或中亞。受人工智慧系統傷害最深的人的聲音，在產製這些系統的過程中很大程度上消失了。[27]不僅如此，倫理原則和聲明並未討論該如何實踐它們，也很少可以強制執行或對更廣泛的大眾負責。正如瑪特恩所指出的，人們較常把焦點放在人工智慧的倫理目的，未評估應用人工智慧的倫理手段。[28]與醫學或法律不同，人工智慧沒有正式的專業治理結構或規範——這個領域沒有商定的定義和目標，也沒有執行倫理實踐的標準協定。[29]

自我監管的倫理框架讓公司可選擇如何部署科技，進而決定符合倫理的人工智慧對世界其他地方意味著什麼。[30]科技公司在其人工智慧系統違反法律時很少受到嚴重的經濟處罰，而違反倫理原則的後果甚至更少。此外，公開發行股票的公司受到股東的壓力，必須把投資報酬率最大化，而不那麼重視倫理考量，通常使倫理不如獲利重要。因此，倫理是必要的，卻不足以解決本書中提出的基本考量。

為了了解其中的利害關係，我們必須多關注權力，而不是倫理。人工智慧總是設計為擴大和再現它被部署來最佳化的權力形式。為了應對這種情況，需要以受影響最深的社群的利益為中心。[31]相對於歌頌公司創辦者、創投投資者，以及懷抱著科技遠見的人，我們應該先從那些被人工智慧系統剝奪權力、歧視和傷害的人的生活經歷開始。當有人說「人工智慧倫理」時，我們應該評估礦工、承包商和群眾外包工作者的勞動條件。當我們聽到「最佳化」，應該問這些是否為對移民不人道的工具。當「大規模自動化」獲得讚揚，我們應該記住在地球已處於極端壓力之下的時刻由此產生的碳足跡。在所有這些系統中努力實現正義意味著什麼？

一九八六年，政治理論家溫納（Langdon Winner）描述了一個「致力於打造人造現實」的社會，這裡不關心它可能對生活條件帶來的傷害：「我們共同世界的結構發生了巨大的轉變，卻很少人注意到那些變化意味著什麼……在科技領域，我們反覆簽訂一系列社會契約，而那些契約的條款只在簽署之後才會披露。」[32]

此後的四十年裡，那些轉變的規模如今已改變大氣層的化學成分、地表溫度和地球地殼的含量。技術在發布時所獲得的評價，以及對其長遠後果的論斷之間，落差只是越來越大。某種程度上曾有的社會契約，已經帶來了氣候危機、益發嚴重的財富不平等、種族歧視，以及廣泛的監視和勞力剝削。不過，以為這些轉變是在不知道可能的結果的情況下發生的，也是問題的一環。哲學家姆邊貝犀利地批評一種觀點，也就是認為我們無法預見二十一世紀的知識系統會變成什麼樣子，因為這些系統總是「抽象的運作，聲稱以企業邏輯為基礎，讓世界合理化」。[33]他寫道：「這是關於資料的提取、擷取和崇拜，是人類思維能力的商品化，也是摒棄批判性推理，以利於程式設計……現在我們比以往任何時候更需要的是，對科技和科技生活經驗進行新的批判。」[34]

下一個時代的批判也需要藉由推翻不可避免的教條，找到科技生活之外的空間。當人工智慧的快速擴張被視為無可抵擋，很可能只在事後修補系統的法律和技術限制：清理資料集、強化隱私法，或是建立倫理委員會。但這些對於科技的回應永遠是偏頗不完整的，因為是把科技視為先決條件，其他一切都必須調整因應。然而，如果我們翻轉這種傾向，開始致力於一個更公正、更永續的世界會如何？我們該如何干預，以解決社會、經濟和氣候不正義這些相互依賴的問題？科技在哪些地方服務那樣的願景？是否有一些地方不應該使用人工智慧，以免危及正義？

這是新的拒絕政治的基礎——反對認為科技有必然性，亦即「如果它可以做到，它就會做到」的想法。與其問人工智慧將被應用在哪裡，僅僅因為它可以做到，重點更應該放在**為什麼**該應用人工智慧。藉由詢問「為什麼使用人工智慧？」，我們可以質疑一切都應服從於統計預測和累積利潤的邏輯這種想法，哈洛威稱之為「宰制的資訊學」（informatics of domination）。[35]當民眾選擇廢除預測性警務、禁止臉部辨識或抗議演算法分級時，我們看到了這種拒絕的隱約樣貌。截至目前為止，這些小勝利都是零星和局部的，通常集中於有較多資源可組織的城市，例如倫敦、舊金山、香港、奧勒岡州波特蘭。但他們指出需要更廣泛的國家和國際運動，拒絕科技優先的作法，並專注於解決潛在的不平等和不正義。「拒絕」所需要否定的想法是：用來服務資本、軍方和警方的工具，也適合用來改造學校、醫院、城市和生態環境，彷彿這些工具是價值中立的計算機，可以應用在任何地方。

對勞工、氣候和資料正義的呼籲，在它們聯合起來時，力量最大。最重要的是，我在不斷發展的正義運動中看到最大的希望，這些運動處理資本主義、運算和控制的相互關聯：把氣候正義、勞權、種族正義、資料保護，以及軍警力量的過度擴張等問題結合在一起。藉由拒絕那些加劇不平等和暴力的系統，我們挑戰了人工智慧目前強化的權力結構，並為一個不同的社會奠定基礎。[36]正如班潔敏所指出的，「德瑞克．貝爾（Derrick Bell）是這樣說的：『要看到事物的真實樣貌，你必須想像它們可能是什麼。』我們是模式的製造者，必須改變我們現有模式的內容。」[37]要做到這一點，需要擺脫對凡事都靠科技解決的著迷，擁抱另類的團結——姆邊貝稱之為「一種居住在地球上、修復和共享這個星球的不同政治」。[38]在價值提取之外，還有永續的集體政治存在；有值得保留的共有財，有市場之外的世界，以及超越歧視和粗暴最佳化模式的生活方式。我們的任務是規畫出一條路線，通往那樣的地方。

**注釋**

1. Silver et al., "Mastering the Game of Go without Human Knowledge."
2. Silver et al., 357.
3. 完整談話參見 Artificial Intelligence Channel: *Demis Hassabis, DeepMind—Learning from First Principles*。亦參見 Knight, "Alpha Zero's 'Alien' Chess Shows the Power"。
4. *Demis Hassabis, DeepMind—Learning from First Principles*.
5. 關於人工智慧中「魔法」迷思的更多資訊，參見 Elish and boyd, "Situating Methods in the Magic of Big Data and AI"。
6. 布魯薩德指出，玩遊戲與智力很危險地混為一談。她引用程式設計師奈威—尼爾（George V. Neville-Neil）的話：「我們在棋賽中已進行人機競爭近五十年，但這是否意味著那些計算機中哪一個是智慧的？不，它沒有——原因有二。首先，下棋不是智力測驗；它是對一項特殊技能的測試——下棋的技能。如果我能打敗棋藝的特級大師，但你叫我把桌上的鹽遞過來，我卻做不到，這樣能說我有智慧嗎？第二個原因是，認為下棋是智力測驗的想法基於一項錯誤的文化前提，也就是優秀的棋手就有聰明的頭腦，比他們周圍的人更有天分。沒錯，許多聰明人棋藝卓越，但棋藝或任何其他單一技能並不代表智慧。」Broussard, *Artificial Unintelligence*, 206.

7. Galison, "Ontology of the Enemy."
8. Campolo and Crawford, "Enchanted Determinism."
9. Bailey, "Dimensions of Rhetoric in Conditions of Uncertainty," 30.
10. Bostrom, *Superintelligence*.
11. Bostrom.
12. Strand, "Keyword: Evil," 64–65.
13. Strand, 65.
14. Hardt and Negri, *Assembly*, 116, emphasis added.
15. Wakabayashi, "Google's Shadow Work Force."
16. Quoted in McNeil, "Two Eyes See More Than Nine," 23.
17. 關於資料即資本的想法，參見 Sadowski, "When Data Is Capital"。
18. Harun Farocki discussed in Paglen, "Operational Images"。
19. 概要參見 Heaven, "Why Faces Don't Always Tell the Truth"。
20. Nietzsche, *Sämtliche Werke*, 11:506.
21. Wang and Kosinski, "Deep Neural Networks Are More Accurate Than Humans"; Kleinberg et al., "Human Decisions and Machine Predictions"; Crosman, "Is AI a Threat to Fair Lending?"; Seo et al., "Partially Generative Neural Networks."
22. Pugliese, "Death by Metadata."
23. Suchman, "Algorithmic Warfare and the Reinvention of Accuracy."

24. Simmons, "Rekor Software Adds License Plate Reader Technology."
25. Lorde, *Master's Tools*.
26. Schaake, "What Principles Not to Disrupt."
27. Jobin, Ienca, and Vayena, "Global Landscape of AI Ethics Guidelines."
28. Mattern, "Calculative Composition," 572.
29. 關於人工智慧倫理架構為何受限於有效性的更多資訊，參見 Crawford et al., *AI Now 2019 Report*。
30. Mittelstadt, "Principles Alone Cannot Guarantee Ethical AI." 亦參見 Metcalf, Moss, and boyd, "Owning Ethics"。
31. 近期的學術研究解決了如何處理重要的實際步驟，又不複製提取和傷害的形式，參見 Costanza-Chock, *Design Justice*。
32. Winner, *The Whale and the Reactor*, 9.
33. Mbembé, *Critique of Black Reason*, 3.
34. Bangstad et al., "Thoughts on the Planetary."
35. Haraway, *Simians, Cyborgs, and Women*, 161.
36. Mohamed, Png, and Isaac, "Decolonial AI," 405.
37. "Race after Technology, Ruha Benjamin."
38. Bangstad et al., "Thoughts on the Planetary."

尾聲

# 太空

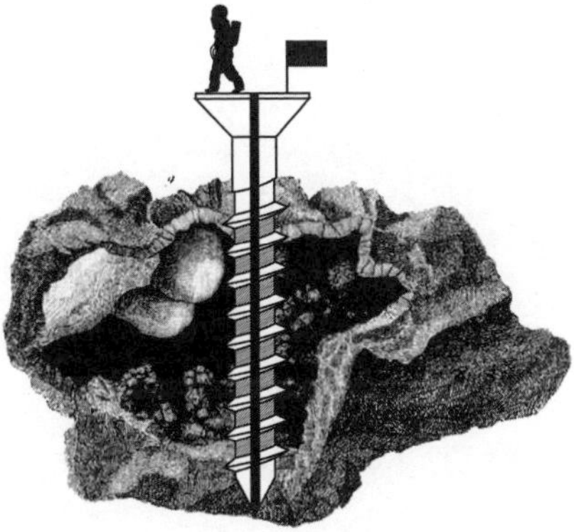

倒數計時開始。資料片開始播映。火箭《農神五號》（Saturn V）高聳參天，底部引擎點燃，開始升空。我們聽見貝佐斯的聲音：「從我五歲起，阿姆斯壯踏上月球表面的時候，我就對太空、火箭、火箭引擎和太空旅行滿懷熱情。」一系列鼓舞人心的畫面出現：登頂的登山者、下探峽谷的探險家、游過魚群的一位海洋潛水員。

鏡頭轉到貝佐斯。火箭發射時，他在控制室調整耳機。他繼續旁白：「這是我正在做的最重要的工作。理由很簡單：這是最棒的星球。因此我們面臨一個抉擇。隨著我們前進，我們將不得不決定我們是否想要一個停滯的文明——我們必須限制人口、我們必須限制人均耗能——或者我們可以透過移居太空來解決這個問題。」[1]

背景音樂大聲播放，深太空圖像與洛杉磯繁忙公路和壅塞的四葉型交流道鏡頭形成對比。「馮．布朗在人類登月之後說：『我學會了非常謹慎地使用不可能這個詞。而我希望你們對自己的生活抱持這種態度。』」[2]

這場景來自貝佐斯的私人太空公司藍色起源（Blue Origin）的宣傳片。該公司的座右銘是「Gradatim Ferociter」，拉丁語意為「步步為營，勇往直前」。藍色起源近期正在建造可重複使用的火箭和登月飛行器，主要在其西德州的設施和次軌道基地測試。到二〇二四年，該公司希望運送太空人和貨物到月球。[3]但從長遠來看，該公司的使命更雄心勃勃得多：幫助實現讓數百萬人在太空生活和工作的未來。具體來說，貝佐斯勾勒出他希望建立巨大的太空殖民地，人們將生活在漂浮的人造環境中。[4]重工業將完全離開地球，前往採掘的新邊疆。與此同時，地球將被劃分為住宅建築和輕工業區，留下一個「美麗的居住地，一個美麗的旅遊地」——想必是提供給那些能負擔得起住在那裡，而不必到外星殖民地工作的人。[5]

貝佐斯擁有非凡且不斷成長的產業力量。亞馬遜在美國線上商務的占比持續增加，亞馬遜網路服務（Amazon Web Services）幾乎占雲端運算產業的一半，且據某項估計，亞馬遜網站的產品搜尋量比 Google 還多。[6]雖然如此，貝佐斯依舊擔憂。他擔心地球日益增長的能源需求將很快超過有限的供給。對他來說，最大的擔憂「未必是滅絕」，而是**停滯**：「我們將必須停止成長，我認為這樣的未來非常糟糕。」[7]

貝佐斯不是唯一這樣想的人。有幾位科技億萬富翁關注太空，他只是其中之一。行星資源公司（Planetary Resources）的領導者是 X 獎基金會（X Prize）創辦人戴曼迪斯（Peter Diamandis），背後有 Google 的佩奇（Larry Page）和施密特投資，目標是透過鑽探小行星在太空中創建第一座商業礦山。[8]特斯拉暨 SpaceX 執行長馬斯克已宣布他想在百年內殖民火星——同時承認，要做到這一點，第一批太空人得「準備成仁」。[9]馬斯克還主張藉由在火星兩極引爆核武，把火星表面地球化，供人類定居。[10]SpaceX 製作了一件 T 恤，上面寫著「核爆火星」（NUKE MARS）。馬斯克還進行了堪稱史上最貴的公關活動，把一輛特斯拉汽車放上 SpaceX 獵鷹重型運載火箭，發射到日心軌道。研究人員估計，這輛車將留在太空數百萬年，直到最終墜落地球。[11]

這些太空奇觀背後的意識形態，與人工智慧產業的意識形態有深刻的相互連結。科技公司產生的極大財富和權力，如今讓一小群人得以追求他們自己的私人太空競賽。他們是靠著利用二十世紀公共空間計畫的知識和基礎設施來達成，並經常仰賴政府資助和稅務優惠。[12]他們的目標並非限制採掘和成長，而是把範圍擴展到整個太陽系。事實上，這些努力更多的是關於太空、無止境成長和永垂不朽的**想像**，而非實際太空殖民的不確定和不愉快的可能性。

貝佐斯征服太空的啟發，部分來自物理學家暨科幻小說家傑瑞德・K・歐尼爾（Gerard K. O'Neill）。歐尼爾在一九七六年寫了《高處邊疆：人類的太空殖民》（*The High Frontier: Human Colonies in Space*）一書，這部關於太空殖民的幻想，內容包括呈現洛克威爾式（Rockwellian）〔譯注：應指諾曼・洛克威爾（Norman Rockwell），二十世紀美國知名插畫家，以甜美樂觀馳名〕豐饒的豐富月球採礦插圖。[13]貝佐斯的藍色起源計畫，就是受到這種人類永久定居的田園景致啟發，只是現在的科技無法達成。[14]歐尼爾閱讀羅馬俱樂部（Club of Rome）〔譯注：由各領域菁英組成的國際學術研究團體，成立於羅馬，研究人類所面臨的重大問題〕一九七二年具里程碑意義的報告《成長的極限》（*The Limits to Growth*）時，感到「沮喪和震驚」，於是寫下這部作品。[15]那份報告公布了大量資料和預測模型，說明關於不可再生能源的終結，以及對人口成長、永續性、人類在地球的未來的影響。[16]正如建築暨規畫學者夏爾曼（Fred Scharmen）的總結：

> 羅馬俱樂部的模型從不同組的初始假設中計算出結果。從當時的趨勢外推的基線情境顯示，資源和人口會在二一〇〇年之前崩潰。當模型假設已知資源儲量加倍時，它們再次崩潰，達到稍高的水準，但依舊是在二一〇〇年之前。當他們假設技術將提供「無限」的資源，由於

> 汙染激增，人口的崩潰比之前**甚至更急遽**。如果把汙染控制加入模型中，人口會在食物耗竭後崩潰。在增加農業產能的模型中，汙染超出了先前的控制，糧食和人口兩者都崩潰了。[17]

《成長的極限》表明，朝向資源的永續管理和再利用是全球社會維持長期穩定的答案，縮小貧富國家之間的差距是生存的關鍵。《成長的極限》不足之處是，它沒能預見現在構成全球經濟的一套更大的互連系統，以及以前不經濟的採礦形式將如何被激勵，導致更大的環境危害、土地和水的退化，並加速資源耗竭。

歐尼爾撰寫《高處邊疆》時，希望想像出一種擺脫無成長模式的不同方法，而不是限制生產和消費。[18]歐尼爾假設太空會是解決之道，將一九七〇年代全球對汽油短缺和石油危機的焦慮重新導向對寧靜穩定的太空結構的想像，這將同時保持現狀並提供新的機會。「如果地球沒有足夠的表面積，」歐尼爾敦促，「那麼人類就應該建造更多。」[19]關於它如何運作的科學和我們如何負擔得起它的經濟學，這些細節留待日後處理；最重要的是夢想。[20]

太空殖民和邊境採礦已成為科技巨富共同的企業夢想，這凸顯出他們與地球的關係根本上是令人不安的。他們對未來的願景並不包括最大程度地減少石油和天然氣的勘探，或控制資源消耗，或甚至減少使他們致富的剝削勞工作法。相反地，科技菁英的語言往往呼應著移居者的殖民主義，試圖把地球的人口移走，並占領領土採掘礦產。矽谷的億萬富翁太空競賽同樣假設最後的共有財——外太空——可讓帝國先搶先贏，儘管治理太空採礦的主要公約，亦即一九六七年的

《外太空條約》（Outer Space Treaty），確認太空是「全人類的共同利益」，任何探索或使用「應該著眼於所有人民的利益進行」。[21]

二〇一五年，貝佐斯的藍色起源與馬斯克的 SpaceX 遊說國會和歐巴馬政府，頒布《商業太空發射競爭法案》（Commercial Space Launch Competitiveness Act）。[22]這項法案將商業太空公司的聯邦監管豁免期延長至二〇二三年，允許他們擁有從小行星上採掘的任何採礦資源並保有利潤。[23]這項立法直接削弱太空作為共有財的觀念，創造出「前進並征服」的商業誘因。[24]

太空已成為帝國終極的抱負，象徵著逃離地球、身體和監管的限制。許多矽谷科技菁英寄望於拋棄地球這個願景，或許不足為奇。太空殖民與其他想像相得益彰，包括長壽飲食、從青少年身上輸血、把大腦上傳雲端，以及服用維生素得永生。[25]藍色起源光鮮亮麗的廣告，就是這種黑暗烏托邦主義的一部分。它是一種低聲的召喚，要成為超人（Übermensch），要超越所有界限：生物的、社會的、倫理的和生態的。但在這底下，這些對美好新世界的願景似乎主要是由恐懼推動的：恐懼死亡——個人與集體——和恐懼時間確實正在用盡。

我回到廂型車裡，展開我最後一段旅程。我從新墨西哥州的阿布奎基（Albuquerque）往南行駛，朝德州邊境前進。在途中，我繞道經過聖奧古斯丁峰（San Augustin Peak）的岩壁，沿著陡峭的車道來到白沙飛彈試驗場（White Sands Missile Range）。一九四六年，美國在這裡發射第一枚帶有相機的火箭進入太空。這項任務由馮．布朗領導，他曾是德國飛彈火箭開發計畫的技

一九四六年十月二十四日發射的 V-2 第十三號火箭上的相機所拍攝的地球視圖。Courtesy White Sands Missile Range/Applied Physics Laboratory

術指導。戰後，他叛逃到美國，在那裡開始用沒收的 V-2 火箭進行實驗——正是他協助設計的飛彈，這些飛彈曾在歐洲各地對盟軍發射。但這次他把它們直接送上了太空。火箭爬升到一百零五公里的高度，每一點五秒拍攝一次圖像，然後墜入新墨西哥州沙漠。膠片保存在一個鋼盒裡，它顯示出一個顆粒狀但明顯像地球的曲線。[26]

貝佐斯選擇在其藍色起源的廣告中引用馮．布朗的話，這一點值得注意。馮．布朗是納粹德國第三帝國的首席火箭工程師，他承認利用集中營的奴隸勞力來建造他的 V-2 火箭，有些人認為他是戰犯。[27]在集中營裡建造火箭而死的人，比在戰爭中被火箭殺害的人還多。[28]但馮．布朗最為人知的，是他作為美國航太總署馬歇

藍色起源的次軌道發射設施，西德州。Kate Crawford 攝

爾太空飛行中心（Marshall Space Flight Center）負責人的工作，在《農神五號》火箭的設計中發揮重要作用。[29]在《阿波羅十一號》（Apollo 11）的光環之下，他洗淨過去的歷史，而貝佐斯也找到了他的英雄——一個拒絕相信不可能的人。

開車穿過德州艾爾帕索（El Paso）後，我沿著六十二號公路前往鹽盆地沙丘（Salt Basin Dunes）。那是傍晚時分，積雲開始綻放色彩。這裡有個T字路口，我右轉之後，道路開始沿著惡魔山脈（Sierra Diablos）延伸。這是貝佐斯的國度。第一個跡象是一棟遠離馬路的大型牧場式房屋，白色大門上有個紅字標誌，上面寫著「Figure 2」。貝佐斯在二〇〇四年買下這座牧場，而這只是他在該地區擁有的三十萬英畝土地的一部分。[30]這片土地有一段殘暴的殖民歷史：一八八一年，德州遊騎兵與阿帕契族最後幾場交戰之一就發生在這裡的西邊，九年後，曾為南方邦聯騎兵暨牧牛人的道爾提（James Monroe Daugherty）建立了這座牧場。[31]

附近的岔路通往藍色起源的次軌道發射設施。這條私人道路被一扇亮藍色大門擋住，門上有安全告示，警告有錄影監視和一個布滿攝影機的警衛室。我留在公路上，把廂型車停在幾分鐘路程外的路邊。從這裡可以看到整個山谷，一直延伸到藍色起源的著陸場，火箭正在那裡進行測試，預計這將是該公司的首次人類太空任務。汽車通過入口柵欄，工作人員正在打卡下班。

回望標示著火箭基地的棚屋群，感覺非常像在這片乾燥遼闊的二疊紀盆地（Permian Basin）土地上臨時湊合成的。占地遼闊的谷地中間有一個空曠的圓圈，這裡是作為藍色起源可重複使用的火箭的著陸場，火箭要降落在中心畫著羽毛標誌的位置。這就是那裡所能看到的一切。這是一個正在進行中的私人基礎設施，有警衛和門禁，一種由地球上最富有的人驅動的對權力、採掘和逃脫的技術科學想像。這是對抗地球的圍籬。

現在光線漸漸黯淡，鐵灰色的雲在天空中移動。沙漠看起來是銀色的，點綴著白色鼠尾草叢，成團的火山凝灰岩散布在曾是巨大內陸海海床的地方。拍了張照片後，我回到廂型車上，展開這天的最後一段車程，前往小鎮馬法（Marfa）。直到開始駛離之後，我才發現自己被跟蹤。兩輛同款的黑色雪佛蘭皮卡車開始近距離咄咄逼人尾隨。我靠邊停車，希望他們超車過去。他們

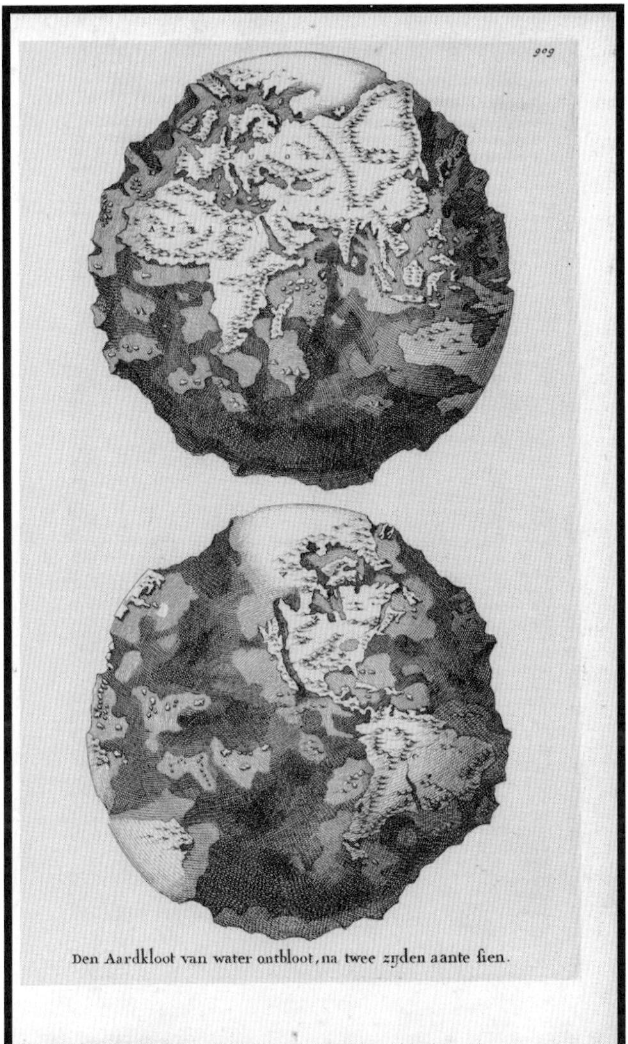


《無水的世界》（*Den Aardkloot van water ontbloot*），英國神學家暨宇宙學作家伯內特（Thomas Burnet）在一六九四年繪製的海洋抽乾的世界地圖

也靠邊停車。沒有人移動。等了幾分鐘，我又慢慢開始開車。他們仍舊不懷好意地護送，一路到漸漸昏暗的谷地邊緣。

## 注釋

1. *Blue Origin's Mission.*
2. *Blue Origin's Mission.*
3. Powell, "Jeff Bezos Foresees a Trillion People."
4. Bezos, *Going to Space to Benefit Earth.*
5. Bezos.
6. Foer, "Jeff Bezos's Master Plan."
7. Foer.
8. "Why Asteroids."
9. Welch, "Elon Musk."
10. Cuthbertson, "Elon Musk Really Wants to 'Nuke Mars.'"
11. Rein, Tamayo, and Vokrouhlicky, "Random Walk of Cars."
12. Gates, "Bezos' Blue Origin Seeks Tax Incentives."

13. Marx, "Instead of Throwing Money at the Moon"; O'Neill, *High Frontier*.
14. "Our Mission."
15. Davis, "Gerard K. O'Neill on Space Colonies."
16. Meadows et al., *Limits to Growth*.
17. Scharmen, *Space Settlements*, 216. 近年來，學者指出羅馬俱樂部的模型過於樂觀，低估了世界各地快速的採掘和資源消耗，以及溫室氣體和工業廢熱對氣候的影響。參見 Turner, "Is Global Collapse Imminent?"。
18. 許多學者提出留在地球的無成長模式的案例，他們主張限制成長。亦參見 Trainer, *Renewable Energy Cannot Sustain a Consumer Society*。
19. Scharmen, Space Settlements, 91.
20. 我們想知道，如果貝佐斯是受到科幻小說家菲利普・狄克（Philip K. Dick）的啟發，那麼他的任務是否會不同呢？狄克在一九五五年寫下短篇故事《自動工廠》（*Autofac*），故事中，戰爭浩劫裡倖存的人被留在地球上，與他們一起存在的是「自動工廠」——自主的、自我複製的工廠機器。自動工廠被賦予的任務是生產戰前社會的消費品，卻無法停止下來，於是消耗地球資源，威脅到僅存的人類。唯一的生存方式，就是欺騙這人工智慧機器，讓它們為了製造過程所需的關鍵元素互鬥：稀土元素鎢。這個作法似乎成功了，工廠到處冒出了野生藤蔓，農人可以回歸土地。直到後來他們才發現，自動工廠已經在地球核心深處找到更多資源，並將很快發射數不清的自我複製「種子」，開採銀河系的其他部分。Dick, "Autofac."
21. NASA, "Outer Space Treaty of 1967."
22. U.S. Commercial Space Launch Competitiveness Act."
23. Wilson, "Top Lobbying Victories of 2015."
24. Shaer, "Asteroid Miner's Guide to the Galaxy."

25. 正如安德列維奇所寫的，「技術不朽的承諾與自動化密不可分，時時準備取代碰到限制的人類。」Andrejevic, *Automated Media*, 1.

26. Reichhardt, "First Photo from Space."

27. 參見如普立茲獎獲獎記者比德爾（Wayne Biddle）對馮．布朗的描述，他稱馮．布朗為戰犯，後者曾在納粹政權下殘忍對待奴工。Biddle, *Dark Side of the Moon*.

28. Grigorieff, "Mittelwerk/Mittelbau/Camp Dora."

29. Ward, *Dr. Space*.

30. Keates, "Many Places Amazon CEO Jeff Bezos Calls Home."

31. Center for Land Use Interpretation, "Figure 2 Ranch, Texas."

# 致謝

所有的書籍都是集體計畫，花越多時間書寫，共同體也越大。本書歷經多年時間製作，能夠成書，要感謝一路上相伴的朋友、同事、合作者和一同冒險的人。我們經常在深夜談話，在清晨喝咖啡，還展開公路旅行和圓桌會議，所有這些促成這本書誕生。要感謝的人多得足以再寫另一本書，但目前先以些許篇幅，致上謝意。

首先感謝學者和朋友，他們的工作在本書中留下最深刻的印記：Mike Ananny、Geoffrey Bowker、Benjamin Bratton、Simone Browne、全喜卿、Vladan Joler、Alondra Nelson、Jonathan Sterne、Lucy Suchman、Fred Turner 和 McKenzie Wark。謝謝 Jer Thorp 在那段時間和我並肩寫作，感謝你同甘共苦（依每週狀況而定）。

這些年來我相當幸運，成為多個研究社群的成員，這些社群教會了我許多事。許多學者和工程師讓微軟研究院（Microsoft Research）成為不凡之處，我很感激能加入微軟人工智慧公平、責任、透明與倫理小組（ＦＡＴＥ）和社群媒體集團（Social Media Collective）。謝謝 Ifeoma Ajunwa、Peter Bailey、Solon Barocas、Nancy Baym、Christian Borgs、Margarita Boyarskaya、danah boyd、Sarah Brayne、Jed Brubaker、Bill Buxton、Jennifer Chayes、Tressie McMillan Cottom、Hal Daume、Jade Davis、Fernando Diaz、Kevin Driscoll、Miro Dudik、Susan Dumais、Megan Finn、Timnit Gebru、Tarleton Gillespie、Mary L. Gray、Dan Greene、Caroline Jack、Adam Kalai、Tero Karppi、Os Keyes、Airi Lampinen、Jessa Lingel、Sonia Livingstone、Michael Madaio、Alice Marwick、J. Nathan Matias、Josh McVeigh-Schultz、Andrés Monroy-Hernández、Dylan Mulvin、Laura Norén、Alexandra Olteanu、Aaron Plasek、Nick Seaver、Aaron Shapiro、Luke Stark、Lana Swartz、TL Taylor、Jenn Wortman Vaughan、Hanna Wallach 和 Glen Weyl。能向這麼多優秀學者學習，我深感榮幸。

特別感謝每一位參與創建紐約大學 AI Now 研究院的人：Alejandro Calcaño Bertorelli、Alex Butzbach、Roel Dobbe、Theodora Dryer、Genevieve Fried、Casey Gollan、Ben Green、Joan Greenbaum、Amba Kak、Elizabeth Kaziunas、Varoon Mathur、Erin McElroy、Andrea Nill Sánchez、Mariah Peebles、Deb Raji、Joy Lisi Rankin、Noopur Raval、Dillon Reisman、Rashida Richardson、Julia Bloch Thibaud、Nantina Vgontzas、Sarah Myers West 和 Meredith Whittaker。

永遠感謝從一開始就為我奠下基礎的傑出澳洲學者：Kath Albury、Mark Andrejevic、Genevieve Bell、Jean Burgess、Chris Chesher、Anne Dunn、Gerard Goggin、Melissa Gregg、Larissa Hjorth、Catharine Lumby、Elspeth Probyn、Jo Tacchi 和 Graeme Turner。長路漫漫，但總會通往家的方向。

這本書多年來深深受惠於幾位研究助理、讀者、檔案專業人員，他們本身都是了不起的學者。謝謝 Sally Collings、Sarah Hamid、Rebecca Hoffman、Caren Litherland、Kate Miltner、Léa Saint-Raymond 和 Kiran Samuel，協助我更努力思考、追蹤來源、讀取檔案和完成尾注。特別感謝 Alex Campolo 關於二十世紀科學史的深厚專業知識——很高興與您合作。Elmo Keep 是出色的對話者，Joy Lisi Rankin 是富洞見的編輯。幾位檔案管理員慷慨協助本計畫，尤其是顱骨檔案庫的 Janet Monge，以及史諾登檔案庫的 Henrik Moltke。

致 Joseph Calamia，實在太感激你。謝謝你相信這項計畫，也謝謝你在我完成這本書所需的許多旅程中耐心等候。還要謝謝耶魯大學出版社（Yale University Press）的 Bill Frucht 和 Karen Olson 讓我完成目標。

深深感謝邀我造訪、給我時間寫作的機構。謝謝巴黎高等師範學院（École Normale Supérieure），我在這裡擔任「人工智慧與正義」課程首任主席；謝謝柏林羅伯特博世學院（Robert Bosch Academy），我是里夏德・馮・魏查克訪問學人（Richard von Weizsäcker Fellow），以及墨爾本大學讓我擔任明古尼雅特聘訪問學者（Miengunyah Distinguished Visiting Fellowship）。這些機構的每一個社群都熱情相迎，擴大這地圖集的脈絡。要讓這一切實現，得感謝 Anne Bouverot、Tanya Perelmuter、Mark Mezard、Fondation Abeona、Sandra Breka、Jannik Rust 和 Jeannie Paterson。

十年來，我在會議簡報、展覽和講座中發展出本書的概念，領域含括建築、藝術、批判地理學、計算機科學、文化研究、法律、媒體研究、哲學和科學科技研究。澳洲國立大學（Australian National University）、加州理工學院、哥倫比亞大學、德國柏林世界文化中心（Haus der Kulturen der Welt）、麻省理工學院、美國國家科學院（National Academy of Science）、紐約大學、倫敦皇家學會（Royal Society of London）、史密森尼博物館（Smithsonian Museum）、新南威爾斯大學（University of New South Wales）、耶魯大學、巴黎高等師範學院和神經信息處理系統大會（NeurIPS）、網際網路研究人員協會（AoIR）和國際機器學習大會（ＩＣＭＬ）等會議的聽眾，在我發展這項計畫時提供極為重要的回饋。

各個章節中的部分材料取自先前已發表的期刊文章，且依照本書脈絡進行大幅更動，要感謝我有幸合作的所有共同作者和期刊：“Enchanted Determinism: Power without Responsibility in Artificial Intelligence,” *Engaging Science, Technology, and Society* 6 (2020): 1–19（與 Alex Campolo）；“Excavating AI: The Politics of Images in Machine Learning Training Sets,” *AI and Society* 2020（與 Trevor Paglen）；“Alexa, Tell Me about Your Mother: The History of the Secretary and the End of Secrecy,” *Catalyst: Feminism, Theory, Technoscience* 6, no. 1 (2020)（與 Jessa Lingel）；“AI Systems as State Actors,” *Columbia Law Review* 119 (2019): 1941–72（與 Jason Schultz）；“Halt the Use of Facial-Recognition Technology until It Is Regulated,” *Nature* 572 (2019): 565；“Dirty Data, Bad Predictions: How Civil Rights Violations Impact Police Data, Predictive Policing Systems, and Justice,” *NYU Law Review Online* 94, no. 15 (2019): 15–55（與 Rashida Richardson 和 Jason Schultz）；“Anatomy of an AI System: The Amazon Echo as an Anatomical Map of Human Labor, Data and Planetary Resources," *AI Now Institute* and *Share Lab*, September 7, 2018（與 Vladan Joler）；"Datasheets for Datasets," Proceedings of the Fifth Workshop on Fairness, Accountability, and Transparency in Machine Learning, Stockholm, 2018（與 Timnit Gebru、Jamie Morgenstern、Briana Vecchione、Jennifer Wortman Vaughan、Hanna Wallach 和 Hal Daumeé III）；"The Problem with Bias: Allocative Versus Representational Harms in Machine Learning," SIGCIS Conference 2017（與 Solon Barocas、Aaron Shapiro 和 Hanna Wallach）；"Limitless Worker Surveillance," *California Law Review* 105, no. 3 (2017): 735–76（與 Ifeoma Ajunwa 和 Jason Schultz）；"Can an Algorithm Be Agonistic? Ten Scenes from Life in Calculated Publics," *Science, Technology and Human Values* 41 (2016): 77–92；"Asking the Oracle," in *Astro Noise*, ed. Laura Poitras (New Haven: Yale University Press, 2016), 128–41；"Seeing without Knowing: Limitations of the Transparency Ideal and Its Application to Algorithmic Accountability," *New Media and Society* 20, no. 3 (2018): 973–89（與 Mike Ananny）；"Where Are the Human Subjects in Big Data Research? The Emerging Ethics Divide," *Big Data and Society* 3, no. 1 (2016)（與 Jake Metcalf）；"Exploring or Exploiting? Social and Ethical Implications of Autonomous Experimentation in AI," Workshop on Fairness, Accountability, and Transparency in Machine Learning (FAccT), 2016（與 Sarah Bird、Solon Barocas、Fernando Diaz 和 Hanna Wallach）；"There Is a Blind Spot in AI Research," *Nature* 538 (2016): 311–13（與 Ryan Calo）；"Circuits of Labour: A Labour Theory of the iPhone Era," *TripleC: Communication, Capitalism and Critique*, 2014（與 Jack Qiu 和 Melissa Gregg）；"Big Data and Due Process: Toward a Framework to Redress Predictive Privacy Harms," *Boston College Law Review* 55, no. 1 (2014)（與 Jason Schultz）；以及 "Critiquing Big Data: Politics, Ethics, Epistemology," *International Journal of Communications* 8 (2014): 663–72（與 Kate Miltner 和 Mary Gray）。

除了這些文章，我很幸運和 AI Now 研究院的團隊參與合作報告，豐富了這本書的資訊：*AI Now 2019 Report*, AI Now Institute, 2019（與 Roel Dobbe、Theodora Dryer、Genevieve Fried、Ben Green、Amba Kak、Elizabeth Kaziunas、Varoon Mathur、Erin McElroy、Andrea Nill Sánchez、Deborah Raji、Joy Lisi Rankin、Rashida Richardson、Jason Schultz、Sarah Myers West 和 Meredith Whittaker）；"Discriminating Systems: Gender, Race and Power in AI," AI Now Institute, 2019（與 Sarah Myers West 和 Meredith Whittaker）；*AI Now Report 2018*, AI Now Institute, 2018（與 Meredith Whittaker、Roel Dobbe、Genevieve Fried、Elizabeth Kaziunas、Varoon Mathur、Sarah Myers West、Rashida Richardson、Jason Schultz 和 Oscar Schwartz）；"Algorithmic Impact Assessments: A Practical Framework for Public Agency Accountability," AI Now Institute, 2018（與 Dillon Reisman、Jason Schultz 和 Meredith Whittaker）；*AI Now 2017 Report*, AI Now Institute, 2017（與 Alex Campolo、Madelyn Sanfilippo 和 Meredith Whittaker）；以及 *AI Now 2016 Report*, NYU Information Law Institute, 2016（與 Madeleine Clare Elish、Solon Barocas、Aaron Plasek、Kadija Ferryman 和 Meredith Whittaker）。

最後，若少了這些人，本書不會存在：從沙漠探索到考古調查，Trevor Paglen 是我真正的羅盤；Vladan Joler 是製作地圖的友人，其設計啟發這本書和我的思維；Laura Poitras 給予勇氣；Karen Murphy 有絕佳的設計師眼光；Adrian Hobbes 和 Edwina Throsby 幫助我度過難關；Bo Daley 讓一切變好；以及我的家人 Margaret、James、Judith、Claudia、Cliff 和 Hilary。永遠感謝 Jason 和 Elliott，我最愛的地圖製圖員。

# 參考書目

Abbate, Janet. *Inventing the Internet.* Cambridge, Mass.: MIT Press, 1999.
Abraham, David S. *The Elements of Power: Gadgets, Guns, and the Struggle for a Sustainable Future in the Rare Metal Age.* New Haven: Yale University Press, 2017.
Achtenberg, Emily. "Bolivia Bets on State-Run Lithium Industry." NACLA, November 15, 2010. https://nacla.org/news/bolivia-bets-state-run-lithium-industry.
Ackerman, Spencer. "41 Men Targeted but 1,147 People Killed: US Drone Strikes—the Facts on the Ground." *Guardian,* November 24, 2014. https://www.theguardian.com/us-news/2014/nov/24/-sp-us-drone-strikes-kill-1147.
Adams, Guy. "Lost at Sea: On the Trail of Moby-Duck." *Independent,* February 27, 2011. https://www.independent.co.uk/environment/nature/lost-at-sea-on-the-trail-of-moby-duck-2226788.html.
"Advertising on Twitter." Twitter for Business. https://business.twitter.com/en/Twitter-ads-signup.html.
"Affectiva Human Perception AI Analyzes Complex Human States." Affectiva. https://www.affectiva.com/.
Agre, Philip E. *Computation and Human Experience.* Cambridge: Cambridge University Press, 1997.
Agüera y Arcas, Blaise, Margaret Mitchell, and Alexander Todorov. "Physiognomy's New Clothes." *Medium: Artificial Intelligence* (blog), May 7, 2017. https://medium.com/@blaisea/physiognomys-new-clothes-f2d4b59fdd6a.
"AI and Compute." Open AI, May 16, 2018. https://openai.com/blog/ai-and-compute/.
Alden, William. "Inside Palantir, Silicon Valley's Most Secretive Company."

Buzzfeed News, May 6, 2016, https://www.buzzfeednews.com/article/williamalden/inside-palantir-silicon-valleys-most-secretive-company.
Ajunwa, Ifeoma, Kate Crawford, and Jason Schultz. "Limitless Worker Surveillance." *California Law Review* 105, no. 3 (2017): 735–76. https://doi.org/10.15779/z38br8mf94.
Ajunwa, Ifeoma, and Daniel Greene. "Platforms at Work: Automated Hiring Platforms and other new Intermediaries in the Organization of Work." In *Work and Labor in the Digital Age,* edited by Steven P. Vallas and Anne Kovalainen, 66–91. Bingley, U.K.: Emerald, 2019.
"Albemarle (NYSE:ALB) Could Be Targeting These Nevada Lithium Juniors." SmallCapPower, September 9, 2016. https://smallcappower.com/top-stories/albemarle-nysealb-targeting-nevada-lithium-juniors/.
Alden, William. "Inside Palantir, Silicon Valley's Most Secretive Company." *Buzzfeed News,* May 6, 2016. https://www.buzzfeednews.com/article/williamalden/inside-palantir-silicon-valleys-most-secretive-company.
Aleksander, Igor, ed. *Artificial Vision for Robots.* Boston: Springer US, 1983.
"Amazon.Com Market Cap | AMZN." YCharts. https://ycharts.com/companies/AMZN/market_cap.
"Amazon Rekognition Improves Face Analysis." Amazon Web Services, August 12, 2019. https://aws.amazon.com/about-aws/whats-new/2019/08/amazon-rekognition-improves-face-analysis/.
"Amazon Rekognition—Video and Image—AWS." Amazon Web Services. https://aws.amazon.com/rekognition/.
Ananny, Mike, and Kate Crawford. "Seeing without Knowing: Limitations of the Transparency Ideal and Its Application to Algorithmic Accountability." *New Media and Society* 20, no. 3 (2018): 973–89. https://doi.org/10.1177/1461444816676645.
Anderson, Warwick. *The Collectors of Lost Souls: Turning Kuru Scientists into Whitemen.* Updated ed. Baltimore: Johns Hopkins University Press, 2019.
Andrae, Anders A. E., and Tomas Edler. "On Global Electricity Usage of Communication Technology: Trends to 2030." *Challenges* 6, no. 1 (2015): 117–57. https://www.doi.org/10.3390/challe6010117.
Andrejevic, Mark. *Automated Media.* New York: Routledge, 2020.
Angwin, Julia, et al. "Dozens of Companies Are Using Facebook to Exclude Older Workers from Job Ads." ProPublica, December 20, 2017. https://www.propublica.org/article/facebook-ads-age-discrimination-targeting.
Angwin, Julia, et al. "Machine Bias." *ProPublica,* May 23, 2016. https://www.propublica.org/article/machine-bias-risk-assessments-in-criminal-sentencing.
Anzilotti, Eillie. "Emails Show That ICE Uses Palantir Technology to Detain Undocumented Immigrants," *FastCompany* (blog), July 16, 2019. https://

www.fastcompany.com/90377603/ice-uses-palantir-tech-to-detain-immigrants-wnyc-report.

Apelbaum, Yaacov. "One Thousand and One Nights and Ilhan Omar's Biographical Engineering." *The Illustrated Primer* (blog), August 13, 2019. https://apelbaum.wordpress.com/2019/08/13/one-thousand-and-one-nights-and-ilhan-omars-biographical-engineering/.

Apple. "Apple Commits to Be 100 Percent Carbon Neutral for Its Supply Chain and Products by 2030," July 21, 2020. https://www.apple.com/au/newsroom/2020/07/apple-commits-to-be-100-percent-carbon-neutral-for-its-supply-chain-and-products-by-2030/.

Apple. *Supplier Responsibility: 2018 Progress Report.* Cupertino, Calif.: Apple, n.d. https://www.apple.com/supplier-responsibility/pdf/Apple_SR_2018_Progress_Report.pdf.

Arboleda, Martin. *Planetary Mine: Territories of Extraction under Late Capitalism.* London: Verso, 2020.

Aristotle. *The Categories: On Interpretation.* Translated by Harold Percy Cooke and Hugh Tredennick. Loeb Classical Library 325. Cambridge, Mass.: Harvard University Press, 1938.

Aslam, Salman. "Facebook by the Numbers (2019): Stats, Demographics & Fun Facts." Omnicore, January 6, 2020. https://www.omnicoreagency.com/facebook-statistics/.

Ayogu, Melvin, and Zenia Lewis. "Conflict Minerals: An Assessment of the Dodd-Frank Act." Brookings Institution, October 3,2011. https://www.brookings.edu/opinions/conflict-minerals-an-assessment-of-the-dodd-frank-act/.

Aytes, Ayhan. "Return of the Crowds: Mechanical Turk and Neoliberal States of Exception." In *Digital Labor: The Internet as Playground and Factory,* edited by Trebor Scholz. New York: Routledge, 2013.

Babbage, Charles. *On the Economy of Machinery and Manufactures* [1832]. Cambridge: Cambridge University Press, 2010.

Babich, Babette E. *Nietzsche's Philosophy of Science: Reflecting Science on the Ground of Art and Life.* Albany: State University of New York Press, 1994.

Bailey, F. G. "Dimensions of Rhetoric in Conditions of Uncertainty." In *Politically Speaking: Cross-Cultural Studies of Rhetoric,* edited by Robert Paine, 25–38. Philadelphia: ISHI Press, 1981.

Baker, Janet M., et al. "Research Developments and Directions in Speech Recognition and Understanding, Part 1." *IEEE,* April 2009. https://dspace.mit.edu/handle/1721.1/51891.

Bangstad, Sindre, et al. "Thoughts on the Planetary: An Interview with Achille Mbembé." *New Frame,* September 5, 2019. https://www.newframe.com/thoughts-on-the-planetary-an-interview-with-achille-mbembe/.

Barrett, Lisa Feldman. "Are Emotions Natural Kinds?" *Perspectives on Psychological Science* 1, no. 1 (2006): 28–58. https://doi.org/10.1111/j.1745-6916.2006.00003.x.

Barrett, Lisa Feldman, et al. "Emotional Expressions Reconsidered: Challenges to Inferring Emotion from Human Facial Movements." *Psychological Science in the Public Interest* 20, no. 1 (2019): 1–68. https://doi.org/10.1177/1529100619832930.

"Bayan Obo Deposit, . . . Inner Mongolia, China." Mindat.org. https://www.mindat.org/loc-720.html.

Bayer, Ronald. *Homosexuality and American Psychiatry: The Politics of Diagnosis.* Princeton, N.J.: Princeton University Press, 1987.

Bechmann, Anja, and Geoffrey C. Bowker. "Unsupervised by Any Other Name: Hidden Layers of Knowledge Production in Artificial Intelligence on Social Media." *Big Data and Society* 6, no. 1 (2019): 205395171881956. https://doi.org/10.1177/2053951718819569.

Beck, Julie. "Hard Feelings: Science's Struggle to Define Emotions." *Atlantic,* February 24, 2015. https://www.theatlantic.com/health/archive/2015/02/hard-feelings-sciences-struggle-to-define-emotions/385711/.

Behrmann, Elisabeth, Jack Farchy, and Sam Dodge. "Hype Meets Reality as Electric Car Dreams Run into Metal Crunch." *Bloomberg,* January 11, 2018. https://www.bloomberg.com/graphics/2018-cobalt-batteries/.

Belkhir, L., and A. Elmeligi. "Assessing ICT Global Emissions Footprint: Trends to 2040 and Recommendations." *Journal of Cleaner Production* 177 (2018): 448–63.

Benjamin, Ruha. *Race after Technology: Abolitionist Tools for the New Jim Code.* Cambridge: Polity, 2019.

Benson, Kristina. "'Kill 'Em and Sort It Out Later': Signature Drone Strikes and International Humanitarian Law." *Pacific McGeorge Global Business and Development Law Journal* 27, no. 1 (2014): 17–51. https://www.mcgeorge.edu/documents/Publications/02_Benson_27_1.pdf.

Benthall, Sebastian, and Bruce D. Haynes. "Racial Categories in Machine Learning." In *FAT* '19: Proceedings of the Conference on Fairness, Accountability, and Transparency,* 289–98. New York: ACM Press, 2019. https://dl.acm.org/doi/10.1145/3287560.3287575.

Berg, Janine, et al. *Digital Labour Platforms and the Future of Work: Towards Decent Work in the Online World.* Geneva: International Labor Organization, 2018. https://www.ilo.org/wcmsp5/groups/public/---dgreports/---dcomm/---publ/documents/publication/wcms_645337.pdf.

Bergen, Mark."Pentagon Drone Program Is Using Google AI." *Bloomberg,* March 6, 2018. https://www.bloomberg.com/news/articles/2018-03-06/google-ai-used-by-pentagon-drone-program-in-rare-military-pilot.

Berman, Sanford. *Prejudices and Antipathies: A Tract on the LC Subject Heads concerning People.* Metuchen, N.J.: Scarecrow Press, 1971.
Bezos, Jeff. *Going to Space to Benefit Earth.* Video, May 9, 2019. https://www.youtube.com/watch?v=GQ98hGUe6FM&.
Biddle, Wayne. *Dark Side of the Moon: Wernher von Braun, the Third Reich, and the Space Race.* New York: W. W. Norton, 2012.
Black, Edwin. *IBM and the Holocaust: The Strategic Alliance between Nazi Germany and America's Most Powerful Corporation.* Expanded ed. Washington, D.C.: Dialog Press, 2012.
Bledsoe, W. W. "The Model Method in Facial Recognition." Technical report, PRI 15. Palo Alto, Calif.: Panoramic Research, 1964.
Bloomfield, Anne B. "A History of the California Historical Society's New Mission Street Neighborhood." *California History* 74, no. 4 (1995–96): 372–93.
Blue, Violet. "Facebook Patents Tech to Determine Social Class." *Engadget,* February 9, 2018. https://www.engadget.com/2018-02-09-facebook-patents-tech-to-determine-social-class.html.
*Blue Origin's Mission.* Blue Origin. Video, February 1, 2019. https://www.youtube.com/watch?v=1YOL89kY8Og.
Bond, Charles F., Jr. "Commentary: A Few Can Catch a Liar, Sometimes: Comments on Ekman and O'Sullivan (1991), as Well as Ekman, O'Sullivan, and Frank (1999)." *Applied Cognitive Psychology* 22, no. 9 (2008): 1298–1300. https://doi.org/10.1002/acp.1475.
Borges, Jorge Luis. *Collected Fictions.* Translated by Andrew Hurley. New York: Penguin Books, 1998.
———. "John Wilkins' Analytical Language." In *Borges: Selected Non-Fictions,* edited by Eliot Weinberger. New York: Penguin Books, 2000.
———. *The Library of Babel.* Translated by Andrew Hurley. Boston: David R. Godine, 2000.
Bostrom, Nick. *Superintelligence: Paths, Dangers, Strategies.* Oxford: Oxford University Press, 2014.
Bouche, Teryn, and Laura Rivard. "America's Hidden History: The Eugenics Movement." Scitable, September 18, 2014. https://www.nature.com/scitable/forums/genetics-generation/america-s-hidden-history-the-eugenics-movement-123919444/.
Bowker, Geoffrey C. *Memory Practices in the Sciences.* Cambridge, Mass.: MIT Press, 2005.
Bowker, Geoffrey C., and Susan Leigh Star. *Sorting Things Out: Classification and Its Consequences.* Cambridge, Mass.: MIT Press, 1999.
Bratton, Benjamin H. *The Stack: On Software and Sovereignty.* Cambridge, Mass.: MIT Press, 2015.

Braverman, Harry. *Labor and Monopoly Capital: The Degradation of Work in the Twentieth Century.* 25th anniversary ed. New York: Monthly Review Press, 1998.
Brayne, Sarah. "Big Data Surveillance: The Case of Policing." *American Sociological Review* 82, no. 5 (2017): 977–1008. https://doi.org/10.1177/0003122417725865.
Brechin, Gray. *Imperial San Francisco: Urban Power, Earthly Ruin.* Berkeley: University of California Press, 2007.
Brewer, Eric. "Spanner, TrueTime and the CAP Theorem." Infrastructure: Google, February 14, 2017. https://storage.googleapis.com/pub-tools-public-publication-data/pdf/45855.pdf.
Bridle, James. "Something Is Wrong on the Internet." *Medium* (blog), November 6, 2017. https://medium.com/@jamesbridle/something-is-wrong-on-the-internet-c39c471271d2.
Broussard, Meredith. *Artificial Unintelligence: How Computers Misunderstand the World.* Cambridge, Mass.: MIT Press, 2018.
Brown, Harold. *Department of Defense Annual Report: Fiscal Year 1982.* Report AD-A-096066/6. Washington, D.C., January 19, 1982. https://history.defense.gov/Portals/70/Documents/annual_reports/1982_DoD_AR.pdf?ver=2014-06-24-150904-113.
Brown, Peter, and Robert Mercer. "Oh, Yes, Everything's Right on Schedule, Fred." Lecture, Twenty Years of Bitext Workshop, Empirical Methods in Natural Language Processing Conference, Seattle, Wash., October 2013. http://cs.jhu.edu/~post/bitext.
Browne, Simone. *Dark Matters: On the Surveillance of Blackness.* Durham, N.C.: Duke University Press, 2015.
———. "Digital Epidermalization: Race, Identity and Biometrics." *Critical Sociology* 36, no. 1 (January 2010): 131–50.
Brustein, Joshua, and Mark Bergen. "Google Wants to Do Business with the Military—Many of Its Employees Don't." *Bloomberg News,* November 21, 2019. https://www.bloomberg.com/features/2019-google-military-contract-dilemma/.
Bullis, Kevin. "Lithium-Ion Battery." *MIT Technology Review,* June 19, 2012. https://www.technologyreview.com/s/428155/lithium-ion-battery/.
Buolamwini, Joy, and Timnit Gebru. "Gender Shades: Intersectional Accuracy Disparities in Commercial Gender Classification." *Proceedings of the First Conference on Fairness, Accountability and Transparency, PLMR* 81 (2018): 77–91. http://proceedings.mlr.press/v81/buolamwini18a.html.
Burke, Jason. "Congo Violence Fuels Fears of Return to 90s Bloodbath." *Guardian,* June 30,2017. https://www.theguardian.com/world/2017/jun/30/congo-violence-fuels-fears-of-return-to-90s-bloodbath.

Bush, Vannevar. "As We May Think." *Atlantic,* July 1945. https://www.theatlantic.com/magazine/archive/1945/07/as-we-may-think/303881/.

Business Council for Sustainable Energy. "2019 Sustainable Energy in America Factbook." BCSE, February 11, 2019. https://www.bcse.org/wp-content/uploads/2019-Sustainable-Energy-in-America-Factbook.pdf.

Byford, Sam. "Apple Buys Emotient, a Company That Uses AI to Read Emotions." *The Verge,* January 7, 2016. https://www.theverge.com/2016/1/7/10731232/apple-emotient-ai-startup-acquisition.

"The CalGang Criminal Intelligence System." Sacramento: California State Auditor, Report 2015-130, August 2016. https://www.auditor.ca.gov/pdfs/reports/2015-130.pdf.

Calo, Ryan, and Danielle Citron. "The Automated Administrative State: A Crisis of Legitimacy" (March 9, 2020). *Emory Law Journal* (forthcoming). Available at SSRN: https://ssrn.com/abstract=3553590.

Cameron, Dell, and Kate Conger. "Google Is Helping the Pentagon Build AI for Drones." *Gizmodo,* March 6, 2018. https://gizmodo.com/google-is-helping-the-pentagon-build-ai-for-drones-1823464533.

Campolo, Alexander, and Kate Crawford. "Enchanted Determinism: Power without Responsibility in Artificial Intelligence." *Engaging Science, Technology, and Society* 6 (2020): 1–19. https://doi.org/10.17351/ests2020.277.

Canales, Jimena. *A Tenth of a Second: A History.* Chicago: University of Chicago Press, 2010.

Carey, James W. "Technology and Ideology: The Case of the Telegraph." *Prospects* 8 (1983): 303–25. https://doi.org/10.1017/S0361233300003793.

Carlisle, Nate. "NSA Utah Data Center Using More Water." *Salt Lake Tribune,* February 2, 2015. https://archive.sltrib.com/article.php?id=2118801&itype=CMSID.

———. "Shutting Off NSA's Water Gains Support in Utah Legislature." *Salt Lake Tribune,* November 20, 2014. https://archive.sltrib.com/article.php?id=1845843&itype=CMSID.

Carter, Ash. *"Remarks on 'the Path to an Innovative Future for Defense' (CSIS Third Offset Strategy Conference)."* Washington, D.C.: U.S. Department of Defense, October 28, 2016. https://www.defense.gov/Newsroom/Speeches/Speech/Article/990315/remarks-on-the-path-to-an-innovative-future-for-defense-csis-third-offset-strat/.

Cave, Stephen, and Seán S. ÓhÉigeartaigh. "An AI Race for Strategic Advantage: Rhetoric and Risks." In *Proceedings of the 2018 AAAI/ACM Conference on AI, Ethics, and Society,* 36–40. https://dl.acm.org/doi/10.1145/3278721.3278780.

Center for Land Use Interpretation, "Figure 2 Ranch, Texas," http://www.clui.org/ludb/site/figure-2-ranch.

Cetina, Karin Knorr. *Epistemic Cultures: How the Sciences Make Knowledge.* Cambridge, Mass.: Harvard University Press, 1999.
Champs, Emmanuelle de. "The Place of Jeremy Bentham's Theory of Fictions in Eighteenth-Century Linguistic Thought." *Journal of Bentham Studies* 2 (1999). https://doi.org/10.14324/111.2045-757X.011.
"Chinese Lithium Giant Agrees to Three-Year Pact to Supply Tesla." Bloomberg, September 21, 2018. https://www.industryweek.com/leadership/article/22026386/chinese-lithium-giant-agrees-to-threeyear-pact-to-supply-tesla.
Chinoy, Sahil. "Opinion: The Racist History behind Facial Recognition." *New York Times,* July 10, 2019. https://www.nytimes.com/2019/07/10/opinion/facial-recognition-race.html.
Chun, Wendy Hui Kyong. *Control and Freedom: Power and Paranoia in the Age of Fiber Optics,* Cambridge, Mass: MIT Press, 2005.
Citton, Yves. *The Ecology of Attention.* Cambridge: Polity, 2017.
Clarac, François, Jean Massion, and Allan M. Smith. "Duchenne, Charcot and Babinski, Three Neurologists of La Salpetrière Hospital, and Their Contribution to Concepts of the Central Organization of Motor Synergy." *Journal of Physiology–Paris* 103, no. 6 (2009): 361–76. https://doi.org/10.1016/j.jphysparis.2009.09.001.
Clark, Nicola, and Simon Wallis. "Flamingos, Salt Lakes and Volcanoes: Hunting for Evidence of Past Climate Change on the High Altiplano of Bolivia." *Geology Today* 33, no. 3 (2017): 101–7. https://doi.org/10.1111/gto.12186.
Clauss, Sidonie. "John Wilkins' Essay toward a Real Character: Its Place in the Seventeenth-Century Episteme." *Journal of the History of Ideas* 43, no. 4 (1982): 531–53. https://doi.org/10.2307/2709342.
"'Clever Hans' Again: Expert Commission Decides That the Horse Actually Reasons.'" *New York Times,* October 2, 1904. https://timesmachine.nytimes.com/timesmachine/1904/10/02/120289067.pdf.
Cochran, Susan D., et al. "Proposed Declassification of Disease Categories Related to Sexual Orientation in the International Statistical Classification of Diseases and Related Health Problems (ICD-11)." *Bulletin of the World Health Organization* 92, no. 9 (2014): 672–79. https://doi.org/10.2471/BLT.14.135541.
Cohen, Julie E. *Between Truth and Power: The Legal Constructions of Informational Capitalism.* New York: Oxford University Press, 2019.
Cole, David. "'We Kill People Based on Metadata.'" *New York Review of Books,* May 10, 2014. https://www.nybooks.com/daily/2014/05/10/we-kill-people-based-metadata/.
Colligan, Colette, and Margaret Linley, eds. *Media, Technology, and Litera-*

*ture in the Nineteenth Century: Image, Sound, Touch.* Burlington, VT: Ashgate, 2011.
"Colonized by Data: The Costs of Connection with Nick Couldry and Ulises Mejías." Book talk, September 19, 2019, Berkman Klein Center for Internet and Society at Harvard University. https://cyber.harvard.edu/events/colonized-data-costs-connection-nick-couldry-and-ulises-mejias.
*"Congo's Bloody Coltan."* Pulitzer Center on Crisis Reporting, January 6, 2011. https://pulitzercenter.org/reporting/congos-bloody-coltan.
Connolly, William E. *Climate Machines, Fascist Drives, and Truth.* Durham, N.C.: Duke University Press, 2019.
Connor, Neil. "Chinese School Uses Facial Recognition to Monitor Student Attention in Class." *Telegraph,* May 17, 2018. https://www.telegraph.co.uk/news/2018/05/17/chinese-school-uses-facial-recognition-monitor-student-attention/.
"Containers Lost at Sea—2017 Update." World Shipping Council, July 10, 2017. http://www.worldshipping.org/industry-issues/safety/Containers_Lost_at_Sea_-_2017_Update_FINAL_July_10.pdf.
Cook, Gary, et al. *Clicking Clean: Who Is Winning the Race to Build a Green Internet?* Washington, D.C.: Greenpeace, 2017. http://www.clickclean.org/international/en/.
Cook, James. "Amazon Patents New Alexa Feature That Knows When You're Ill and Offers You Medicine." *Telegraph,* October 9, 2018. https://www.telegraph.co.uk/technology/2018/10/09/amazon-patents-new-alexa-feature-knows-offers-medicine/.
Coole, Diana, and Samantha Frost, eds. *New Materialisms: Ontology, Agency, and Politics.* Durham, N.C.: Duke University Press, 2012.
Cooper, Carolyn C. "The Portsmouth System of Manufacture." *Technology and Culture* 25, no. 2 (1984): 182–225. https://doi.org/10.2307/3104712.
Corbett, James C., et al. "Spanner: Google's Globally-Distributed Database." *Proceedings of OSDI 2012* (2012): 14.
Costanza-Chock, Sasha. *Design Justice: Community-Led Practices to Build the Worlds We Need.* Cambridge, Mass.: MIT Press, 2020.
Couldry, Nick, and Ulises A. Mejías. *The Costs of Connection: How Data Is Colonizing Human Life and Appropriating It for Capitalism.* Stanford, Calif.: Stanford University Press, 2019.
———. "Data Colonialism: Rethinking Big Data's Relation to the Contemporary Subject." *Television and New Media* 20, no. 4 (2019): 336–49. https://doi.org/10.1177/1527476418796632.
"Counterpoints: An Atlas of Displacement and Resistance." *Anti-Eviction Mapping Project* (blog), September 3, 2020. https://antievictionmap.com/blog/2020/9/3/counterpoints-an-atlas-of-displacement-and-resistance.

Courtine, Jean-Jacques, and Claudine Haroche. *Histoire du visage: Exprimer et taire ses émotions (du XVIe siècle au début du XIXe siècle)*. Paris: Payot et Rivages, 2007.
Cowen, Alan, et al. "Mapping the Passions: Toward a High-Dimensional Taxonomy of Emotional Experience and Expression." *Psychological Science in the Public Interest* 20, no. 1 (2019): 61–90. https://doi.org/10.1177/1529100619850176.
Crawford, Kate. "Halt the Use of Facial-Recognition Technology until It Is Regulated." *Nature* 572 (2019): 565. https://doi.org/10.1038/d41586-019-02514-7.
Crawford, Kate, and Vladan Joler. "Anatomy of an AI System." Anatomy of an AI System, 2018. http://www.anatomyof.ai.
Crawford, Kate, and Jason Schultz. "AI Systems as State Actors." *Columbia Law Review* 119, no. 7 (2019). https://columbialawreview.org/content/ai-systems-as-state-actors/.
———. "Big Data and Due Process: Toward a Framework to Redress Predictive Privacy Harms." *Boston College Law Review* 55, no. 1 (2014). https://lawdigitalcommons.bc.edu/bclr/vol55/iss1/4.
Crawford, Kate, et al. *AI Now 2019 Report*. New York: AI Now Institute, 2019. https://ainowinstitute.org/AI_Now_2019_Report.html.
Crevier, Daniel. *AI: The Tumultuous History of the Search for Artificial Intelligence*. New York: Basic Books, 1993.
Crosman, Penny. "Is AI a Threat to Fair Lending?" *American Banker*, September 7, 2017. https://www.americanbanker.com/news/is-artificial-intelligence-a-threat-to-fair-lending.
Currier, Cora, Glenn Greenwald, and Andrew Fishman. "U.S. Government Designated Prominent Al Jazeera Journalist as 'Member of Al Qaeda.'" *The Intercept* (blog), May 8, 2015. https://theintercept.com/2015/05/08/u-s-government-designated-prominent-al-jazeera-journalist-al-qaeda-member-put-watch-list/.
Curry, Steven, et al. "NIST Special Database 32: Multiple Encounter Dataset I (MEDS-I)." National Institute of Standards and Technology, NISTIR 7679, December 2009. https://nvlpubs.nist.gov/nistpubs/Legacy/IR/nistir7679.pdf.
Cuthbertson, Anthony. "Elon Musk Really Wants to 'Nuke Mars.'" *Independent*, August 19, 2019. https://www.independent.co.uk/life-style/gadgets-and-tech/news/elon-musk-mars-nuke-spacex-t-shirt-nuclear-weapons-space-a9069141.html.
Danowski, Déborah, and Eduardo Batalha Viveiros de Castro. *The Ends of the World*. Translated by Rodrigo Guimaraes Nunes. Malden, Mass.: Polity, 2017.
Danziger, Shai, Jonathan Levav, and Liora Avnaim-Pesso. "Extraneous Fac-

tors in Judicial Decisions." *Proceedings of the National Academy of Sciences* 108, no. 17 (2011): 6889–92. https://doi.org/10.1073/pnas.1018033108.

Darwin, Charles. *The Expression of the Emotions in Man and Animals,* edited by Joe Cain and Sharon Messenger. London: Penguin, 2009.

Dastin, Jeffrey. "Amazon Scraps Secret AI Recruiting Tool That Showed Bias against Women." *Reuters,* October 10, 2018. https://www.reuters.com/article/us-amazon-com-jobs-automation-insight-idUSKCN1MK08G.

Daston, Lorraine. "Cloud Physiognomy." *Representations* 135, no. 1 (2016): 45–71. https://doi.org/10.1525/rep.2016.135.1.45.

Daston, Lorraine, and Peter Galison. *Objectivity.* Paperback ed. New York: Zone Books, 2010.

Davies, Kate, and Liam Young. *Tales from the Dark Side of the City: The Breastmilk of the Volcano, Bolivia and the Atacama Desert Expedition.* London: Unknown Fields, 2016.

Davis, F. James. *Who Is Black? One Nation's Definition.* 10th anniversary ed. University Park: Pennsylvania State University Press, 2001.

Davis, Monte. "Gerard K. O'Neill on Space Colonies." *Omni Magazine,* October 12, 2017. https://omnimagazine.com/interview-gerard-k-oneill-space-colonies/.

Delaporte, François. *Anatomy of the Passions.* Translated by Susan Emanuel. Stanford, Calif.: Stanford University Press, 2008.

*Demis Hassabis, DeepMind—Learning from First Principles—Artificial Intelligence NIPS2017.* Video, December 9, 2017. https://www.youtube.com/watch?v=DXNqYSNvnjA&feature=emb_title.

Deng, Jia, et al. "ImageNet: A Large-Scale Hierarchical Image Database." In *2009 IEEE Conference on Computer Vision and Pattern Recognition,* 248–55. https://doi.org/10.1109/CVPR.2009.5206848.

Department of International Cooperation, Ministry of Science and Technology. "Next Generation Artificial Intelligence Development Plan." *China Science and Technology Newsletter,* no. 17, September 15, 2017. http://fi.china-embassy.org/eng/kxjs/P020171025789108009001.pdf.

Deputy Secretary of Defense to Secretaries of the Military Departments et al., April 26, 2017. Memorandum: "Establishment of an Algorithmic Warfare Cross-Functional Team (Project Maven)." https://www.govexec.com/media/gbc/docs/pdfs_edit/establishment_of_the_awcft_project_maven.pdf.

Derrida, Jacques, and Eric Prenowitz. "Archive Fever: A Freudian Impression." *Diacritics* 25, no. 2 (1995): 9. https://doi.org/10.2307/465144.

Dick, Philip K. "Autofac." *Galaxy Magazine,* November 1955. http://archive.org/details/galaxymagazine-1955-11.

Didi-Huberman, Georges. *Atlas, or the Anxious Gay Science: How to Carry the World on One's Back?* Chicago: University of Chicago Press, 2018.

Dietterich, Thomas, and Eun Bae Kong. "Machine Learning Bias, Statistical Bias, and Statistical Variance of Decision Tree Algorithms." Unpublished paper, Oregon State University, 1995. http://citeseerx.ist.psu.edu/viewdoc/summary?doi=10.1.1.38.2702.

D'Ignazio, Catherine, and Lauren F. Klein. *Data Feminism.* Cambridge, Mass.: MIT Press, 2020.

Dilanian, Ken. "US Special Operations Forces Are Clamoring to Use Software from Silicon Valley Company Palantir." *Business Insider,* March 26, 2015. https://www.businessinsider.com/us-special-operations-forces-are-clamoring-to-use-software-from-silicon-valley-company-palantir-2015-3.

Dobbe, Roel, and Meredith Whittaker. "AI and Climate Change: How They're Connected, and What We Can Do about It." *Medium* (blog), October 17, 2019. https://medium.com/@AINowInstitute/ai-and-climate-change-how-theyre-connected-and-what-we-can-do-about-it-6aa8d0f5b32c.

Domingos, Pedro. "A Few Useful Things to Know about Machine Learning." *Communications of the ACM* 55, no. 10 (2012): 78. https://doi.org/10.1145/2347736.2347755.

Dooley, Ben, Eimi Yamamitsu, and Makiko Inoue. "Fukushima Nuclear Disaster Trial Ends with Acquittals of 3 Executives." *New York Times,* September 19, 2019. https://www.nytimes.com/2019/09/19/business/japan-tepco-fukushima-nuclear-acquitted.html.

Dougherty, Conor. "Google Photos Mistakenly Labels Black People 'Gorillas.'" *Bits Blog* (blog), July 1, 2015. https://bits.blogs.nytimes.com/2015/07/01/google-photos-mistakenly-labels-black-people-gorillas/.

Douglass, Frederick. "West India Emancipation." Speech delivered at Canandaigua, N.Y., August 4, 1857. https://rbscp.lib.rochester.edu/4398.

Drescher, Jack. "Out of DSM: Depathologizing Homosexuality." *Behavioral Sciences* 5, no. 4 (2015): 565–75. https://doi.org/10.3390/bs5040565.

Dreyfus, Hubert L. *Alchemy and Artificial Intelligence.* Santa Monica, Calif.: RAND, 1965.

———. *What Computers Can't Do: A Critique of Artificial Reason.* New York: Harper and Row, 1972.

Dryer, Theodora. "Designing Certainty: The Rise of Algorithmic Computing in an Age of Anxiety 1920–1970." Ph.D. diss., University of California, San Diego, 2019.

Du, Lisa, and Ayaka Maki. "AI Cameras That Can Spot Shoplifters Even before They Steal." *Bloomberg,* March 4, 2019. https://www.bloomberg.com/news/articles/2019-03-04/the-ai-cameras-that-can-spot-shoplifters-even-before-they-steal.

Duchenne (de Boulogne), G.-B. *Mécanisme de la physionomie humaine ou Analyse électro-physiologique de l'expression des passions applicable à la pratique des arts plastiques.* 2nd ed. Paris: Librairie J.-B. Baillière et Fils, 1876.

Eco, Umberto. *The Infinity of Lists: An Illustrated Essay.* Translated by Alastair McEwen. New York: Rizzoli, 2009.

Edwards, Paul N. *The Closed World: Computers and the Politics of Discourse in Cold War America.* Cambridge, Mass.: MIT Press, 1996.

Edwards, Paul N., and Gabrielle Hecht. "History and the Technopolitics of Identity: The Case of Apartheid South Africa." *Journal of Southern African Studies* 36, no. 3 (2010): 619–39. https://doi.org/10.1080/03057070.2010.507568.

Eglash, Ron. "Broken Metaphor: The Master-Slave Analogy in Technical Literature." *Technology and Culture* 48, no. 2 (2007): 360–69. https://doi.org/10.1353/tech.2007.0066.

Ekman, Paul. "An Argument for Basic Emotions." *Cognition and Emotion* 6, no. 3–4 (1992): 169–200.

———. "Duchenne and Facial Expression of Emotion." In G.-B. Duchenne de Boulogne, *The Mechanism of Human Facial Expression,* 270–84. Edited and translated by R. A. Cuthbertson. Cambridge: Cambridge University Press, 1990.

———. *Emotions Revealed: Recognizing Faces and Feelings to Improve Communication and Emotional Life.* New York: Times Books, 2003.

———. "A Life's Pursuit." In *The Semiotic Web '86: An International Yearbook,* edited by Thomas A. Sebeok and Jean Umiker-Sebeok, 4–46. Berlin: Mouton de Gruyter, 1987.

———. *Nonverbal Messages: Cracking the Code: My Life's Pursuit.* San Francisco: PEG, 2016.

———. *Telling Lies: Clues to Deceit in the Marketplace, Politics, and Marriage.* 4th ed. New York: W. W. Norton, 2009.

———. "Universal Facial Expressions of Emotion." *California Mental Health Research Digest* 8, no. 4 (1970): 151–58.

———. "What Scientists Who Study Emotion Agree About." *Perspectives on Psychological Science* 11, no. 1 (2016): 81–88. https://doi.org/10.1177/1745691615596992.

Ekman, Paul, and Wallace V. Friesen. "Constants across Cultures in the Face and Emotion." *Journal of Personality and Social Psychology* 17, no. 2 (1971): 124–29. https://doi.org/10.1037/h0030377.

———. *Facial Action Coding System (FACS): A Technique for the Measurement of Facial Action.* Palo Alto, Calif.: Consulting Psychologists Press, 1978.

———. "Nonverbal Leakage and Clues to Deception." *Psychiatry* 31, no. 1 (1969): 88–106.

———. *Unmasking the Face*. Cambridge, Mass.: Malor Books, 2003.
Ekman, Paul, and Harriet Oster. "Facial Expressions of Emotion." *Annual Review of Psychology* 30 (1979): 527–54.
Ekman, Paul, and Maureen O'Sullivan. "Who Can Catch a Liar?" *American Psychologist* 46, no. 9 (1991): 913–20. https://doi.org/10.1037/0003-066X.46.9.913.
Ekman, Paul, Maureen O'Sullivan, and Mark G. Frank. "A Few Can Catch a Liar." *Psychological Science* 10, no. 3 (1999): 263–66. https://doi.org/10.1111/1467-9280.00147.
Ekman, Paul, and Erika L. Rosenberg, eds. *What the Face Reveals: Basic and Applied Studies of Spontaneous Expression Using the Facial Action Coding System (FACS)*. New York: Oxford University Press, 1997.
Ekman, Paul, E. Richard Sorenson, and Wallace V. Friesen. "Pan-Cultural Elements in Facial Displays of Emotion." *Science* 164 (1969): 86–88. https://doi.org/10.1126/science.164.3875.86.
Ekman, Paul, et al. "Universals and Cultural Differences in the Judgments of Facial Expressions of Emotion." *Journal of Personality and Social Psychology* 53, no. 4 (1987): 712–17.
Elfenbein, Hillary Anger, and Nalini Ambady. "On the Universality and Cultural Specificity of Emotion Recognition: A Meta-Analysis." *Psychological Bulletin* 128, no. 2 (2002): 203–35. https://doi.org/10.1037/0033-2909.128.2.203.
Elish, Madeline Clare, and danah boyd. "Situating Methods in the Magic of Big Data and AI." *Communication Monographs* 85, no. 1 (2018): 57–80. https://doi.org/10.1080/03637751.2017.1375130.
Ely, Chris. "The Life Expectancy of Electronics." Consumer Technology Association, September 16, 2014. https://www.cta.tech/News/Blog/Articles/2014/September/The-Life-Expectancy-of-Electronics.aspx.
"Emotion Detection and Recognition (EDR) Market Size to surpass 18%+ CAGR 2020 to 2027." *MarketWatch*, October 5, 2020. https://www.marketwatch.com/press-release/emotion-detection-and-recognition-edr-market-size-to-surpass-18-cagr-2020-to-2027-2020-10-05.
England, Rachel. "UK Police's Facial Recognition System Has an 81 Percent Error Rate." *Engadget*, July 4, 2019. https://www.engadget.com/2019/07/04/uk-met-facial-recognition-failure-rate/.
Ensmenger, Nathan. "Computation, Materiality, and the Global Environment." *IEEE Annals of the History of Computing* 35, no. 3 (2013): 80. https://www.doi.org/10.1109/MAHC.2013.33.
———. *The Computer Boys Take Over: Computers, Programmers, and the Politics of Technical Expertise*. Cambridge, Mass.: MIT Press, 2010.
Eschner, Kat. "Lie Detectors Don't Work as Advertised and They Never Did." *Smithsonian*, February 2, 2017. https://www.smithsonianmag.com/smart

-news/lie-detectors-dont-work-advertised-and-they-never-did-18096 1956/.

Estreicher, Sam, and Christopher Owens. "Labor Board Wrongly Rejects Employee Access to Company Email for Organizational Purposes." *Verdict,* February 19, 2020. https://verdict.justia.com/2020/02/19/labor-board-wrongly-rejects-employee-access-to-company-email-for-organizational-purposes.

Eubanks, Virginia. *Automating Inequality: How High-Tech Tools Profile, Police, and Punish the Poor.* New York: St. Martin's, 2017.

Ever AI. "Ever AI Leads All US Companies on NIST's Prestigious Facial Recognition Vendor Test." *GlobeNewswire,* November 27, 2018. http://www.globenewswire.com/news-release/2018/11/27/1657221/0/en/Ever-AI-Leads-All-US-Companies-on-NIST-s-Prestigious-Facial-Recognition-Vendor-Test.html.

Fabian, Ann. *The Skull Collectors: Race, Science, and America's Unburied Dead.* Chicago: University of Chicago Press, 2010.

"Face: An AI Service That Analyzes Faces in Images." Microsoft Azure. https://azure.microsoft.com/en-us/services/cognitive-services/face/.

Fadell, Anthony M., et al. Smart-home automation system that suggests or automatically implements selected household policies based on sensed observations. US10114351B2, filed March 5, 2015, and issued October 30, 2018.

Fang, Lee. "Defense Tech Startup Founded by Trump's Most Prominent Silicon Valley Supporters Wins Secretive Military AI Contract." *The Intercept* (blog), March 9, 2019. https://theintercept.com/2019/03/09/anduril-industries-project-maven-palmer-luckey/.

———. "Leaked Emails Show Google Expected Lucrative Military Drone AI Work to Grow Exponentially." *The Intercept* (blog), May 31, 2018. https://theintercept.com/2018/05/31/google-leaked-emails-drone-ai-pentagon-lucrative/.

"Federal Policy for the Protection of Human Subjects." *Federal Register,* September 8, 2015. https://www.federalregister.gov/documents/2015/09/08/2015-21756/federal-policy-for-the-protection-of-human-subjects.

Federici, Silvia. *Wages against Housework.* 6th ed. London: Power of Women Collective and Falling Walls Press, 1975.

Fellbaum, Christiane, ed. *WordNet: An Electronic Lexical Database.* Cambridge, Mass.: MIT Press, 1998.

Fernández-Dols, José-Miguel, and James A. Russell, eds. *The Science of Facial Expression.* New York: Oxford University Press, 2017.

Feuer, William. "Palantir CEO Alex Karp Defends His Company's Relationship with Government Agencies." *CNBC,* January 23, 2020. https://www.cnbc.com/2020/01/23/palantir-ceo-alex-karp-defends-his-companys-work-for-the-government.html.

"Five Eyes Intelligence Oversight and Review Council." U.S. Office of the Director of National Intelligence. https://www.dni.gov/index.php/who-we-are/organizations/enterprise-capacity/chco/chco-related-menus/chco-related-links/recruitment-and-outreach/217-about/organization/icig-pages/2660-icig-fiorc.

Foer, Franklin. "Jeff Bezos's Master Plan." *Atlantic*, November 2019. https://www.theatlantic.com/magazine/archive/2019/11/what-jeff-bezos-wants/598363/.

Foreman, Judy. "A Conversation with: Paul Ekman; The 43 Facial Muscles That Reveal Even the Most Fleeting Emotions." *New York Times*, August 5, 2003. https://www.nytimes.com/2003/08/05/health/conversation-with-paul-ekman-43-facial-muscles-that-reveal-even-most-fleeting.html.

Forsythe, Diana E. "Engineering Knowledge: The Construction of Knowledge in Artificial Intelligence." *Social Studies of Science* 23, no. 3 (1993): 445–77. https://doi.org/10.1177/0306312793023003002.

Fortunati, Leopoldina. "Robotization and the Domestic Sphere." *New Media and Society* 20, no. 8 (2018): 2673–90. https://doi.org/10.1177/1461444817729366.

Foucault, Michel. *Discipline and Punish: The Birth of the Prison*. 2nd ed. New York: Vintage Books, 1995.

Founds, Andrew P., et al. "NIST Special Database 32: Multiple Encounter Dataset II (MEDS-II)." National Institute of Standards and Technology, NISTIR 7807, February 2011. https://tsapps.nist.gov/publication/get_pdf.cfm?pub_id=908383.

Fourcade, Marion, and Kieran Healy. "Seeing Like a Market." *Socio-Economic Review* 15, no. 1 (2016): 9–29. https://doi.org/10.1093/ser/mww033.

Franceschi-Bicchierai, Lorenzo. "Redditor Cracks Anonymous Data Trove to Pinpoint Muslim Cab Drivers." *Mashable*, January 28, 2015. https://mashable.com/2015/01/28/redditor-muslim-cab-drivers/.

Franklin, Ursula M. *The Real World of Technology*. Rev. ed. Toronto, Ont.: House of Anansi Press, 2004.

Franklin, Ursula M., and Michelle Swenarchuk. *The Ursula Franklin Reader: Pacifism as a Map*. Toronto, Ont.: Between the Lines, 2006.

French, Martin A., and Simone A. Browne. "Surveillance as Social Regulation: Profiles and Profiling Technology." In *Criminalization, Representation, Regulation: Thinking Differently about Crime*, edited by Deborah R. Brock, Amanda Glasbeek, and Carmela Murdocca, 251–84. North York, Ont.: University of Toronto Press, 2014.

Fridlund, Alan. "A Behavioral Ecology View of Facial Displays, 25 Years Later." *Emotion Researcher*, August 2015. https://emotionresearcher.com/the-behavioral-ecology-view-of-facial-displays-25-years-later/.

Fussell, Sidney. "The Next Data Mine Is Your Bedroom." *Atlantic*, November 17, 2018. https://www.theatlantic.com/technology/archive/2018/11/google-patent-bedroom-privacy-smart-home/576022/.

Galison, Peter. *Einstein's Clocks, Poincaré's Maps: Empires of Time.* New York: W. W. Norton, 2003.

———. "The Ontology of the Enemy: Norbert Wiener and the Cybernetic Vision." *Critical Inquiry* 21, no. 1 (1994): 228–66.

———. "Removing Knowledge." *Critical Inquiry* 31, no. 1 (2004): 229–43. https://doi.org/10.1086/427309.

Garris, Michael D., and Charles L. Wilson. "NIST Biometrics Evaluations and Developments." National Institute of Standards and Technology, NISTIR 7204, February 2005. https://www.govinfo.gov/content/pkg/GOVPUB-C13-1ba4778e3b87bdd6ce660349317d3263/pdf/GOVPUB-C13-1ba4778e3b87bdd6ce660349317d3263.pdf.

Gates, Dominic. "Bezos's Blue Origin Seeks Tax Incentives to Build Rocket Engines Here." *Seattle Times,* January 14, 2016. https://www.seattletimes.com/business/boeing-aerospace/bezoss-blue-origin-seeks-tax-incentives-to-build-rocket-engines-here/.

Gebru, Timnit, et al. "Datasheets for Datasets." *ArXiv:1803.09010 [Cs],* March 23, 2018. http://arxiv.org/abs/1803.09010.

———. "Fine-Grained Car Detection for Visual Census Estimation." In *Proceedings of the Thirty-First AAAI Conference on Artificial Intelligence, AAAI '17,* 4502–8.

Gee, Alastair. "San Francisco or Mumbai? UN Envoy Encounters Homeless Life in California." *Guardian,* January 22, 2018. https://www.theguardian.com/us-news/2018/jan/22/un-rapporteur-homeless-san-francisco-california.

Gellman, Barton, and Laura Poitras. "U.S., British Intelligence Mining Data from Nine U.S. Internet Companies in Broad Secret Program." *Washington Post,* June 7, 2013. https://www.washingtonpost.com/investigations/us-intelligence-mining-data-from-nine-us-internet-companies-in-broad-secret-program/2013/06/06/3a0c0da8-cebf-11e2-8845-d970ccb04497_story.html.

Gendron, Maria, and Lisa Feldman Barrett. *Facing the Past.* Vol. 1. New York: Oxford University Press, 2017.

George, Rose. *Ninety Percent of Everything: Inside Shipping, the Invisible Industry That Puts Clothes on Your Back, Gas in Your Car, and Food on Your Plate.* New York: Metropolitan Books, 2013.

Gershgorn, Dave. "The Data That Transformed AI Research—and Possibly the World." *Quartz,* July 26, 2017. https://qz.com/1034972/the-data-that-changed-the-direction-of-ai-research-and-possibly-the-world/.

Ghaffary, Shirin. "More Than 1,000 Google Employees Signed a Letter Demanding the Company Reduce Its Carbon Emissions." *Recode,* November 4, 2019. https://www.vox.com/recode/2019/11/4/20948200/google-employees-letter-demand-climate-change-fossil-fuels-carbon-emissions.

Gill, Karamjit S. *Artificial Intelligence for Society.* New York: John Wiley and Sons, 1986.

Gillespie, Tarleton. *Custodians of the Internet: Platforms, Content Moderation, and the Hidden Decisions That Shape Social Media.* New Haven: Yale University Press, 2018.

Gillespie, Tarleton, Pablo J. Boczkowski, and Kirsten A. Foot, eds. *Media Technologies: Essays on Communication, Materiality, and Society.* Cambridge. Mass.: MIT Press, 2014.

Gitelman, Lisa, ed. *"Raw Data" Is an Oxymoron.* Cambridge, Mass.: MIT Press, 2013.

Goeleven, Ellen, et al. "The Karolinska Directed Emotional Faces: A Validation Study." *Cognition and Emotion* 22, no. 6 (2008): 1094–18. https://doi.org/10.1080/02699930701626582.

Goenka, Aakash, et al. Database systems and user interfaces for dynamic and interactive mobile image analysis and identification. US10339416B2, filed July 5, 2018, and issued July 2, 2019.

"Google Outrage at 'NSA Hacking.'" *BBC News,* October 31, 2013. https://www.bbc.com/news/world-us-canada-24751821.

Gora, Walter, Ulrich Herzog, and Satish Tripathi. "Clock Synchronization on the Factory Floor (FMS)." *IEEE Transactions on Industrial Electronics* 35, no. 3 (1988): 372–80. https://doi.org/10.1109/41.3109.

Gould, Stephen Jay. *The Mismeasure of Man.* Rev. and expanded ed. New York: W. W. Norton, 1996.

Graeber, David. *The Utopia of Rules: On Technology, Stupidity, and the Secret Joys of Bureaucracy.* Brooklyn, N.Y.: Melville House, 2015.

Graham, John. "Lavater's Physiognomy in England." *Journal of the History of Ideas* 22, no. 4 (1961): 561. https://doi.org/10.2307/2708032.

Graham, Mark, and Håvard Haarstad. "Transparency and Development: Ethical Consumption through Web 2.0 and the Internet of Things." *Information Technologies and International Development* 7, no. 1 (2011): 1–18.

Gray, Mary L., and Siddharth Suri. *Ghost Work: How to Stop Silicon Valley from Building a New Global Underclass.* Boston: Houghton Mifflin Harcourt, 2019.

———. "The Humans Working behind the AI Curtain." *Harvard Business Review,* January 9, 2017. https://hbr.org/2017/01/the-humans-working-behind-the-ai-curtain.

Gray, Richard T. *About Face: German Physiognomic Thought from Lavater to Auschwitz.* Detroit, Mich.: Wayne State University Press, 2004.

Green, Ben. *Smart Enough City: Taking Off Our Tech Goggles and Reclaiming the Future of Cities.* Cambridge, Mass.: MIT Press, 2019.

Greenberger, Martin, ed. *Management and the Computer of the Future.* New York: Wiley, 1962.
Greene, Tristan. "Science May Have Cured Biased AI." The Next Web, October 26, 2017. https://thenextweb.com/artificial-intelligence/2017/10/26/scientists-may-have-just-created-the-cure-for-biased-ai/.
Greenhouse, Steven. "McDonald's Workers File Wage Suits in 3 States." *New York Times,* March 13, 2014. https://www.nytimes.com/2014/03/14/business/mcdonalds-workers-in-three-states-file-suits-claiming-underpayment.html.
Greenwald, Anthony G., and Linda Hamilton Krieger. "Implicit Bias: Scientific Foundations." *California Law Review* 94, no. 4 (2006): 945. https://doi.org/10.2307/20439056.
Gregg, Melissa. *Counterproductive: Time Management in the Knowledge Economy.* Durham, N.C.: Duke University Press, 2018.
"A Grey Goldmine: Recent Developments in Lithium Extraction in Bolivia and Alternative Energy Projects." Council on Hemispheric Affairs, November 17, 2009. http://www.coha.org/a-grey-goldmine-recent-developments-in-lithium-extraction-in-bolivia-and-alternative-energy-projects/.
Grigorieff, Paul. "The Mittelwerk/Mittelbau/Camp Dora." V2rocket.com. http://www.v2rocket.com/start/chapters/mittel.html.
Grother, Patrick, et al. "The 2017 IARPA Face Recognition Prize Challenge (FRPC)." National Institute of Standards and Technology, NISTIR 8197, November 2017. https://nvlpubs.nist.gov/nistpubs/ir/2017/NIST.IR.8197.pdf.
Grothoff, Christian, and J. M. Porup. "The NSA's SKYNET Program May Be Killing Thousands of Innocent People." Ars Technica, February 16, 2016. https://arstechnica.com/information-technology/2016/02/the-nsas-skynet-program-may-be-killing-thousands-of-innocent-people/.
Guendelsberger, Emily. *On the Clock: What Low-Wage Work Did to Me and How It Drives America Insane.* New York: Little, Brown, 2019.
Gurley, Lauren Kaori. "60 Amazon Workers Walked Out over Warehouse Working Conditions." *Vice* (blog), October 3, 2019. https://www.vice.com/en_us/article/pa7qny/60-amazon-workers-walked-out-over-warehouse-working-conditions.
Hacking, Ian. "Kinds of People: Moving Targets." *Proceedings of the British Academy* 151 (2007): 285–318.
———. "Making Up People." *London Review of Books,* August 17, 2006, 23–26.
Hagendorff, Thilo. "The Ethics of AI Ethics: An Evaluation of Guidelines." *Minds and Machines* 30 (2020): 99–120. https://doi.org/10.1007/s11023-020-09517-8.
Haggerty, Kevin D., and Richard V. Ericson. "The Surveillant Assemblage."

*British Journal of Sociology* 51, no. 4 (2000): 605–22. https://doi.org/10.1080/00071310020015280.
Hajjar, Lisa. "Lawfare and Armed Conflicts: A Comparative Analysis of Israeli and U.S. Targeted Killing Policies." In *Life in the Age of Drone Warfare,* edited by Lisa Parks and Caren Kaplan, 59–88. Durham, N.C.: Duke University Press, 2017.
Halsey III, Ashley. "House Member Questions $900 Million TSA 'SPOT' Screening Program." *Washington Post,* November 14, 2013. https://www.washingtonpost.com/local/trafficandcommuting/house-member-questions-900-million-tsa-spot-screening-program/2013/11/14/ad194cfe-4d5c-11e3-be6b-d3d28122e6d4_story.html.
Hao, Karen. "AI Is Sending People to Jail—and Getting It Wrong." *MIT Technology Review,* January 21, 2019. https://www.technologyreview.com/s/612775/algorithms-criminal-justice-ai/.
———. "The Technology behind OpenAI's Fiction-Writing, Fake-News-Spewing AI, Explained." *MIT Technology Review,* February 16, 2019. https://www.technologyreview.com/s/612975/ai-natural-language-processing-explained/.
———. "Three Charts Show How China's AI Industry Is Propped Up by Three Companies." *MIT Technology Review,* January 22, 2019. https://www.technologyreview.com/s/612813/the-future-of-chinas-ai-industry-is-in-the-hands-of-just-three-companies/.
Haraway, Donna J. *Modest_Witness@Second_Millennium.FemaleMan_Meets_OncoMouse: Feminism and Technoscience.* New York: Routledge, 1997.
———. *Simians, Cyborgs, and Women: The Reinvention of Nature.* New York: Routledge, 1990.
———. *When Species Meet.* Minneapolis: University of Minnesota Press, 2008.
Hardt, Michael, and Antonio Negri. *Assembly.* New York: Oxford University Press, 2017.
Harrabin, Roger. "Google Says Its Carbon Footprint Is Now Zero." BBC News, September 14, 2020. https://www.bbc.com/news/technology-54141899.
Harvey, Adam R. "MegaPixels." MegaPixels. https://megapixels.cc/.
Harvey, Adam, and Jules LaPlace. "Brainwash Dataset." MegaPixels. https://megapixels.cc/brainwash/.
Harwell, Drew. "A Face-Scanning Algorithm Increasingly Decides Whether You Deserve the Job." *Washington Post,* November 7, 2019. https://www.washingtonpost.com/technology/2019/10/22/ai-hiring-face-scanning-algorithm-increasingly-decides-whether-you-deserve-job/.
Haskins, Caroline. "Amazon Is Coaching Cops on How to Obtain Surveillance Footage without a Warrant." *Vice* (blog), August 5, 2019. https://

www.vice.com/en_us/article/43kga3/amazon-is-coaching-cops-on-how-to-obtain-surveillance-footage-without-a-warrant.

———. "Amazon's Home Security Company Is Turning Everyone into Cops." *Vice* (blog), February 7, 2019. https://www.vice.com/en_us/article/qvyvzd/amazons-home-security-company-is-turning-everyone-into-cops.

———. "How Ring Transmits Fear to American Suburbs." *Vice* (blog), July 12, 2019. https://www.vice.com/en/article/ywaa57/how-ring-transmits-fear-to-american-suburbs.

Heaven, Douglas. "Why Faces Don't Always Tell the Truth about Feelings." *Nature,* February 26, 2020. https://www.nature.com/articles/d41586-020-00507-5.

Heller, Nathan. "What the Enron Emails Say about Us." *New Yorker,* July 17, 2017. https://www.newyorker.com/magazine/2017/07/24/what-the-enron-e-mails-say-about-us.

Hernandez, Elizabeth. "CU Colorado Springs Students Secretly Photographed for Government-Backed Facial-Recognition Research." *Denver Post,* May 27, 2019. https://www.denverpost.com/2019/05/27/cu-colorado-springs-facial-recognition-research/.

Heyn, Edward T. "Berlin's Wonderful Horse; He Can Do Almost Everything but Talk—How He Was Taught." *New York Times,* Sept. 4, 1904. https://timesmachine.nytimes.com/timesmachine/1904/09/04/101396572.pdf.

Hicks, Mar. *Programmed Inequality: How Britain Discarded Women Technologists and Lost Its Edge in Computing.* Cambridge, Mass.: MIT Press, 2017.

Hird, M. J. "Waste, Landfills, and an Environmental Ethics of Vulnerability." *Ethics and the Environment* 18, no. 1 (2013): 105–24. https://www.doi.org/10.2979/ethicsenviro.18.1.105.

Hodal, Kate. "Death Metal: Tin Mining in Indonesia." *Guardian,* November 23, 2012. https://www.theguardian.com/environment/2012/nov/23/tin-mining-indonesia-bangka.

Hoffmann, Anna Lauren. "Data Violence and How Bad Engineering Choices Can Damage Society." *Medium* (blog), April 30, 2018. https://medium.com/s/story/data-violence-and-how-bad-engineering-choices-can-damage-society-39e44150e1d4.

Hoffower, Hillary. "We Did the Math to Calculate How Much Money Jeff Bezos Makes in a Year, Month, Week, Day, Hour, Minute, and Second." *Business Insider,* January 9, 2019. https://www.businessinsider.com/what-amazon-ceo-jeff-bezos-makes-every-day-hour-minute-2018-10.

Hoft, Joe. "Facial, Speech and Virtual Polygraph Analysis Shows Ilhan Omar Exhibits Many Indications of a Compulsive Fibber!!!" The Gateway Pundit, July 21, 2019. https://www.thegatewaypundit.com/2019/07/facial-spe

ech-and-virtual-polygraph-analysis-shows-ilhan-omar-exhibits-many-indications-of-a-compulsive-fibber/.
Hogan, Mél. "Data Flows and Water Woes: The Utah Data Center." *Big Data and Society* (December 2015). https://www.doi.org/10.1177/2053951715592429.
Holmqvist, Caroline. *Policing Wars: On Military Intervention in the Twenty-First Century.* London: Palgrave Macmillan, 2014.
Horne, Emily, and Tim Maly. *The Inspection House: An Impertinent Field Guide to Modern Surveillance.* Toronto: Coach House Books, 2014.
Horowitz, Alexandra. "Why Brain Size Doesn't Correlate with Intelligence." *Smithsonian,* December 2013. https://www.smithsonianmag.com/science-nature/why-brain-size-doesnt-correlate-with-intelligence-180947627/.
House, Brian. "Synchronizing Uncertainty: Google's Spanner and Cartographic Time." In *Executing Practices,* edited by Helen Pritchard, Eric Snodgrass, and Magda Tyżlik-Carver, 117–26. London: Open Humanities Press, 2018.
"How Does a Lithium-Ion Battery Work?" Energy.gov, September 14, 2017. https://www.energy.gov/eere/articles/how-does-lithium-ion-battery-work.
Hu, Tung-Hui. *A Prehistory of the Cloud.* Cambridge, Mass.: MIT Press, 2015.
Huet, Ellen. "The Humans Hiding behind the Chatbots." *Bloomberg,* April 18, 2016. https://www.bloomberg.com/news/articles/2016-04-18/the-humans-hiding-behind-the-chatbots.
Hutson, Matthew. "Artificial Intelligence Could Identify Gang Crimes—and Ignite an Ethical Firestorm." *Science,* February 28, 2018. https://www.sciencemag.org/news/2018/02/artificial-intelligence-could-identify-gang-crimes-and-ignite-ethical-firestorm.
Hwang, Tim, and Karen Levy. "'The Cloud' and Other Dangerous Metaphors." *Atlantic,* January 20, 2015. https://www.theatlantic.com/technology/archive/2015/01/the-cloud-and-other-dangerous-metaphors/384518/.
"ImageNet Large Scale Visual Recognition Competition (ILSVRC)." http://image-net.org/challenges/LSVRC/.
"Intel's Efforts to Achieve a Responsible Minerals Supply Chain." Intel, May 2019. https://www.intel.com/content/www/us/en/corporate-responsibility/conflict-minerals-white-paper.html.
Irani, Lilly. "Difference and Dependence among Digital Workers: The Case of Amazon Mechanical Turk." *South Atlantic Quarterly* 114, no. 1 (2015): 225–34. https://doi.org/10.1215/00382876-2831665.
———. "The Hidden Faces of Automation." *XRDS* 23, no. 2 (2016): 34–37. https://doi.org/10.1145/3014390.
Izard, Carroll E. "The Many Meanings/Aspects of Emotion: Definitions,

Functions, Activation, and Regulation." *Emotion Review* 2, no. 4 (2010): 363–70. https://doi.org/10.1177/1754073910374661.

Jaton, Florian. "We Get the Algorithms of Our Ground Truths: Designing Referential Databases in Digital Image Processing." *Social Studies of Science* 47, no. 6 (2017): 811–40. https://doi.org/10.1177/0306312717730428.

Jin, Huafeng, and Shuo Wang. Voice-based determination of physical and emotional characteristics of users. US10096319B1, n.d.

Jobin, Anna, Marcello Ienca, and Effy Vayena. "The Global Landscape of AI Ethics Guidelines." *Nature Machine Intelligence* 1 (2019): 389–99. https://doi.org/10.1038/s42256-019-0088-2.

Jones, Nicola. "How to Stop Data Centres from Gobbling Up the World's Electricity." *Nature,* September 12, 2018. https://www.nature.com/articles/d41586-018-06610-y.

Joseph, George. "Data Company Directly Powers Immigration Raids in Workplace." *WNYC,* July 16, 2019. https://www.wnyc.org/story/palantir-directly-powers-ice-workplace-raids-emails-show/.

June, Laura. "YouTube Has a Fake Peppa Pig Problem." *The Outline,* March 16, 2017. https://theoutline.com/post/1239/youtube-has-a-fake-peppa-pig-problem.

Kafer, Alison. *Feminist, Queer, Crip.* Bloomington: Indiana University Press, 2013.

Kak, Amba, ed. "Regulating Biometrics: Global Approaches and Urgent Questions." AI Now Institute, September 1, 2020. https://ainowinstitute.org/regulatingbiometrics.html.

Kanade, Takeo. *Computer Recognition of Human Faces.* Basel: Birkhäuser Boston, 2013.

Kanade, T., J. F. Cohn, and Yingli Tian. "Comprehensive Database for Facial Expression Analysis." In *Proceedings Fourth IEEE International Conference on Automatic Face and Gesture Recognition,* 46–53. 2000. https://doi.org/10.1109/AFGR.2000.840611.

Kappas, A. "Smile When You Read This, Whether You Like It or Not: Conceptual Challenges to Affect Detection." *IEEE Transactions on Affective Computing* 1, no. 1 (2010): 38–41. https://doi.org/10.1109/T-AFFC.2010.6.

Katz, Lawrence F., and Alan B. Krueger. "The Rise and Nature of Alternative Work Arrangements in the United States, 1995–2015." *ILR Review* 72, no. 2 (2019): 382–416.

Keates, Nancy. "The Many Places Amazon CEO Jeff Bezos Calls Home." *Wall Street Journal,* January 9, 2019. https://www.wsj.com/articles/the-many-places-amazon-ceo-jeff-bezos-calls-home-1507204462.

Keel, Terence D. "Religion, Polygenism and the Early Science of Human Origins." *History of the Human Sciences* 26, no. 2 (2013): 3–32. https://doi.org/10.1177/0952695113482916.

Kelly, Kevin. *What Technology Wants.* New York: Penguin Books, 2011.
Kemeny, John, and Thomas Kurtz. "Dartmouth Timesharing." *Science* 162 (1968): 223–68.
Kendi, Ibram X. "A History of Race and Racism in America, in 24 Chapters." *New York Times,* February 22, 2017. https://www.nytimes.com/2017/02/22/books/review/a-history-of-race-and-racism-in-america-in-24-chapters.html.
Kerr, Dara. "Tech Workers Protest in SF to Keep Attention on Travel Ban." *CNET,* February 13, 2017. https://www.cnet.com/news/trump-immigration-ban-tech-workers-protest-no-ban-no-wall/.
Keyes, Os. "The Misgendering Machines: Trans/HCI Implications of Automatic Gender Recognition." In *Proceedings of the ACM on Human-Computer Interaction* 2, Issue CSCW (2018): art. 88. https://doi.org/10.1145/3274357.
Kleinberg, Jon, et al. "Human Decisions and Machine Predictions." *Quarterly Journal of Economics* 133, no. 1 (2018): 237–93. https://doi.org/10.1093/qje/qjx032.
Klimt, Bryan, and Yiming Yang. "The Enron Corpus: A New Dataset for Email Classification Research." In *Machine Learning: ECML 2004,* edited by Jean-François Boulicat et al., 217–26. Berlin: Springer, 2004.
Klose, Alexander. *The Container Principle: How a Box Changes the Way We Think.* Translated by Charles Marcrum. Cambridge, Mass.: MIT Press, 2015.
Knight, Will. "Alpha Zero's 'Alien' Chess Shows the Power, and the Peculiarity, of AI." *MIT Technology Review,* December 8, 2017. https://www.technologyreview.com/s/609736/alpha-zeros-alien-chess-shows-the-power-and-the-peculiarity-of-ai/.
Kolbert, Elizabeth. "There's No Scientific Basis for Race—It's a Made-Up Label." *National Geographic,* March 12, 2018. https://www.nationalgeographic.com/magazine/2018/04/race-genetics-science-africa/.
Krizhevsky, Alex, Ilya Sutskever, and Geoffrey E. Hinton. "ImageNet Classification with Deep Convolutional Neural Networks." *Communications of the ACM* 60, no. 6 (2017): 84–90. https://doi.org/10.1145/3065386.
Labban, Mazen. "Deterritorializing Extraction: Bioaccumulation and the Planetary Mine." *Annals of the Association of American Geographers* 104, no. 3 (2014): 560–76. https://www.jstor.org/stable/24537757.
Lakoff, George. *Women, Fire, and Dangerous Things: What Categories Reveal about the Mind.* Chicago: University of Chicago Press, 1987.
Lambert, Fred. "Breakdown of Raw Materials in Tesla's Batteries and Possible Breaknecks," electrek, November 1, 2016. https://electrek.co/2016/11/01/breakdown-raw-materials-tesla-batteries-possible-bottleneck/.
Lapuschkin, Sebastian, et al. "Unmasking Clever Hans Predictors and As-

sessing What Machines Really Learn." *Nature Communications* 10, no. 1 (2019): 1–8. https://doi.org/10.1038/s41467-019-08987-4.

Latour, Bruno. "Tarde's Idea of Quantification." In *The Social after Gabriel Tarde: Debates and Assessments,* edited by Matei Candea, 147–64. New York: Routledge, 2010.

Lem, Stainslaw. "The First Sally (A), or Trurl's Electronic Bard." In *From Here to Forever,* vol. 4, *The Road to Science Fiction,* edited by James Gunn. Lanham, Md.: Scarecrow, 2003.

Leys, Ruth. *The Ascent of Affect: Genealogy and Critique.* Chicago: University of Chicago Press, 2017.

Li, Xiaochang. "Divination Engines: A Media History of Text Prediction." Ph.D. diss., New York University, 2017.

Libby, Sara. "Scathing Audit Bolsters Critics' Fears about Secretive State Gang Database." *Voice of San Diego,* August 11, 2016. https://www.voiceofsandiego.org/topics/public-safety/scathing-audit-bolsters-critics-fears-secretive-state-gang-database/.

Light, Jennifer S. "When Computers Were Women." *Technology and Culture* 40, no. 3 (1999): 455–83. https://www.jstor.org/stable/25147356.

Lingel, Jessa, and Kate Crawford. "Alexa, Tell Me about Your Mother: The History of the Secretary and the End of Secrecy." *Catalyst: Feminism, Theory, Technoscience* 6, no. 1 (2020). https://catalystjournal.org/index.php/catalyst/article/view/29949.

Liu, Zhiyi. "Chinese Mining Dump Could Hold Trillion-Dollar Rare Earth Deposit." China Dialogue, December 14, 2012. https://www.chinadialogue.net/article/show/single/en/5495-Chinese-mining-dump-could-hold-trillion-dollar-rare-earth-deposit.

Lloyd, G. E. R. "The Development of Aristotle's Theory of the Classification of Animals." *Phronesis* 6, no. 1–2 (1961): 59–81. https://doi.org/10.1163/156852861X00080.

Lo, Chris. "The False Monopoly: China and the Rare Earths Trade." *Mining Technology, Mining News and Views Updated Daily* (blog), August 19, 2015. https://www.mining-technology.com/features/featurethe-false-monopoly-china-and-the-rare-earths-trade-4646712/.

Locker, Melissa. "Microsoft, Duke, and Stanford Quietly Delete Databases with Millions of Faces." *Fast Company,* June 6, 2019. https://www.fastcompany.com/90360490/ms-celeb-microsoft-deletes-10m-faces-from-face-database.

Lorde, Audre. *The Master's Tools Will Never Dismantle the Master's House.* London: Penguin Classics, 2018.

Lucey, Patrick, et al. "The Extended Cohn-Kanade Dataset (CK+): A Complete Dataset for Action Unit and Emotion-Specified Expression." In *2010 IEEE Computer Society Conference on Computer Vision and Pat-*

*tern Recognition—Workshops,* 94–101. https://doi.org/10.1109/CVPRW.2010.5543262.

Luxemburg, Rosa. "Practical Economies: Volume 2 of Marx's Capital." In *The Complete Works of Rosa Luxemburg,* edited by Peter Hudis, 421–60. London: Verso, 2013.

Lyons, M., et al. "Coding Facial Expressions with Gabor Wavelets." In *Proceedings Third IEEE International Conference on Automatic Face and Gesture Recognition,* 200–205. 1998. https://doi.org/10.1109/AFGR.1998.670949.

Lyotard, Jean François. "Presenting the Unpresentable: The Sublime." *Artforum,* April 1982.

Maass, Peter. "Summit Fever." *The Intercept* (blog), June 25, 2012. https://www.documentcloud.org/documents/2088979-summit-fever.html.

Maass, Peter, and Beryl Lipton. "What We Learned." *MuckRock,* November 15, 2018. https://www.muckrock.com/news/archives/2018/nov/15/alpr-what-we-learned/.

MacKenzie, Donald A. *Inventing Accuracy: A Historical Sociology of Nuclear Missile Guidance.* Cambridge, Mass.: MIT Press, 2001.

"Magic from Invention." Brunel University London. https://www.brunel.ac.uk/research/Brunel-Innovations/Magic-from-invention.

Mahdawi, Arwa. "The Domino's 'Pizza Checker' Is Just the Beginning—Workplace Surveillance Is Coming for You." *Guardian,* October 15, 2019. https://www.theguardian.com/commentisfree/2019/oct/15/the-dominos-pizza-checker-is-just-the-beginning-workplace-surveillance-is-coming-for-you.

Marcus, Mitchell P., Mary Ann Marcinkiewicz, and Beatrice Santorini. "Building a Large Annotated Corpus of English: The Penn Treebank." *Computational Linguistics* 19, no. 2 (1993): 313–30. https://dl.acm.org/doi/abs/10.5555/972470.972475.

Markoff, John. "Pentagon Turns to Silicon Valley for Edge in Artificial Intelligence." *New York Times,* May 11, 2016. https://www.nytimes.com/2016/05/12/technology/artificial-intelligence-as-the-pentagons-latest-weapon.html.

———. "Seeking a Better Way to Find Web Images." *New York Times,* November 19, 2012. https://www.nytimes.com/2012/11/20/science/for-web-images-creating-new-technology-to-seek-and-find.html.

———. "Skilled Work, without the Worker." *New York Times,* August 18, 2012. https://www.nytimes.com/2012/08/19/business/new-wave-of-adept-robots-is-changing-global-industry.html.

Martinage, Robert. "Toward a New Offset Strategy: Exploiting U.S. Long-Term Advantages to Restore U.S. Global Power Projection Capability." Washington, D.C.: Center for Strategic and Budgetary Assessments, 2014. https://csbaonline.org/uploads/documents/Offset-Strategy-Web.pdf.

Marx, Karl. *Das Kapital: A Critique of Political Economy.* Chicago: H. Regnery, 1959.

———. *The Poverty of Philosophy.* New York: Progress, 1955.

Marx, Karl, and Friedrich Engels. *The Marx-Engels Reader,* edited by Robert C. Tucker. 2nd ed. New York: W. W. Norton, 1978.

Marx, Paris. "Instead of Throwing Money at the Moon, Jeff Bezos Should Try Helping Earth." *NBC News,* May 15, 2019. https://www.nbcnews.com/think/opinion/jeff-bezos-blue-origin-space-colony-dreams-ignore-plight-millions-ncna1006026.

Masanet, Eric, Arman Shehabi, Nuoa Lei, Sarah Smith, and Jonathan Koomey. "Recalibrating Global Data Center Energy-Use Estimates." *Science* 367, no. 6481 (2020): 984–86.

Matney, Lucas. "More than 100 Million Alexa Devices Have Been Sold." *TechCrunch* (blog), January 4, 2019. http://social.techcrunch.com/2019/01/04/more-than-100-million-alexa-devices-have-been-sold/.

Mattern, Shannon. "Calculative Composition: The Ethics of Automating Design." In *The Oxford Handbook of Ethics of AI,* edited by Markus D. Dubber, Frank Pasquale, and Sunit Das, 572–92. Oxford: Oxford University Press, 2020.

———. *Code and Clay, Data and Dirt: Five Thousand Years of Urban Media.* Minneapolis: University of Minnesota Press, 2017.

Maughan, Tim. "The Dystopian Lake Filled by the World's Tech Lust." BBC Future, April 2, 2015. https://www.bbc.com/future/article/20150402-the-worst-place-on-earth.

Mayhew, Claire, and Michael Quinlan. "Fordism in the Fast Food Industry: Pervasive Management Control and Occupational Health and Safety Risks for Young Temporary Workers." *Sociology of Health and Illness* 24, no. 3 (2002): 261–84. https://doi.org/10.1111/1467-9566.00294.

Mayr, Ernst. *The Growth of Biological Thought: Diversity, Evolution, and Inheritance.* Cambridge, Mass.: Harvard University Press, 1982.

Mbembé, Achille. *Critique of Black Reason.* Durham, N.C.: Duke University Press, 2017.

———. *Necropolitics.* Durham, N.C.: Duke University Press, 2019.

Mbembé, Achille, and Libby Meintjes. "Necropolitics." *Public Culture* 15, no. 1 (2003): 11–40. https://www.muse.jhu.edu/article/39984.

McCorduck, Pamela. *Machines Who Think: A Personal Inquiry into the History and Prospects of Artificial Intelligence.* Natick, Mass.: A. K. Peters, 2004.

McCurry, Justin. "Fukushima Disaster: Japanese Power Company Chiefs Cleared of Negligence." *Guardian,* September 19, 2019. https://www.theguardian.com/environment/2019/sep/19/fukushima-disaster-japanese-power-company-chiefs-cleared-of-negligence.

———. "Fukushima Nuclear Disaster: Former Tepco Executives Go on Trial." *Guardian,* June 30, 2017. https://www.theguardian.com/environment/2017/jun/30/fukushima-nuclear-crisis-tepco-criminal-trial-japan.

McDuff, Daniel, et al. "Affectiva-MIT Facial Expression Dataset (AM-FED): Naturalistic and Spontaneous Facial Expressions Collected 'In-the-Wild.'" In *2013 IEEE Conference on Computer Vision and Pattern Recognition Workshops,* 881–88. https://doi.org/10.1109/CVPRW.2013.130.

McIlwain, Charlton. *Black Software: The Internet and Racial Justice, from the AfroNet to Black Lives Matter.* New York: Oxford University Press, 2019.

McLuhan, Marshall. *Understanding Media: The Extensions of Man.* Reprint ed. Cambridge, Mass.: MIT Press, 1994.

McMillan, Graeme. "It's Not You, It's It: Voice Recognition Doesn't Recognize Women." *Time,* June 1, 2011. http://techland.time.com/2011/06/01/its-not-you-its-it-voice-recognition-doesnt-recognize-women/.

McNamara, Robert S., and James G. Blight. *Wilson's Ghost: Reducing the Risk of Conflict, Killing, and Catastrophe in the 21st Century.* New York: Public Affairs, 2001.

McNeil, Joanne. "Two Eyes See More Than Nine." In *Jon Rafman: Nine Eyes,* edited by Kate Steinmann. Los Angeles: New Documents, 2016.

Mead, Margaret. Review of *Darwin and Facial Expression: A Century of Research in Review,* edited by Paul Ekman. *Journal of Communication* 25, no. 1 (1975): 209–40. https://doi.org/10.1111/j.1460-2466.1975.tb00574.x.

Meadows, Donella H., et al. *The Limits to Growth.* New York: Signet, 1972.

Menabrea, Luigi Federico, and Ada Lovelace. "Sketch of the Analytical Engine Invented by Charles Babbage." The Analytical Engine. https://www.fourmilab.ch/babbage/sketch.html.

Merler, Michele, et al. "Diversity in Faces." *ArXiv:1901.10436 [Cs],* April 8, 2019. http://arxiv.org/abs/1901.10436.

Metcalf, Jacob, and Kate Crawford. "Where Are Human Subjects in Big Data Research? The Emerging Ethics Divide." *Big Data and Society* 3, no. 1 (2016): 1–14. https://doi.org/10.1177/2053951716650211.

Metcalf, Jacob, Emanuel Moss, and danah boyd. "Owning Ethics: Corporate Logics, Silicon Valley, and the Institutionalization of Ethics." *International Quarterly* 82, no. 2 (2019): 449–76.

Meulen, Rob van der. "Gartner Says 8.4 Billion Connected 'Things' Will Be in Use in 2017, Up 31 Percent from 2016." *Gartner,* February 7, 2017. https://www.gartner.com/en/newsroom/press-releases/2017-02-07-gartner-says-8-billion-connected-things-will-be-in-use-in-2017-up-31-percent-from-2016.

Meyer, John W., and Ronald L. Jepperson. "The 'Actors' of Modern Society: The Cultural Construction of Social Agency." *Sociological Theory* 18, no. 1 (2000): 100–120. https://doi.org/10.1111/0735-2751.00090.

Mezzadra, Sandro, and Brett Neilson. "On the Multiple Frontiers of Extraction: Excavating Contemporary Capitalism." *Cultural Studies* 31, no. 2–3 (2017): 185–204. https://doi.org/10.1080/09502386.2017.1303425.
Michalski, Ryszard S. "Pattern Recognition as Rule-Guided Inductive Inference." *IEEE Transactions on Pattern Analysis Machine Intelligence* 2, no. 4 (1980): 349–61. https://doi.org/10.1109/TPAMI.1980.4767034.
Michel, Arthur Holland. *Eyes in the Sky: The Secret Rise of Gorgon Stare and How It Will Watch Us All.* Boston: Houghton Mifflin Harcourt, 2019.
Mikel, Betsy. "WeWork Just Made a Disturbing Acquisition; It Raises a Lot of Flags about Workers' Privacy." Inc.com, February 17, 2019. https://www.inc.com/betsy-mikel/wework-is-trying-a-creepy-new-strategy-it-just-might-signal-end-of-workplace-as-we-know-it.html.
Mirzoeff, Nicholas. *The Right to Look: A Counterhistory of Visuality.* Durham, N.C.: Duke University Press, 2011.
Mitchell, Margaret, et al. "Model Cards for Model Reporting." In *FAT* '19: Proceedings of the Conference on Fairness, Accountability, and Transparency,* 220–29. Atlanta: ACM Press, 2019. https://doi.org/10.1145/3287560.3287596.
Mitchell, Paul Wolff. "The Fault in His Seeds: Lost Notes to the Case of Bias in Samuel George Morton's Cranial Race Science." *PLOS Biology* 16, no. 10 (2018): e2007008. https://doi.org/10.1371/journal.pbio.2007008.
Mitchell, Tom M. "The Need for Biases in Learning Generalizations." Working paper, Rutgers University, May 1980.
Mitchell, W. J. T. *Picture Theory: Essays on Verbal and Visual Representation.* Chicago.: University of Chicago Press, 1994.
Mittelstadt, Brent. "Principles Alone Cannot Guarantee Ethical AI." *Nature Machine Intelligence* 1, no. 11 (2019): 501–7. https://doi.org/10.1038/s42256-019-0114-4.
Mohamed, Shakir, Marie-Therese Png, and William Isaac. "Decolonial AI: Decolonial Theory as Sociotechnical Foresight in Artificial Intelligence." *Philosophy and Technology* (2020): 405. https://doi.org/10.1007/s13347-020-00405-8.
Moll, Joana. "CO2GLE." http://www.janavirgin.com/CO2/.
Molnar, Phillip, Gary Robbins, and David Pierson. "Cutting Edge: Apple's Purchase of Emotient Fuels Artificial Intelligence Boom in Silicon Valley." *Los Angeles Times,* January 17, 2016. https://www.latimes.com/business/technology/la-fi-cutting-edge-facial-recognition-20160117-story.html.
Morris, David Z. "Major Advertisers Flee YouTube over Videos Exploiting Children." *Fortune,* November 26, 2017. https://fortune.com/2017/11/26/advertisers-flee-youtube-child-exploitation/.
Morton, Timothy. *Hyperobjects: Philosophy and Ecology after the End of the World.* Minneapolis: University of Minnesota Press, 2013.

Mosco, Vincent. *To the Cloud: Big Data in a Turbulent World.* Boulder, Colo.: Paradigm, 2014.

Müller-Maguhn, Andy, et al. "The NSA Breach of Telekom and Other German Firms." *Spiegel,* September 14, 2014. https://www.spiegel.de/international/world/snowden-documents-indicate-nsa-has-breached-deutsche-telekom-a-991503.html.

Mumford, Lewis. "The First Megamachine." *Diogenes* 14, no. 55 (1966): 1–15. https://doi.org/10.1177/039219216601405501.

———. *The Myth of the Machine.* Vol. 1: *Technics and Human Development.* New York: Harcourt Brace Jovanovich, 1967.

———. *Technics and Civilization.* Chicago: University of Chicago Press, 2010.

Murgia, Madhumita, and Max Harlow. "Who's Using Your Face? The Ugly Truth about Facial Recognition." *Financial Times,* April 19, 2019. https://www.ft.com/content/cf19b956-60a2-11e9-b285-3acd5d43599e.

Muse, Abdi. "Organizing Tech." AI Now 2019 Symposium, AI Now Institute, 2019. https://ainowinstitute.org/symposia/2019-symposium.html.

Nakashima, Ellen, and Joby Warrick. "For NSA Chief, Terrorist Threat Drives Passion to 'Collect It All.'" *Washington Post,* July 14, 2013. https://www.washingtonpost.com/world/national-security/for-nsa-chief-terrorist-threat-drives-passion-to-collect-it-all/2013/07/14/3d26ef80-ea49-11e2-a301-ea5a8116d211_story.html.

NASA. "Outer Space Treaty of 1967." NASA History, 1967. https://history.nasa.gov/1967treaty.html.

Nassar, Nedal, et al. "Evaluating the Mineral Commodity Supply Risk of the US Manufacturing Sector." *Science Advances* 6, no. 8 (2020): eaa8647. https://www.doi.org/10.1126/sciadv.aay8647.

Natarajan, Prem. "Amazon and NSF Collaborate to Accelerate Fairness in AI Research." *Alexa Blogs* (blog), March 25, 2019. https://developer.amazon.com/blogs/alexa/post/1786ea03-2e55-4a93-9029-5df88c200ac1/amazon-and-nsf-collaborate-to-accelerate-fairness-in-ai-research.

National Institute of Standards and Technology (NIST). "Special Database 32—Multiple Encounter Dataset (MEDS)." https://www.nist.gov/itl/iad/image-group/special-database-32-multiple-encounter-dataset-meds.

Nedlund, Evelina. "Apple Card Is Accused of Gender Bias; Here's How That Can Happen." *CNN,* November 12, 2019. https://edition.cnn.com/2019/11/12/business/apple-card-gender-bias/index.html.

Negroni, Christine. "How to Determine the Power Rating of Your Gadget's Batteries." *New York Times,* December 26, 2016. https://www.nytimes.com/2016/12/26/business/lithium-ion-battery-airline-safety.html.

"Neighbors by Ring: Appstore for Android." Amazon. https://www.amazon.com/Ring-Neighbors-by/dp/B07V7K49QT.

Nelson, Alondra. *The Social Life of DNA: Race, Reparations, and Reconciliation after the Genome.* Boston: Beacon, 2016.

Nelson, Alondra, Thuy Linh N. Tu, and Alicia Headlam Hines. "Introduction: Hidden Circuits." In *Technicolor: Race, Technology, and Everyday Life,* edited by Alondra Nelson, Thuy Linh N. Tu, and Alicia Headlam Hines, 1–12. New York: New York University Press 2001.

Nelson, Francis W., and Henry Kucera. *Brown Corpus Manual: Manual of Information to Accompany a Standard Corpus of Present-Day Edited American English for Use with Digital Computers.* Providence, R.I.: Brown University, 1979. http://icame.uib.no/brown/bcm.html.

Nelson, Robin. "Racism in Science: The Taint That Lingers." *Nature* 570 (2019): 440–41. https://doi.org/10.1038/d41586-019-01968-z.

Newman, Lily Hay. "Internal Docs Show How ICE Gets Surveillance Help From Local Cops." *Wired,* March 13, 2019. https://www.wired.com/story/ice-license-plate-surveillance-vigilant-solutions/.

Nielsen, Kim E. *A Disability History of the United States.* Boston: Beacon, 2012.

Nietzsche, Friedrich. *Sämtliche Werke.* Vol. 11. Berlin: de Gruyter, 1980.

Nilsson, Nils J. *The Quest for Artificial Intelligence: A History of Ideas and Achievements.* New York: Cambridge University Press, 2009.

Nilsson, Patricia. "How AI Helps Recruiters Track Jobseekers' Emotions." *Financial Times,* February 28, 2018. https://www.ft.com/content/e2e85644-05be-11e8-9650-9c0ad2d7c5b5.

Noble, Safiya Umoja. *Algorithms of Oppression: How Search Engines Reinforce Racism.* New York: NYU Press, 2018.

"NSA Phishing Tactics and Man in the Middle Attacks." *The Intercept* (blog), March 12, 2014. https://theintercept.com/document/2014/03/12/nsa-phishing-tactics-man-middle-attacks/.

"Off Now: How Your State Can Help Support the Fourth Amendment." OffNow.org. *https://s3.amazonaws.com/TAChandbooks/OffNow-Handbook.pdf.*

Ohm, Paul. "Don't Build a Database of Ruin." *Harvard Business Review,* August 23, 2012. https://hbr.org/2012/08/dont-build-a-database-of-ruin.

Ohtake, Miyoko. "Psychologist Paul Ekman Delights at Exploratorium." *WIRED,* January 28, 2008. https://www.wired.com/2008/01/psychologist-pa/.

O'Neil, Cathy. *Weapons of Math Destruction: How Big Data Increases Inequality and Threatens Democracy.* New York: Crown, 2016.

O'Neill, Gerard K. *The High Frontier: Human Colonies in Space.* 3rd ed. Burlington, Ont.: Apogee Books, 2000.

"One-Year Limited Warranty for Amazon Devices or Accessories." Amazon.

https://www.amazon.com/gp/help/customer/display.html?nodeId=201014520.

"An Open Letter." https://ethuin.files.wordpress.com/2014/09/09092014-open-letter-final-and-list.pdf.

*Organizing Tech.* Video, AI Now Institute, 2019. https://www.youtube.com/watch?v=jLeOyIS1jwc&feature=emb_title.

Osumi, Magdalena. "Former Tepco Executives Found Not Guilty of Criminal Negligence in Fukushima Nuclear Disaster." *Japan Times Online*, September 19, 2019. https://www.japantimes.co.jp/news/2019/09/19/national/crime-legal/tepco-trio-face-tokyo-court-ruling-criminal-case-stemming-fukushima-nuclear-disaster/.

"Our Mission." Blue Origin. https://www-dev.blueorigin.com/our-mission.

Paglen, Trevor. "Operational Images." *e-flux*, November 2014. https://www.e-flux.com/journal/59/61130/operational-images/.

Palantir. "Palantir Gotham." https://palantir.com/palantir-gotham/index.html.

"Palantir and Cambridge Analytica: What Do We Know?" *WikiTribune*, March 27, 2018. https://www.wikitribune.com/wt/news/article/58386/.

Pande, Vijay. "Artificial Intelligence's 'Black Box' Is Nothing to Fear." *New York Times*, January 25, 2018. https://www.nytimes.com/2018/01/25/opinion/artificial-intelligence-black-box.html.

Papert, Seymour A. "The Summer Vision Project." July 1, 1966. https://dspace.mit.edu/handle/1721.1/6125.

Parikka, Jussi. *A Geology of Media.* Minneapolis: University of Minnesota Press, 2015.

Pasquale, Frank. *The Black Box Society: The Secret Algorithms That Control Money and Information.* Cambridge, Mass.: Harvard University Press, 2015.

Patterson, Scott, and Alexandra Wexler. "Despite Cleanup Vows, Smartphones and Electric Cars Still Keep Miners Digging by Hand in Congo." *Wall Street Journal*, September 13, 2018. https://www.wsj.com/articles/smartphones-electric-cars-keep-miners-digging-by-hand-in-congo-1536835334.

Paul Ekman Group. https://www.paulekman.com/.

Pellerin, Cheryl. "Deputy Secretary: Third Offset Strategy Bolsters America's Military Deterrence." Washington, D.C.: U.S. Department of Defense, October 31, 2016. https://www.defense.gov/Explore/News/Article/Article/991434/deputy-secretary-third-offset-strategy-bolsters-americas-military-deterrence/.

Perez, Sarah. "Microsoft Silences Its New A.I. Bot Tay, after Twitter Users Teach It Racism [Updated]." *TechCrunch* (blog), March 24, 2016. http://

social.techcrunch.com/2016/03/24/microsoft-silences-its-new-a-i-bot-tay-after-twitter-users-teach-it-racism/.

Pfungst, Oskar. *Clever Hans (The Horse of Mr. von Osten): A Contribution to Experimental Animal and Human Psychology.* Translated by Carl L. Rahn. New York: Henry Holt, 1911.

Phillips, P. Jonathon, Patrick J. Rauss, and Sandor Z. Der. "FERET (Face Recognition Technology) Recognition Algorithm Development and Test Results." Adelphi, Md.: Army Research Laboratory, October 1996. https://apps.dtic.mil/dtic/tr/fulltext/u2/a315841.pdf.

Picard, Rosalind. "Affective Computing Group." MIT Media Lab. https://affect.media.mit.edu/.

Pichai, Sundar. "AI at Google: Our Principles." Google, June 7, 2018. https://blog.google/technology/ai/ai-principles/.

Plumwood, Val. "The Politics of Reason: Towards a Feminist Logic." *Australasian Journal of Philosophy* 71, no. 4 (1993): 436–62. https://doi.org/10.1080/00048409312345432.

Poggio, Tomaso, et al. "Why and When Can Deep—but not Shallow—Networks Avoid the Curse of Dimensionality: A Review." *International Journal of Automation and Computing* 14, no. 5 (2017): 503–19. https://link.springer.com/article/10.1007/s11633-017-1054-2.

Pontin, Jason. "Artificial Intelligence, with Help from the Humans." *New York Times,* March 25, 2007. https://www.nytimes.com/2007/03/25/business/yourmoney/25Stream.html.

Pontin, Mark Williams. "Lie Detection." *MIT Technology Review,* April 21, 2009. https://www.technologyreview.com/s/413133/lie-detection/.

Powell, Corey S. "Jeff Bezos Foresees a Trillion People Living in Millions of Space Colonies." *NBC News,* May 15, 2019. https://www.nbcnews.com/mach/science/jeff-bezos-foresees-trillion-people-living-millions-space-colonies-here-ncna1006036.

"Powering the Cloud: How China's Internet Industry Can Shift to Renewable Energy." Greenpeace, September 9, 2019. https://storage.googleapis.com/planet4-eastasia-stateless/2019/11/7bfe9069-7bfe9069-powering-the-cloud-_-english-briefing.pdf.

Pratt, Mary Louise. "Arts of the Contact Zone." *Profession, Ofession* (1991): 33–40.

———. *Imperial Eyes: Travel Writing and Transculturation.* 2nd ed. London: Routledge, 2008.

Priest, Dana. "NSA Growth Fueled by Need to Target Terrorists." *Washington Post,* July 21, 2013. https://www.washingtonpost.com/world/national-security/nsa-growth-fueled-by-need-to-target-terrorists/2013/07/21/24c93cf4-f0b1-11e2-bed3-b9b6fe264871_story.html.

Pryzbylski, David J. "Changes Coming to NLRB's Stance on Company

E-Mail Policies?" *National Law Review,* August 2, 2018. https://www.natlawreview.com/article/changes-coming-to-nlrb-s-stance-company-e-mail-policies.
Puar, Jasbir K. *Terrorist Assemblages: Homonationalism in Queer Times.* 2nd ed. Durham, N.C.: Duke University Press, 2017.
Pugliese, Joseph. "Death by Metadata: The Bioinformationalisation of Life and the Transliteration of Algorithms to Flesh." In *Security, Race, Biopower: Essays on Technology and Corporeality,* edited by Holly Randell-Moon and Ryan Tippet, 3–20. London: Palgrave Macmillan, 2016.
Puschmann, Cornelius, and Jean Burgess. "Big Data, Big Questions: Metaphors of Big Data." *International Journal of Communication* 8 (2014): 1690–1709.
Qiu, Jack. *Goodbye iSlave: A Manifesto for Digital Abolition.* Urbana: University of Illinois Press, 2016.
Qiu, Jack, Melissa Gregg, and Kate Crawford. "Circuits of Labour: A Labour Theory of the iPhone Era." *TripleC: Communication, Capitalism and Critique* 12, no. 2 (2014). https://doi.org/10.31269/triplec.v12i2.540.
"Race after Technology, Ruha Benjamin." Meeting minutes, Old Guard of Princeton, N.J., November 14, 2018. https://www.theoldguardofprinceton.org/11-14-2018.html.
Raji, Inioluwa Deborah, and Joy Buolamwini. "Actionable Auditing: Investigating the Impact of Publicly Naming Biased Performance Results of Commercial AI Products." In *Proceedings of the 2019 AAAI/ACM Conference on AI, Ethics, and Society,* 429–35. 2019.
Raji, Inioluwa Deborah, Timnit Gebru, Margaret Mitchell, Joy Buolamwini, Joonseok Lee, and Emily Denton. "Saving Face: Investigating the Ethical Concerns of Facial Recognition Auditing." In *Proceedings of the AAAI/ACM Conference on AI, Ethics, and Society,* 145–51. 2020.
Ramachandran, Vilayanur S., and Diane Rogers-Ramachandran. "Aristotle's Error." *Scientific American,* March 1, 2010. https://doi.org/10.1038/scientificamericanmind0310-20.
Rankin, Joy Lisi. *A People's History of Computing in the United States.* Cambridge, Mass.: Harvard University Press, 2018.
———. "Remembering the Women of the Mathematical Tables Project." *The New Inquiry* (blog), March 14, 2019. https://thenewinquiry.com/blog/remembering-the-women-of-the-mathematical-tables-project/.
Rehmann, Jan. "Taylorism and Fordism in the Stockyards." In *Max Weber: Modernisation as Passive Revolution,* 24–29. Leiden, Netherlands: Brill, 2015.
Reichhardt, Tony. "First Photo from Space." *Air and Space Magazine,* October 24, 2006. https://www.airspacemag.com/space/the-first-photo-from-space-13721411/.

Rein, Hanno, Daniel Tamayo, and David Vokrouhlicky. "The Random Walk of Cars and Their Collision Probabilities with Planets." *Aerospace* 5, no. 2 (2018): 57. https://doi.org/10.3390/aerospace5020057.

"Responsible Minerals Policy and Due Diligence." Philips. https://www.philips.com/a-w/about/company/suppliers/supplier-sustainability/our-programs/responsible-sourcing-of-minerals.html.

"Responsible Minerals Sourcing." Dell. https://www.dell.com/learn/us/en/uscorp1/conflict-minerals?s=corp.

Revell, Timothy. "Google DeepMind's NHS Data Deal 'Failed to Comply' with Law." *New Scientist,* July 3, 2017. https://www.newscientist.com/article/2139395-google-deepminds-nhs-data-deal-failed-to-comply-with-law/.

Rhue, Lauren. "Racial Influence on Automated Perceptions of Emotions." November 9, 2018. https://dx.doi.org/10.2139/ssrn.3281765.

Richardson, Rashida, Jason M. Schultz, and Kate Crawford. "Dirty Data, Bad Predictions: How Civil Rights Violations Impact Police Data, Predictive Policing Systems, and Justice." *NYU Law Review Online* 94, no. 15 (2019): 15–55. https://www.nyulawreview.org/wp-content/uploads/2019/04/NYULawReview-94-Richardson-Schultz-Crawford.pdf.

Richardson, Rashida, Jason M. Schultz, and Vincent M. Southerland. "Litigating Algorithms: 2019 US Report." AI Now Institute, September 2019. https://ainowinstitute.org/litigatingalgorithms-2019-us.pdf.

Risen, James, and Laura Poitras. "N.S.A. Report Outlined Goals for More Power." *New York Times,* November 22, 2013. https://www.nytimes.com/2013/11/23/us/politics/nsa-report-outlined-goals-for-more-power.html.

Robbins, Martin. "How Can Our Future Mars Colonies Be Free of Sexism and Racism?" *Guardian,* May 6, 2015. https://www.theguardian.com/science/the-lay-scientist/2015/may/06/how-can-our-future-mars-colonies-be-free-of-sexism-and-racism.

Roberts, Dorothy. *Fatal Invention: How Science, Politics, and Big Business Re-Create Race in the Twenty-First Century.* New York: New Press, 2011.

Roberts, Sarah T. *Behind the Screen: Content Moderation in the Shadows of Social Media.* New Haven: Yale University Press, 2019.

Romano, Benjamin. "Suits Allege Amazon's Alexa Violates Laws by Recording Children's Voices without Consent." *Seattle Times,* June 12, 2019. https://www.seattletimes.com/business/amazon/suit-alleges-amazons-alexa-violates-laws-by-recording-childrens-voices-without-consent/.

Romm, Tony. "U.S. Government Begins Asking Foreign Travelers about Social Media." *Politico,* December 22, 2016. https://www.politico.com/story/2016/12/foreign-travelers-social-media-232930.

Rouast, Philipp V., Marc Adam, and Raymond Chiong. "Deep Learning for Human Affect Recognition: Insights and New Developments." In *IEEE*

*Transactions on Affective Computing*, 2019, 1. https://doi.org/10.1109/TAFFC.2018.2890471.
"Royal Free–Google DeepMind Trial Failed to Comply with Data Protection Law." Information Commissioner's Office, July 3, 2017. https://ico.org.uk/about-the-ico/news-and-events/news-and-blogs/2017/07/royal-free-google-deepmind-trial-failed-to-comply-with-data-protection-law/.
Russell, Andrew. *Open Standards and the Digital Age: History, Ideology, and Networks.* New York: Cambridge University Press, 2014.
Russell, James A. "Is There Universal Recognition of Emotion from Facial Expression? A Review of the Cross-Cultural Studies." *Psychological Bulletin* 115, no. 1 (1994): 102–41. https://doi.org/10.1037/0033-2909.115.1.102.
Russell, Stuart J., and Peter Norvig. *Artificial Intelligence: A Modern Approach.* 3rd ed. Upper Saddle River, N.J.: Pearson, 2010.
Sadowski, Jathan. "When Data Is Capital: Datafication, Accumulation, and Extraction." *Big Data and Society* 6, no. 1 (2019): 1–12. https://doi.org/10.1177/2053951718820549.
Sadowski, Jathan. "Potemkin AI." *Real Life,* August 6, 2018.
Sample, Ian. "What Is the Internet? 13 Key Questions Answered." *Guardian,* October 22, 2018. https://www.theguardian.com/technology/2018/oct/22/what-is-the-internet-13-key-questions-answered.
Sánchez-Monedero, Javier, and Lina Dencik. "The Datafication of the Workplace." Working paper, Data Justice Lab, Cardiff University, May 9, 2019. https://datajusticeproject.net/wp-content/uploads/sites/30/2019/05/Report-The-datafication-of-the-workplace.pdf.
Sanville, Samantha. "Towards Humble Geographies." *Area* (2019): 1–9. https://doi.org/10.1111/area.12664.
Satisky, Jake. "A Duke Study Recorded Thousands of Students' Faces; Now They're Being Used All over the World." *Chronicle,* June 12, 2019. https://www.dukechronicle.com/article/2019/06/duke-university-facial-recognition-data-set-study-surveillance-video-students-china-uyghur.
Scahill, Jeremy, and Glenn Greenwald. "The NSA's Secret Role in the U.S. Assassination Program." *The Intercept* (blog), February 10, 2014. https://theintercept.com/2014/02/10/the-nsas-secret-role/.
Schaake, Marietje. "What Principles Not to Disrupt: On AI and Regulation." *Medium* (blog), November 5, 2019. https://medium.com/@marietje.schaake/what-principles-not-to-disrupt-on-ai-and-regulation-cabbd92fd30e.
Schaffer, Simon. "Babbage's Calculating Engines and the Factory System." *Réseaux: Communication—Technologie—Société* 4, no. 2 (1996): 271–98. https://doi.org/10.3406/reso.1996.3315.
Scharmen, Fred. *Space Settlements.* New York: Columbia University Press, 2019.

Scharre, Paul, et al. "Eric Schmidt Keynote Address at the Center for a New American Security Artificial Intelligence and Global Security Summit." Center for a New American Security, November 13, 2017. https://www.cnas.org/publications/transcript/eric-schmidt-keynote-address-at-the-center-for-a-new-american-security-artificial-intelligence-and-global-security-summit.

Scheuerman, Morgan Klaus, et al. "How We've Taught Algorithms to See Identity: Constructing Race and Gender in Image Databases for Facial Analysis." *Proceedings of the ACM on Human-Computer Interaction* 4, issue CSCW1 (2020): 1–35. https://doi.org/10.1145/3392866.

Scheyder, Ernest. "Tesla Expects Global Shortage of Electric Vehicle Battery Minerals." *Reuters,* May 2, 2019. https://www.reuters.com/article/us-usa-lithium-electric-tesla-exclusive-idUSKCN1S81QS.

Schlanger, Zoë. "If Shipping Were a Country, It Would Be the Sixth-Biggest Greenhouse Gas Emitter." *Quartz,* April 17, 2018. https://qz.com/1253874/if-shipping-were-a-country-it-would-the-worlds-sixth-biggest-greenhouse-gas-emitter/.

Schmidt, Eric. "I Used to Run Google; Silicon Valley Could Lose to China." *New York Times,* February 27, 2020. https://www.nytimes.com/2020/02/27/opinion/eric-schmidt-ai-china.html.

Schneier, Bruce. "Attacking Tor: How the NSA Targets Users' Online Anonymity." *Guardian,* October 4, 2013. https://www.theguardian.com/world/2013/oct/04/tor-attacks-nsa-users-online-anonymity.

Schwartz, Oscar. "Don't Look Now: Why You Should Be Worried about Machines Reading Your Emotions." *Guardian,* March 6, 2019. https://www.theguardian.com/technology/2019/mar/06/facial-recognition-software-emotional-science.

Scott, James C. *Seeing Like a State: How Certain Schemes to Improve the Human Condition Have Failed.* New Haven: Yale University Press, 1998.

Sedgwick, Eve Kosofsky. *Touching Feeling: Affect, Pedagogy, Performativity.* Durham, N.C.: Duke University Press, 2003.

Sedgwick, Eve Kosofsky, Adam Frank, and Irving E. Alexander, eds. *Shame and Its Sisters: A Silvan Tomkins Reader.* Durham, N.C.: Duke University Press, 1995.

Sekula, Allan. "The Body and the Archive." *October* 39 (1986): 3–64. https://doi.org/10.2307/778312.

Senechal, Thibaud, Daniel McDuff, and Rana el Kaliouby. "Facial Action Unit Detection Using Active Learning and an Efficient Non-Linear Kernel Approximation." In *2015 IEEE International Conference on Computer Vision Workshop (ICCVW),* 10–18. https://doi.org/10.1109/ICCVW.2015.11.

Senior, Ana. "John Hancock Leaves Traditional Life Insurance Model Be-

hind to Incentivize Longer, Healthier Lives." Press release, John Hancock, September 19, 2018.
Seo, Sungyong, et al. "Partially Generative Neural Networks for Gang Crime Classification with Partial Information." In *Proceedings of the 2018 AAAI/ ACM Conference on AI, Ethics, and Society*, 257–263. https://doi.org/10.1145 /3278721.3278758.
Shaer, Matthew. "The Asteroid Miner's Guide to the Galaxy." *Foreign Policy* (blog), April 28, 2016. https://foreignpolicy.com/2016/04/28/the-asteroid -miners-guide-to-the-galaxy-space-race-mining-asteroids-planetary-re search-deep-space-industries/.
Shane, Scott, and Daisuke Wakabayashi. "'The Business of War': Google Employees Protest Work for the Pentagon." *New York Times*, April 4, 2018. https://www.nytimes.com/2018/04/04/technology/google-letter-ceo -pentagon-project.html.
Shankleman, Jessica, et al. "We're Going to Need More Lithium." *Bloomberg*, September 7, 2017. https://www.bloomberg.com/graphics/2017-lithium-battery-future/.
SHARE Foundation. "Serbian Government Is Implementing Unlawful Video Surveillance with Face Recognition in Belgrade." Policy brief, undated. https://www.sharefoundation.info/wp-content/uploads/Serbia-Video -Surveillance-Policy-brief-final.pdf.
Siebers, Tobin. *Disability Theory*. Ann Arbor: University of Michigan Press, 2008.
Siegel, Erika H., et al. "Emotion Fingerprints or Emotion Populations? A Meta-Analytic Investigation of Autonomic Features of Emotion Categories." *Psychological Bulletin* 144, no. 4 (2018): 343–93. https://doi.org /10.1037/bul0000128.
Silberman, M. S., et al. "Responsible Research with Crowds: Pay Crowdworkers at Least Minimum Wage." *Communications of the ACM* 61, no. 3 (2018): 39–41. https://doi.org/10.1145/3180492.
Silver, David, et al. "Mastering the Game of Go without Human Knowledge." *Nature* 550 (2017): 354–59. https://doi.org/10.1038/nature24270.
Simmons, Brandon. "Rekor Software Adds License Plate Reader Technology to Home Surveillance, Causing Privacy Concerns." *WKYC*, January 31, 2020. https://www.wkyc.com/article/tech/rekor-software-adds-license -plate-reader-technology-to-home-surveillance-causing-privacy-con cerns/95-7c9834d9-5d54-4081-b983-b2e6142a3213.
Simpson, Cam. "The Deadly Tin inside Your Smartphone." *Bloomberg*, August 24, 2012. https://www.bloomberg.com/news/articles/2012-08-23/the -deadly-tin-inside-your-smartphone.
Singh, Amarjot. *Eye in the Sky: Real-Time Drone Surveillance System (DSS)*

*for Violent Individuals Identification.* Video, June 2, 2018. https://www.youtube.com/watch?time_continue=1&v=zYypJPJipYc.

"SKYNET: Courier Detection via Machine Learning." *The Intercept* (blog), May 8, 2015. https://theintercept.com/document/2015/05/08/skynet-courier/.

Sloane, Garett. "Online Ads for High-Paying Jobs Are Targeting Men More Than Women." *AdWeek* (blog), July 7, 2015. https://www.adweek.com/digital/seemingly-sexist-ad-targeting-offers-more-men-women-high-paying-executive-jobs-165782/.

Smith, Adam. *An Inquiry into the Nature and Causes of the Wealth of Nations.* Chicago: University of Chicago Press, 1976.

Smith, Brad. "Microsoft Will Be Carbon Negative by 2030." *Official Microsoft Blog* (blog), January 20, 2020. https://blogs.microsoft.com/blog/2020/01/16/microsoft-will-be-carbon-negative-by-2030/.

———. "Technology and the US Military." *Microsoft on the Issues* (blog), October 26, 2018. https://blogs.microsoft.com/on-the-issues/2018/10/26/technology-and-the-us-military/.

"Snowden Archive: The SIDtoday Files." *The Intercept* (blog), May 29, 2019. https://theintercept.com/snowden-sidtoday/.

Solon, Olivia. "Facial Recognition's 'Dirty Little Secret': Millions of Online Photos Scraped without Consent." NBC News, March 12, 2019. https://www.nbcnews.com/tech/internet/facial-recognition-s-dirty-little-secret-millions-online-photos-scraped-n981921.

Souriau, Étienne. *The Different Modes of Existence.* Translated by Erik Beranek and Tim Howles. Minneapolis: University of Minnesota Press, 2015.

Spangler, Todd. "Listen to the Big Ticket with Marc Malkin." IHeartRadio, May 3, 2019. https://www.iheart.com/podcast/28955447/.

Spargo, John. *Syndicalism, Industrial Unionism, and Socialism* [1913]. St. Petersburg, Fla.: Red and Black, 2009.

Specht, Joshua. *Red Meat Republic: A Hoof-to-Table History of How Beef Changed America.* Princeton, N.J.: Princeton University Press, 2019.

Standage, Tom. *The Turk: The Life and Times of the Famous Eighteenth-Century Chess-Playing Machine.* New York: Walker, 2002.

Stark, Luke. "Facial Recognition Is the Plutonium of AI." *XRDS: Crossroads, The ACM Magazine for Students* 25, no. 3 (2019). https://doi.org/10.1145/3313129.

Stark, Luke, and Anna Lauren Hoffmann. "Data Is the New What? Popular Metaphors and Professional Ethics in Emerging Data Culture." *Journal of Cultural Analytics* 1, no. 1 (2019). https://doi.org/10.22148/16.036.

Starosielski, Nicole. *The Undersea Network.* Durham, N.C.: Duke University Press, 2015.

Steadman, Philip. "Samuel Bentham's Panopticon." *Journal of Bentham Studies* 2 (2012): 1–30. https://doi.org/10.14324/111.2045-757X.044.

Steinberger, Michael. "Does Palantir See Too Much?" *New York Times Magazine*, October 21, 2020. https://www.nytimes.com/interactive/2020/10/21/magazine/palantir-alex-karp.html.

Stewart, Ashley, and Nicholas Carlson. "The President of Microsoft Says It Took Its Bid for the $10 Billion JEDI Cloud Deal as an Opportunity to Improve Its Tech—and That's Why It Beat Amazon." *Business Insider*, January 23, 2020. https://www.businessinsider.com/brad-smith-microsofts-jedi-win-over-amazon-was-no-surprise-2020-1.

Stewart, Russell. *Brainwash Dataset*. Stanford Digital Repository, 2015. https://purl.stanford.edu/sx925dc9385.

Stoller, Bill. "Why the Northern Virginia Data Center Market Is Bigger Than Most Realize." Data Center Knowledge, February 14, 2019. https://www.datacenterknowledge.com/amazon/why-northern-virginia-data-center-market-bigger-most-realize.

Strand, Ginger Gail. "Keyword: Evil." *Harper's Magazine*, March 2008. https://harpers.org/archive/2008/03/keyword/.

"A Strategy for Surveillance Powers." *New York Times*, February 23, 2012. https://www.nytimes.com/interactive/2013/11/23/us/politics/23nsa-sigint-strategy-document.html.

"Street Homelessness." San Francisco Department of Homelessness and Supportive Housing. http://hsh.sfgov.org/street-homelessness/.

Strubell, Emma, Ananya Ganesh, and Andrew McCallum. "Energy and Policy Considerations for Deep Learning in NLP." *ArXiv:1906.02243 [Cs]*, June 5, 2019. http://arxiv.org/abs/1906.02243.

Suchman, Lucy. "Algorithmic Warfare and the Reinvention of Accuracy." *Critical Studies on Security* (2020): n. 18. https://doi.org/10.1080/21624887.2020.1760587.

Sullivan, Mark. "Fact: Apple Reveals It Has 900 Million iPhones in the Wild." *Fast Company*, January 29, 2019. https://www.fastcompany.com/90298944/fact-apple-reveals-it-has-900-million-iphones-in-the-wild.

Sutton, Rich. "The Bitter Lesson." March 13, 2019. http://www.incompleteideas.net/IncIdeas/BitterLesson.html.

Swinhoe, Dan. "What Is Spear Phishing? Why Targeted Email Attacks Are So Difficult to Stop." CSO Online, January 21, 2019. https://www.csoonline.com/article/3334617/what-is-spear-phishing-why-targeted-email-attacks-are-so-difficult-to-stop.html.

Szalai, Jennifer. "How the 'Temp' Economy Became the New Normal." *New York Times*, August 22, 2018. https://www.nytimes.com/2018/08/22/books/review-temp-louis-hyman.html.

Tani, Maxwell. "The Intercept Shuts Down Access to Snowden Trove." *Daily*

*Beast,* March 14, 2019. https://www.thedailybeast.com/the-intercept-shuts-down-access-to-snowden-trove.

Taylor, Astra. "The Automation Charade." *Logic Magazine,* August 1, 2018. https://logicmag.io/failure/the-automation-charade/.

———. *The People's Platform: Taking Back Power and Culture in the Digital Age.* London: Picador, 2015.

Taylor, Frederick Winslow. *The Principles of Scientific Management.* New York: Harper and Brothers, 1911.

Taylor, Jill Bolte. "The 2009 Time 100." *Time,* April 30, 2009. http://content.time.com/time/specials/packages/article/0,28804,1894410_1893209_1893475,00.html.

Theobald, Ulrich. "Liji." *Chinaknowledge.de,* July 24, 2010. http://www.chinaknowledge.de/Literature/Classics/liji.html.

Thiel, Peter. "Good for Google, Bad for America." *New York Times,* August 1, 2019. https://www.nytimes.com/2019/08/01/opinion/peter-thiel-google.html.

Thomas, David Hurst. *Skull Wars: Kennewick Man, Archaeology, and the Battle for Native American Identity.* New York: Basic Books, 2002.

Thompson, Edward P. "Time, Work-Discipline, and Industrial Capitalism." *Past and Present* 38 (1967): 56–97.

Tishkoff, Sarah A., and Kenneth K. Kidd. "Implications of Biogeography of Human Populations for 'Race' and Medicine." *Nature Genetics* 36, no. 11 (2004): S21–S27. https://doi.org/10.1038/ng1438.

Tockar, Anthony. "Riding with the Stars: Passenger Privacy in the NYC Taxicab Dataset." September 15, 2014. https://agkn.wordpress.com/2014/09/15/riding-with-the-stars-passenger-privacy-in-the-nyc-taxicab-dataset/.

Tomkins, Silvan S. *Affect Imagery Consciousness: The Complete Edition.* New York: Springer, 2008.

Tomkins, Silvan S., and Robert McCarter. "What and Where Are the Primary Affects? Some Evidence for a Theory." *Perceptual and Motor Skills* 18, no. 1 (1964): 119–58. https://doi.org/10.2466/pms.1964.18.1.119.

Toscano, Marion E., and Elizabeth Maynard. "Understanding the Link: 'Homosexuality,' Gender Identity, and the *DSM.*" *Journal of LGBT Issues in Counseling* 8, no. 3 (2014): 248–63. https://doi.org/10.1080/15538605.2014.897296.

Trainer, Ted. *Renewable Energy Cannot Sustain a Consumer Society.* Dordrecht, Netherlands: Springer, 2007.

"Transforming Intel's Supply Chain with Real-Time Analytics." Intel, September 2017. https://www.intel.com/content/dam/www/public/us/en/documents/white-papers/transforming-supply-chain-with-real-time-analytics-whitepaper.pdf.

Tronchin, Lamberto. "The 'Phonurgia Nova' of Athanasius Kircher: The

Marvellous Sound World of 17th Century." Conference paper, 155th Meeting Acoustical Society of America, January 2008. https://doi.org/10.1121/1.2992053.

Tsukayama, Hayley. "Facebook Turns to Artificial Intelligence to Fight Hate and Misinformation in Myanmar." *Washington Post,* August 15, 2018. https://www.washingtonpost.com/technology/2018/08/16/facebook-turns-artificial-intelligence-fight-hate-misinformation-myanmar/.

Tucker, Patrick. "Refugee or Terrorist? IBM Thinks Its Software Has the Answer." Defense One, January 27, 2016. https://www.defenseone.com/technology/2016/01/refugee-or-terrorist-ibm-thinks-its-software-has-answer/125484/.

Tully, John. "A Victorian Ecological Disaster: Imperialism, the Telegraph, and Gutta-Percha." *Journal of World History* 20, no. 4 (2009): 559–79. https://doi.org/10.1353/jwh.0.0088.

Turing, A. M. "Computing Machinery and Intelligence." *Mind,* October 1, 1950, 433–60. https://doi.org/10.1093/mind/LIX.236.433.

Turner, Graham. "Is Global Collapse Imminent? An Updated Comparison of The Limits to Growth with Historical Data." Research Paper no. 4, Melbourne Sustainable Society Institute, University of Melbourne, August 2014.

Turner, H. W. "Contribution to the Geology of the Silver Peak Quadrangle, Nevada." *Bulletin of the Geological Society of America* 20, no. 1 (1909): 223–64.

Tuschling, Anna. "The Age of Affective Computing." In *Timing of Affect: Epistemologies, Aesthetics, Politics,* edited by Marie-Luise Angerer, Bernd Bösel, and Michaela Ott, 179–90. Zurich: Diaphanes, 2014.

Tversky, Amos, and Daniel Kahneman. "Judgment under Uncertainty: Heuristics and Biases." *Science* 185 (1974): 1124–31. https://doi.org/10.1126/science.185.4157.1124.

Ullman, Ellen. *Life in Code: A Personal History of Technology.* New York: MCD, 2017.

United Nations Conference on Trade and Development. *Review of Maritime Transport, 2017.* https://unctad.org/en/PublicationsLibrary/rmt2017_en.pdf.

U.S. Commercial Space Launch Competitiveness Act. Pub. L. No. 114–90, 114th Cong. (2015). https://www.congress.gov/114/plaws/publ90/PLAW-114publ90.pdf.

U.S. Congress. Senate Select Committee on Intelligence Activities. *Covert Action in Chile, 1963–1973.* Staff Report, December 18, 1975. https://www.archives.gov/files/declassification/iscap/pdf/2010-009-doc17.pdf.

U.S. Energy Information Administration, "What Is U.S. Electricity Generation by Energy Source?" https://www.eia.gov/tools/faqs/faq.php?id=427&t=21.

"Use of the 'Not Releasable to Foreign Nationals' (NOFORN) Caveat on Department of Defense (DoD) Information." U.S. Department of Defense, May 17, 2005. https://fas.org/sgp/othergov/dod/noforn051705.pdf.

"UTKFace—Aicip." http://aicip.eecs.utk.edu/wiki/UTKFace.

Vidal, John. "Health Risks of Shipping Pollution Have Been 'Underestimated.'" *Guardian*, April 9, 2009. https://www.theguardian.com/environment/2009/apr/09/shipping-pollution.

"Vigilant Solutions." NCPA. http://www.ncpa.us/Vendors/Vigilant%20Solutions.

Vincent, James. "AI 'Emotion Recognition' Can't Be Trusted.'" *The Verge*, July 25, 2019. https://www.theverge.com/2019/7/25/8929793/emotion-recognition-analysis-ai-machine-learning-facial-expression-review.

———. "Drones Taught to Spot Violent Behavior in Crowds Using AI." *The Verge*, June 6, 2018. https://www.theverge.com/2018/6/6/17433482/ai-automated-surveillance-drones-spot-violent-behavior-crowds.

Vollmann, William T. "Invisible and Insidious." *Harper's Magazine*, March 2015. https://harpers.org/archive/2015/03/invisible-and-insidious/.

von Neumann, John. *The Computer and the Brain*. New Haven: Yale University, 1958.

Wade, Lizzie. "Tesla's Electric Cars Aren't as Green as You Might Think." *Wired*, March 31, 2016. https://www.wired.com/2016/03/teslas-electric-cars-might-not-green-think/.

Wajcman, Judy. "How Silicon Valley Sets Time." *New Media and Society* 21, no. 6 (2019): 1272–89. https://doi.org/10.1177/1461444818820073.

———. *Pressed for Time: The Acceleration of Life in Digital Capitalism*. Chicago: University of Chicago Press, 2015.

Wakabayashi, Daisuke. "Google's Shadow Work Force: Temps Who Outnumber Full-Time Employees." *New York Times*, May 28, 2019. https://www.nytimes.com/2019/05/28/technology/google-temp-workers.html.

Wald, Ellen. "Tesla Is a Battery Business, Not a Car Business." *Forbes*, April 15, 2017. https://www.forbes.com/sites/ellenrwald/2017/04/15/tesla-is-a-battery-business-not-a-car-business/.

Waldman, Peter, Lizette Chapman, and Jordan Robertson. "Palantir Knows Everything about You." *Bloomberg*, April 19, 2018. https://www.bloomberg.com/features/2018-palantir-peter-thiel/.

Wang, Yilun, and Michal Kosinski. "Deep Neural Networks *Are* More Accurate Than Humans at Detecting Sexual Orientation from Facial Images." *Journal of Personality and Social Psychology* 114, no. 2 (2018): 246–57. https://doi.org/10.1037/pspa0000098.

"The War against Immigrants: Trump's Tech Tools Powered by Palantir." *Mijente,* August 2019. https://mijente.net/wp-content/uploads/2019/08/Mijente-The-War-Against-Immigrants_-Trumps-Tech-Tools-Powered-by-Palantir_.pdf.

Ward, Bob. *Dr. Space: The Life of Wernher von Braun.* Annapolis, Md.: Naval Institute Press, 2009.

Weigel, Moira. "Palantir goes to the Frankfurt School." *boundary 2* (blog), July 10, 2020. https://www.boundary2.org/2020/07/moira-weigel-palantir-goes-to-the-frankfurt-school/.

Weinberger, Sharon. "Airport Security: Intent to Deceive?" *Nature* 465 (2010): 412–15. https://doi.org/10.1038/465412a.

Weizenbaum, Joseph. *Computer Power and Human Reason: From Judgment to Calculation.* San Francisco: W. H. Freeman, 1976.

———. "On the Impact of the Computer on Society: How Does One Insult a Machine?" *Science,* n.s., 176 (1972): 609–14.

Welch, Chris. "Elon Musk: First Humans Who Journey to Mars Must 'Be Prepared to Die.'" *The Verge,* September 27, 2016. https://www.theverge.com/2016/9/27/13080836/elon-musk-spacex-mars-mission-death-risk.

Werrett, Simon. "Potemkin and the Panopticon: Samuel Bentham and the Architecture of Absolutism in Eighteenth Century Russia." *Journal of Bentham Studies* 2 (1999). https://doi.org/10.14324/111.2045-757X.010.

West, Cornel. "A Genealogy of Modern Racism." In *Race Critical Theories: Text and Context,* edited by Philomena Essed and David Theo Goldberg, 90–112. Malden, Mass.: Blackwell, 2002.

West, Sarah Myers. "Redistribution and Rekognition: A Feminist Critique of Fairness." *Catalyst: Feminism, Theory, and Technoscience* (forthcoming, 2020).

West, Sarah Myers, Meredith Whittaker, and Kate Crawford. "Discriminating Systems: Gender, Race, and Power in AI." AI Now Institute, April 2019. https://ainowinstitute.org/discriminatingsystems.pdf.

Whittaker, Meredith, et al. *AI Now Report 2018.* AI Now Institute, December 2018. https://ainowinstitute.org/AI_Now_2018_Report.pdf.

———. "Disability, Bias, and AI." AI Now Institute, November 2019. https://ainowinstitute.org/disabilitybiasai-2019.pdf.

"Why Asteroids." Planetary Resources. https://www.planetaryresources.com/why-asteroids/.

Wilson, Mark. "Amazon and Target Race to Revolutionize the Cardboard Shipping Box." *Fast Company,* May 6, 2019. https://www.fastcompany.com/90342864/rethinking-the-cardboard-box-has-never-been-more-important-just-ask-amazon-and-target.

Wilson, Megan R. "Top Lobbying Victories of 2015." The Hill, December

16, 2015. https://thehill.com/business-a-lobbying/business-a-lobbying/263354-lobbying-victories-of-2015.

Winston, Ali, and Ingrid Burrington. "A Pioneer in Predictive Policing Is Starting a Troubling New Project." *The Verge* (blog), April 26, 2018. https://www.theverge.com/2018/4/26/17285058/predictive-policing-predpol-pentagon-ai-racial-bias.

Winner, Langdon. *The Whale and the Reactor: A Search for Limits in an Age of High Technology.* Chicago: University of Chicago Press, 2001.

Wood, Bryan. "What Is Happening with the Uighurs in China?" PBS NewsHour. https://www.pbs.org/newshour/features/uighurs/.

Wood III, Pat, William L. Massey, and Nora Mead Brownell. "FERC Order Directing Release of Information." Federal Energy Regulatory Commission, March 21, 2003. https://www.caiso.com/Documents/FERCOrderDirectingRelease-InformationinDocketNos_PA02-2-000_etal__Manipulation-ElectricandGasPrices_.pdf.

Wu, Xiaolin, and Xi Zhang. "Automated Inference on Criminality Using Face Images." *arXiv:1611.04135v1 [cs.CV],* November 13, 2016. https://arxiv.org/abs/1611.04135v1.

Yahoo! "Datasets." https://webscope.sandbox.yahoo.com/catalog.php?datatype=i&did=67&guccounter=1.

Yang, Kaiyu, et al. "Towards Fairer Datasets: Filtering and Balancing the Distribution of the People Subtree in the ImageNet Hierarchy." In *FAT* '20: Proceedings of the 2020 Conference on Fairness, Accountability, and Transparency,* 547–558. New York: ACM Press, 2020. https://dl.acm.org/doi/proceedings/10.1145/3351095.

"YFCC100M Core Dataset." Multimedia Commons Initiative, December 4, 2015. https://multimediacommons.wordpress.com/yfcc100m-core-dataset/.

Yuan, Li. "How Cheap Labor Drives China's A.I. Ambitions." *New York Times,* November 25, 2018. https://www.nytimes.com/2018/11/25/business/china-artificial-intelligence-labeling.html.

Zhang, Zhimeng, et al. "Multi-Target, Multi-Camera Tracking by Hierarchical Clustering: Recent Progress on DukeMTMC Project." *arXiv:1712.09531 [cs.CV],* December 27, 2017. https://arxiv.org/abs/1712.09531.

Zuboff, Shoshana. *The Age of Surveillance Capitalism: The Fight for a Human Future at the New Frontier of Power.* New York: PublicAffairs, 2019.

———. "Big Other: Surveillance Capitalism and the Prospects of an Information Civilization." *Journal of Information Technology* 30, no. 1 (2015): 75–89. https://doi.org/10.1057/jit.2015.5.

國家圖書館出版品預行編目資料

人工智慧最後的祕密：權力、政治、人類的代價，科技產業和國家機器如何聯手打造AI神話？／凱特・克勞馥（Kate Crawford）著；呂奕欣譯. –初版.--臺北市：臉譜出版：英屬蓋曼群島商家庭傳媒股份有限公司城邦分公司發行, 2022.05
面； 公分. --（臉譜書房；FS0147）

譯自：Atlas of AI: Power, Politics, and the Planetary Costs of Artificial Intelligence

ISBN 978-626-315-099-7（平裝）

1. CST: 人工智慧

312.83 111003730



臉譜書房 FS0147

# 人工智慧最後的祕密

## 權力、政治、人類的代價，科技產業和國家機器如何聯手打造 AI 神話？

作 者 凱特・克勞馥（Kate Crawford）
譯 者 呂奕欣
副總編輯 劉麗真
主 編 陳逸瑛、顧立平
封面設計 陳恩安

發 行 人 凃玉雲
出 版 臉譜出版
城邦文化事業股份有限公司
台北市中山區民生東路二段141號5樓
電話：886-2-25007696 傳真：886-2-25001952
發 行 英屬蓋曼群島商家庭傳媒股份有限公司城邦分公司
台北市中山區民生東路二段141號11樓
客服服務專線：886-2-25007718；25007719
24小時傳真專線：886-2-25001990；25001991
服務時間：週一至週五上午09:30-12:00；下午13:30-17:00
劃撥帳號：19863813 戶名：書虫股份有限公司
讀者服務信箱：service@readingclub.com.tw
香港發行所 城邦（香港）出版集團有限公司
香港灣仔駱克道193號東超商業中心1樓
電話：852-25086231 傳真：852-25789337
馬新發行所 城邦（馬新）出版集團 Cité (M) Sdn Bhd
41-3, Jalan Radin Anum, Bandar Baru Sri Petaling, 57000 Kuala Lumpur, Malaysia
電話：603-90563833 傳真：603-90576622
E-mail: services@cite.my

城邦讀書花園
www.cite.com.tw

初版一刷 2022年5月3日
ISBN 978-626-315-099-7
**定價：499元**